マスタリングAPIアーキテクチャ

モノリシックからマイクロサービスへと
アーキテクチャを進化させるための実践的手法

James Gough、Daniel Bryant、Matthew Auburn　著

石川 朝久　訳

本書で使用するシステム名、製品名は、いずれも各社の商標、または登録商標です。
なお、本文中では™、®、©マークは省略している場合もあります。

Mastering API Architecture
Design, Operate, and Evolve API-Based Systems

James Gough, Daniel Bryant, and Matthew Auburn

Beijing · Boston · Farnham · Sebastopol · Tokyo

©2024 O'Reilly Japan, Inc. Authorized Japanese translation of the English edition of "Mastering API Architecture"
©2023 James Gough Ltd, Big Picture Tech Ltd, and Matthew Auburn Ltd. All rights reserved. This translation is published and
sold by permission of O'Reilly Media, Inc., the owner of all rights to publish and sell the same.

本書は、株式会社オライリー・ジャパンがO'Reilly Media, Inc.の許諾に基づき翻訳したものです。日本語版についての権利は、
株式会社オライリー・ジャパンが保有します。

日本語版の内容について、株式会社オライリー・ジャパンは最大限の努力をもって正確を期していますが、本書の内容に基づ
く運用結果については責任を負いかねますので、ご了承ください。

本書は、残念ながら出版前に他界した Alex Blewitt に捧げるものである。
長年にわたる率直なフィードバック、絶え間ないサポート、そして温かい友情に感謝したい。
——著者一同より

序文

　10年以上も前に、私がフィナンシャル・タイムズ社で初めてAPIを構築した頃は、APIはそれほど多くありませんでした。私たちはモノリシックアーキテクチャで構築しており、APIは外部の第三者にコンテンツを提供するためでした。

　しかし今では、APIはあらゆる場面で登場し、システム構築の成功を握る鍵となっています。

　なぜなら、この10年の間に、さまざまなことが組み合わさり、ソフトウェア開発を行う方法が変化したためです。

　第一に、利用できる技術が変化しました。クラウドコンピューティングの台頭により、セルフサービスで必要に応じてプロビジョニングが可能となりました。自動化されたビルドとデプロイのパイプラインは、継続的インテグレーションとデプロイを可能にし、コンテナとオーケストレーションのような関連技術は、小さな独立したサービスを分散システムとして大量に実行することを可能にしました。

　次に出てくる質問は、なぜそんなことをするかという点です。それこそが第二の変化です。成功するソフトウェア開発組織は、疎結合アーキテクチャと自立性を保ち、権限を委譲したチームが存在しているという研究結果があります。ここでいう成功とは、マーケットシェアの拡大、生産性の向上、収益性の向上など、ビジネスにプラスの影響を与えるという意味で定義しています。

　現在、私たちのアーキテクチャは疎結合になり、分散し、APIを中心に構築される傾向にあります。APIは発見しやすく、一貫性があり、予期せぬ変更や消滅することがあっても利用者への問題を引き起こしにくいことが必要です。そうでない場合、作業に依存関係が発生し、チームを遅らせる原因となります。

　本書で著者らは、効果的なAPIアーキテクチャを構築するための包括的かつ実践的なガイドを提供しています。個々のAPIを構築・テストする方法から、APIをデプロイするエコシステム、APIを効果的にリリースし運用する方法、そしておそらく最も重要である、APIを使ってアーキテクチャを進化させる方法まで、多くの分野をカバーしています。私がフィナンシャル・タイムズ社で最初

に構築したAPIはもう存在せず、私たちはそのシステムをゼロから作り直しましたが、非常に高い予算を必要としました。著者らは避けられない変化に対処し、APIを重要なツールとして利用し、システムを進化させるテンプレートを提供しています。

　ソフトウェアアーキテクチャは、重要かつ変更が難しい決定事項の集合体として知られています。しかし、こうした意思決定こそが、プロジェクトの成否を決定するといえるでしょう。

　著者らは、抽象的なアーキテクチャではなく、自身の組織内でアーキテクチャをどのように適用するかに焦点を当てています。APIゲートウェイとサービスメッシュのどちらを採用するかは、まさに注意深くアプローチし、慎重に評価すべき、やり直すことが難しい意思決定といえるでしょう。著者であるJames、Daniel、Matthewの3人は、明確なベストプラクティスが存在する内容については、そのガイドラインを示す一方、ケースバイケースで異なる選択肢が推奨される場合は、状況に応じて最適な選択をするためのフレームワークを提供しています。

　本書を通じて、コンセプトを実際の機能に具現化する、実践的で現実的なケーススタディを随所に用いて説明しています。ケーススタディは、実際のシステムと同様、本書全体を通して発展していきます。著者は、すべてを前もって検討しておく必要はないことを示しています。必要だとわかった時点でサービスを抽出し、APIゲートウェイやサービスメッシュのようなツールを追加しながら、アーキテクチャを少しずつ進化させていけばよいことを実例で示してくれています。

　私が初めてAPIを構築したとき、多くの間違いを犯しました。どこでつまずきそうかを理解し、賢明な決断へと導いてくれる本書があればよかったと心から思います。

　本書は、APIサービスの開発指揮をとるすべての人にお勧めします。この本があれば、組織内でAPIを構築するすべてのチームをサポートするための、一貫したツール群と標準を準備することができるはずです。

――Sarah Wells

QCon London conference　共同議長

独立コンサルタント、元フィナンシャル・タイムズ社技術ディレクター

レディング、イギリス、2022年9月

はじめに

本書を執筆した理由

2020年初頭、私たちはニューヨークで開催されたO'Reilly Software Architectureに参加しました。そこでは、JimとMattがAPIに関するワークショップとAPIゲートウェイに関するプレゼンテーションを行っていました。JimとDanielはLondon Java Communityで知り合った間柄で、多くのアーキテクチャのイベントと同様、APIアーキテクチャに関する考え方や理解について話すために集まっていました。私たちが廊下で話していると、何人かのカンファレンス出席者が私たちのところにやってきて、APIに関する経験について議論を始めました。みんな、APIについて私たちの考えやガイダンスを求めていました。このとき、APIをトピックにした本を書けば、カンファレンスでの議論を他のアーキテクトと共有できると考えたのです。

本書を読むべき理由

本書は、APIアーキテクチャの設計、運用、進化に関する全体像を提供するように設計しています。私たちは、解説パートと、カンファレンス出席者が講演を閲覧・予約する実際のカンファレンスシステムを模倣したケーススタディの両方を通して、私たちの経験とアドバイスを共有しています。このケーススタディは、抽象的なコンセプトがどのように実践的応用に結びつくかを探ることを目的として、本書全体を通して説明されています。**ケーススタディの進化の概要を知りたい方は、10章を参照してください。**

私たちはまた、自らが決断できるようにすることも大切だと考えています。これをサポートするために、私たちは次のことを行いました。

- 的確なベストプラクティスや指針がある場合は、それを明確に伝えています。

- 注意すべき点や、遭遇する可能性のある問題を繰り返し強調しています。
- ADR（アーキテクチャ決定記録）ガイドライン[*1]を提供し、アーキテクチャの状況に応じて最良の決定を下し、何を考慮すべきか、その指針を提供します（なぜなら、最良の決定は「場合による」ことも多いためです）。
- より詳細な内容が記載されている参考文献や有用な記事を示します。

本書は、グリーンフィールドアプローチ[*2]の本ではありません。私たちは、既存のアーキテクチャを、より適切なAPIアーキテクチャへ進化的アプローチを使って改善していくことが、読者にとって最も有益になると考えています。また、APIアーキテクチャ領域における新技術や開発への展望とのバランスを取るよう意識しながら執筆しています。

本書の想定読者

本書を作成するにあたり、当初はペルソナを想定していましたが、執筆とレビューの過程で、開発者、偶発的アーキテクト、ソリューションアーキテクトまたはエンタープライズアーキテクトという3つの重要なペルソナが浮かび上がってきました。それぞれのペルソナの概要を以下に説明します。皆さんが、少なくともその1つに共感するだけでなく、ペルソナが提供するさまざまなレンズを通して各章を見ることができるようになることを目的としています。

開発者（Developer）

専門家として数年間コーディングをしてきたあなたは、一般的なソフトウェア開発の課題、パターン、ベストプラクティスをよく理解していることでしょう。あなたは、ソフトウェア業界がサービス指向アーキテクチャ(SOA) の構築やクラウドサービスの採用に向かって進んでおり、APIの構築・運用が急速にコアスキルになりつつあることを実感しています。効果的なAPIの設計・テストについてもっと学びたいと考えています。さまざまな実装の選択肢（例：同期通信と非同期通信）や技術を探求し、適切な質問を行い、与えられたコンテキストに最適なアプローチを評価する方法を学びたいと考えています。

[*1] ADRの詳細と、アーキテクチャ上の決定を行い文書化するADRの重要性については、「イントロダクション」を参照してください。

[*2] 訳注：グリーンフィールドアプローチ（Green Field Approach）とは、SAP S/4HANAへの移行アプローチで登場する用語で、ERPパッケージからの移行手法です。基本的には、グリーンフィールドアプローチはシステムの再構築アプローチを意味します。これは、いまだ整備されていない草が生い茂った土地に新たな工場を建てる手法になぞらえて、こう呼ばれています。その対義語として、ブラウンフィールドアプローチ（Brown Field Approach）があります。これは、既存の環境をそのまま移行したり、少しカスタマイズを入れて移行する手法で、すでに整備された工場が建っている土地において、さらにその工場施設を増設したり改築したりする手法に例えています。

偶発的アーキテクト[*3]（Accidental Architect）

長年ソフトウェア開発に携わり、チームリーダーや（正式な肩書きはなくても）専属のソフトウェアアーキテクトとして活動していることが多いでしょう。あなたは、高い凝集性や疎結合の設計など、中核となるアーキテクチャの概念を理解し、システムの設計、テスト、運用など、ソフトウェア開発のあらゆる側面にこれらを適用しています。

あなたの役割は、顧客の要件を満たすためにシステムを組み合わせることにますます重点を置く必要があると理解しています。これには、社内で構築されたアプリケーションや、サードパーティが提供するSaaSなどが含まれます。APIは、システムを外部システムとうまく統合する上で大きな役割を果たします。（APIゲートウェイやサービスメッシュなど）APIをサポートする技術について学び、APIシステムの運用方法やセキュリティについても理解したいと考えています。

ソリューション／エンタープライズアーキテクト（Solutions/Enterprise Architect）

エンタープライズソフトウェアシステムの設計・構築を数年間行ってきた技術者で、職種や役割内容にアーキテクトという単語が入っていることがほとんどでしょう。アーキテクトは、ソフトウェアの全体像に責任を持ち、通常は大規模な組織、または短期間で調整・連携が必要な大規模プロジェクトで仕事をします。

サービスを軸にしたアーキテクチャが、ソフトウェア設計、システム連携、ガバナンスに変化を与えることを認識しており、APIが組織のソフトウェア戦略の成功にとって極めて重要であることを理解しています。あなたは、進化パターンについてもっと学び、APIの設計と実装の選択がどのように影響するかを理解したいと考えています。また、ユーザビリティ、メンテナンス性、スケーラビリティ、可用性など機能横断的なイリティーズ（品質特性）に注目し、当該特性とセキュリティに配慮したAPIシステムを構築する方法を理解したいと考えています。

本書で学べること

本書を読むことで、以下を学ぶことができます。

- REST APIの基礎と、APIを最適に構築し、バージョンアップし、テストする方法
- APIプラットフォーム構築に関わるアーキテクチャパターン
- （外部トラフィックと内部トラフィックにおける）APIトラフィック管理の違い、APIゲートウェイやサービスメッシュなどのパターンと技術の適用方法

[*3] 訳注：偶発的アーキテクトとは、正式なアーキテクトの肩書きなしで、プロジェクトにおいて、アーキテクチャレベルの意思決定を行う人を意味します。偶発的アーキテクトになるためには、以下の記事を参考にしてください。
https://www.oreilly.com/radar/becoming-an-accidental-architect/

xii | はじめに

- 脅威モデリングと認証、認可、暗号化などAPIに対する主要なセキュリティの考慮事項
- 既存システムをAPIサービスに進化させる方法と、クラウド環境への移行

そして、以下のことができるようになります。

- APIシステムの設計、構築、テストを行う
- アーキテクチャ観点から組織のAPIプログラムの実装・推進を支援する
- APIプラットフォームの主要コンポーネントのデプロイ、リリース、設定を行う
- ケーススタディに基づいてゲートウェイとサービスメッシュを導入する
- APIアーキテクチャの脆弱性を特定し、測定されたセキュリティ緩和策を実装する
- 最新のAPIトレンドと関連コミュニティに貢献する

本書で扱わないこと

　私たちは、APIが多数の専門領域を包含していると認識しており、本書が扱わない内容についても明確にしたいと思います。本書で扱わない内容が重要でないと考えているわけではありませんが、すべての内容を盛り込んでしまうと、私たちが本当に共有したい知識を効果的に表現できないと考えました。

　本書では、クラウド活用を含む、マイグレーションとモダナイゼーションのためのアプリケーションパターンを取り上げますが、**クラウド技術ありきで考えているわけではありません**。読者の多くはハイブリッドアーキテクチャを採用し、あるいはすべてのシステムをデータセンタでホストしていることでしょう。私たちは、両方のアプローチをサポートするAPIアーキテクチャの設計・運用について議論していきたいと考えています。

　また、**本書は特定の言語に縛られることなく**、APIと対応するインフラストラクチャを構築・設計するアプローチを示すため、簡単な例を利用しています。本書はアプローチに重点を置き、コード例を付属のGitHubリポジトリ（https://github.com/masteringapi）で公開しています。

　本書は、**特定のアーキテクチャを支持するものではありません**。ただし、特定のアーキテクチャのアプローチが、提示されるAPI提供へ制限をもたらす可能性については議論します。

本書の表記法

　本書では、次の表記法を使います。

　ゴシック（Bold）
　　　新しい用語、特に強調しておきたい部分を示します。

はじめに

等幅（Constant width）
　コードのほか、変数や関数名、データベース、データタイプ、環境変数などのコード要素を示すときに使用します。

等幅太字（Constant Width Bold）
　指定されたとおりに入力すべきコマンドやテキストを示します。

等幅斜体（Constant Width Italic）
　ユーザーが指定した値、またはコンテキストによって決定された値に置き換える必要があるテキストを示します。

このアイコンは、ヒント、または提案を意味します。

このアイコンは、一般的な注意事項を示します。

このアイコンは、警告または注意を示します。

問い合わせ先

　本書に関するご意見、ご質問等は、オライリー・ジャパンまでお寄せください。連絡先は以下のとおりです。

　株式会社オライリー・ジャパン
　電子メール　japan@oreilly.co.jp

　この本のウェブページには、正誤表やコード例などの追加情報が掲載されています。次のURLを参照してください。

　https://learning.oreilly.com/library/view/mastering-api-architecture/9781492090625/（原書）

https://www.oreilly.co.jp/books/9784814400898 （和書）

この本に関する技術的な質問や意見は、次の宛先に電子メール（英文）を送ってください。

bookquestions@oreilly.com

オライリーに関するその他の情報については、次のウェブサイトを参照してください。

https://www.oreilly.co.jp/
https://www.oreilly.com/ （英語）

オライリー学習プラットフォーム

オライリーはフォーチュン100のうち60社以上から信頼されています。オライリー学習プラットフォームには、6万冊以上の書籍と3万時間以上の動画が用意されています。さらに、業界エキスパートによるライブイベント、インタラクティブなシナリオとサンドボックスを使った実践的な学習、公式認定試験対策資料など、多様なコンテンツを提供しています。

https://www.oreilly.co.jp/online-learning/

また以下のページでは、オライリー学習プラットフォームに関するよくある質問とその回答を紹介しています。

https://www.oreilly.co.jp/online-learning/learning-platform-faq.html

謝辞

多くの技術書と同様、本書の表紙には著者として3人の名前しか記載されていません。しかし実際には、執筆中にフィードバックという形で直接的に、あるいは長年にわたる指導や助言という形で間接的に、多くの人々が貢献してくれています。

私たちを助けてくれたすべての人を列挙することはできませんが、多忙なスケジュールの合間を縫って広範な議論、フィードバック、サポートを提供してくれた皆さんにこの場を借りて感謝したいと考えています。

技術レビュアー：Sam Newman、Dov Katz、Sarah Wells、Antoine Cailliau、Stefania Chaplin、Matt

McLarty、Neal Ford

一般的なレビュー・アドバイス：Charles Humble、Richard Li、Simon Brown、Nick Ebbitt、Jason Morgan、Nic Jackson、Cliff Tiltman、Elspeth Minty、George Ball、Benjamin Evans、Martijn Verberg

オライリー・チーム：Virginia Wilson、Melissa Duffield、Nicole Tache

James Goughより

素晴らしい家族、Megan、Emily、Annaに感謝したいと思います。彼女たちのサポートがなければ、執筆は不可能でした。また、私に学ぶことを勧め、常にサポートしてくれた私の両親であるHeatherとPaulに感謝します。

共著者のDanielとMattにも感謝したいと思います。本を書くことは挑戦であり、建築のように決して完璧なものはできあがらないでしょう。それは楽しい旅路であり、私たちはみなお互いに、そして素晴らしい査読者の方々から多くを学びました。最後に、Jon Daplyn、Ed Safo、David Halliwell、Dov Katzには、私のキャリアを通じてサポートや機会、励ましを与えてくれたことに感謝したいと思います。

Daniel Bryantより

執筆中を含め、私のキャリア全体を通してサポートをしてくれた家族全員に感謝したいと思います。また、この執筆で素晴らしいパートナーとなってくれた共著者のJimとMattにも感謝します。私たちがこの本を書き始めたのは、ちょうどパンデミックが発生した2020年初頭のことでした。毎週水曜日の朝の会議は、共同作業に役立っただけでなく、世界が急速に変化していく中、楽しみと支えの大きな源となりました。最後に、London Java Community（LJC）、InfoQ/QConチーム、そしてAmbassador Labsラボの同僚に感謝したいと思います。これら3つのコミュニティは、私にメンターや指導者、多くの機会を与えてくれました。いつか、このすべてに恩返ししたいと思っています。

Matthew Auburnより

素晴らしい妻Hannahに感謝します。彼女のサポートがなければ、この本を書くことはできなかったでしょう。また、両親にも感謝の意を伝えたいと思います。何でも可能だということを教えてくれ、私を常に信じ続けてくれました。また、本書の執筆は素晴らしい経験であり、共著者のJimとDanは2人とも素晴らしい指導者でした。2人とも、私に多くのことを教えてくれ、可能な限り最高の一冊を書く手助けをしてくれました。さらに、Jimには特に感謝を示したいと思います。あなたは私に講演する喜びを教えてくれ、私のキャリアの中で誰よりも私を助けてくれました。最後に、最も大切なこと、私に絶対的な喜びをもたらしてくれる息子のJoshiに感謝を捧げます。

目次

序文...vii

はじめに...ix

イントロダクション..1

0.1　アーキテクチャ・ジャーニー..1

0.2　API概論..3

0.3　ケーススタディ：カンファレンスシステム.......................................3

　　　0.3.1　カンファレンスシステムにおけるAPIの種類..................6

　　　0.3.2　カンファレンスシステムを変更する理由..........................6

　　　0.3.3　階層型アーキテクチャからAPIのモデリングへ.............6

　　　0.3.4　ケーススタディ：進化的アーキテクチャに向けたステップ.............7

　　　0.3.5　APIインフラストラクチャと通信パターン......................9

　　　0.3.6　カンファレンスシステムのロードマップ..........................9

0.4　C4ダイヤグラムの利用..10

　　　0.4.1　C4コンテキスト図..11

　　　0.4.2　C4コンテナ図...11

　　　0.4.3　C4コンポーネント図..11

0.5　ADRの利用...12

　　　0.5.1　Attendeeを進化させるADR..13

　　　0.5.2　APIを極める：ADRガイドライン..13

0.6　まとめ..14

第1部　APIの設計・構築・テスト...15

1章　APIの設計・構築・仕様化...17

1.1　ケーススタディ：Attendee APIの設計...17

xviii | 目次

1.2	REST入門	18
	1.2.1 実例で学ぶRESTとHTTP入門	18
	1.2.2 リチャードソン成熟度モデル	19
1.3	RPC APIの基礎	21
1.4	GraphQLの概要	22
1.5	REST APIの標準化と構造化	23
	1.5.1 コレクションとページネーション	24
	1.5.2 コレクションのフィルタリング	25
	1.5.3 エラー処理	26
	1.5.4 ADRガイドライン：API標準の選択	26
1.6	OpenAPIを利用したREST APIの仕様	27
1.7	OpenAPI Specificationsの実践的活用	28
	1.7.1 コード生成	28
	1.7.2 OpenAPIを利用した検証	28
	1.7.3 モックと例示	29
	1.7.4 変化の検知	30
1.8	APIのバージョン管理	30
	1.8.1 セマンティックバージョン管理	31
	1.8.2 OpenAPI Specificationとバージョン管理	31
1.9	gRPCを利用してRPCを実装する	33
1.10	通信手法のモデリングとAPI形式の選択	35
	1.10.1 高トラフィックサービス	35
	1.10.2 大容量ペイロード	35
	1.10.3 HTTP/2パフォーマンスメリット	36
	1.10.4 ヴィンテージフォーマット（Vintage Formats）	37
1.11	ガイドライン：通信のモデル化	37
1.12	複数の仕様	37
	1.12.1 「黄金の仕様書」は存在するのか？	38
	1.12.2 複合仕様の課題	39
1.13	まとめ	39

2章　APIのテスト 41

2.1	本章におけるシナリオ	42
2.2	テスト戦略	43
	2.2.1 テストの4象限	43
	2.2.2 テストピラミッド	45
	2.2.3 テスト戦略に関するADRガイドライン	48
2.3	コントラクトテスト	48

|目次|xix

		2.3.1	コントラクトテストが望ましいことが多い理由	49
		2.3.2	コントラクトの実装方法	50
		2.3.3	ADRガイドライン：コントラクトテスト	55
	2.4	コンポーネントテスト		56
		2.4.1	コントラクトテストとコンポーネントテストの比較	57
		2.4.2	ケーススタディ：コンポーネントテストによる動作確認	57
	2.5	統合テスト		59
		2.5.1	スタブサーバの利用：理由と方法	59
		2.5.2	ADRガイドライン：統合テスト	61
		2.5.3	テストコンポーネントのコンテナ化：Testcontainers	61
		2.5.4	ケーススタディ：Testcontainersの適用による統合テスト	62
	2.6	E2Eテスト		64
		2.6.1	E2Eテストの自動化	64
		2.6.2	E2Eテストの種類	65
		2.6.3	ADRガイドライン：E2Eテスト	66
	2.7	まとめ		67

第2部　APIトラフィック管理 69

3章　APIゲートウェイ：外部トラフィック管理 71

	3.1	APIゲートウェイは唯一のソリューションなのか？	71
	3.2	ガイドライン：プロキシ・ロードバランサ・APIゲートウェイ	72
	3.3	ケーススタディ：Attendeeサービスを利用者に公開する	73
	3.4	APIゲートウェイとは？	74
	3.5	APIゲートウェイはどのような機能を提供するのか？	74
	3.6	APIゲートウェイはどこに配置されるべきか？	75
	3.7	APIゲートウェイをエッジで他の技術と統合させる方法	77
	3.8	なぜAPIゲートウェイを使うのか？	78
		3.8.1	疎結合を実現する：ファサード／アダプタ構成	79
		3.8.2	簡素化：バックエンドサービスの集約と変換	80
		3.8.3	APIを過剰利用や悪用から保護する：脅威の検知と緩和	81
		3.8.4	APIの利用状況を理解する：オブザーバビリティ	82
		3.8.5	APIを製品として管理する：APIライフサイクル管理	83
		3.8.6	APIの収益化：アカウント管理、課金、支払い	85
	3.9	APIゲートウェイの近現代史	86
		3.9.1	1990年代以降：ハードウェアロードバランサ	86
		3.9.2	2000年代前半以降：ソフトウェアロードバランサ	87
		3.9.3	2000年代半ば：アプリケーションデリバリコントローラ（ADC）	87

	3.9.4	2010年代前半：第一世代のAPIゲートウェイ	88
	3.9.5	2015年以降：第二世代のAPIゲートウェイ	89
3.10	APIゲートウェイの分類法	91
	3.10.1	従来の商用APIゲートウェイ	91
	3.10.2	マイクロサービスAPIゲートウェイ	91
	3.10.3	サービスメッシュゲートウェイ	92
	3.10.4	APIゲートウェイの比較	92
3.11	ケーススタディ：APIゲートウェイを利用したカンファレンスシステムの進化	93
	3.11.1	KubernetesへのAmbassador Edge Stackのインストール	95
	3.11.2	URLパスからバックエンドサービスへのマッピングを構成する	95
	3.11.3	ホストベースルーティングを利用したマッピング設定	96
3.12	APIゲートウェイのデプロイ：失敗を理解し管理する	97
	3.12.1	APIゲートウェイが単一障害点になる場合	97
	3.12.2	問題の検知と認知	98
	3.12.3	インシデントと問題の解決	98
	3.12.4	リスク低減	99
3.13	APIゲートウェイ実装で陥りがちな落とし穴	100
	3.13.1	APIゲートウェイのループバック	100
	3.13.2	ESBとしてのAPIゲートウェイ	101
	3.13.3	"ずっと下まで亀（APIゲートウェイ）が続いているのよ"	101
3.14	APIゲートウェイの選択	102
	3.14.1	要求事項を特定する	102
	3.14.2	構築 vs. 購入	102
	3.14.3	ADRガイドライン：APIゲートウェイの選択	103
3.15	まとめ	104

4章　サービスメッシュ：サービス間トラフィック管理 107

4.1	サービスメッシュは唯一の解決策なのか?	107
4.2	ガイドライン：サービスメッシュを導入すべきか?	108
4.3	ケーススタディ：講演機能のサービスへの抽出	109
4.4	サービスメッシュとは何か?	110
4.5	サービスメッシュはどのような機能を提供するか?	113
4.6	サービスメッシュはどこに展開されるか?	114
4.7	サービスメッシュは他のネットワーキング技術とどのように統合されるか?	115
4.8	なぜサービスメッシュを利用するのか?	117
	4.8.1 ルーティング、信頼性、およびトラフィック管理の細かな制御	117
	4.8.2 透過的なオブザーバビリティを提供する	121
	4.8.3 セキュリティの強制：トランスポート層のセキュリティ、認証・認可	121

| | | 目次 | **xxi** |

4.8.4	異なる言語間での機能横断的なコミュニケーションのサポート	122
4.8.5	外部トラフィックと内部トラフィック管理の分離	122

4.9 サービスメッシュの進化 124
    4.9.1 初期の歴史と動機 125
    4.9.2 実装パターン 126
4.10 サービスメッシュの分類 133
4.11 ケーススタディ：ルーティング、オブザーバビリティ、セキュリティのためのサービス
    メッシュの利用 134
    4.11.1 Istioを利用したルーティング 134
    4.11.2 Linkerdを利用した通信のオブザーバビリティ 136
    4.11.3 Consulを利用したネットワークセグメンテーション 138
4.12 サービスメッシュの展開：障害の理解と管理 141
    4.12.1 サービスメッシュが単一障害点になる場合 141
4.13 サービスメッシュ実装時における一般的課題 141
    4.13.1 サービスメッシュをESBとして利用する 141
    4.13.2 サービスメッシュをゲートウェイとして利用する 142
    4.13.3 多すぎるネットワークレイヤ 142
4.14 サービスメッシュの選択 142
    4.14.1 要件の特定 142
    4.14.2 構築 vs. 購入 143
    4.14.3 チェックリスト：サービスメッシュの選択 144
4.15 まとめ 144

第3部　APIの運用とセキュリティ **147**

5章　APIの展開とリリース **149**

5.1 デプロイメントとリリースの分離 150
    5.1.1 ケーススタディ：フィーチャーフラグ 151
    5.1.2 トラフィック管理 152
5.2 ケーススタディ：カンファレンスシステムにおけるリリースのモデリング 153
    5.2.1 APIライフサイクル 153
    5.2.2 リリース戦略をライフサイクルにマッピングする 154
    5.2.3 ADRガイドライン：トラフィック管理とフィーチャーフラグを利用してリリー
    スとデプロイメントを分離する 155
5.3 リリース戦略 156
    5.3.1 カナリアリリース 156
    5.3.2 トラフィックミラーリング 158
    5.3.3 ブルーグリーン戦略 159

5.4	ケーススタディ：Argo Rolloutsを利用したリリース	161
5.5	成功の監視と失敗の特定	164
	5.5.1 オブザーバビリティの三本柱	164
	5.5.2 APIにとって重要なメトリクス	165
	5.5.3 シグナルの読み取り	166
5.6	アプリケーションレイヤの考慮事項	167
	5.6.1 レスポンスキャッシュ	167
	5.6.2 アプリケーションレベルのヘッダ伝播	168
	5.6.3 デバッグを支援するためのログ記録	168
	5.6.4 提供価値を体現したプラットフォームの実現	168
	5.6.5 ADRガイドライン：提供価値を体現したプラットフォーム	169
5.7	まとめ	169

6章　セキュリティ運用：脅威モデリング　　171

6.1	ケーススタディ：Attendee APIにOWASPを適用する	172
6.2	外部APIを保護しないリスク	173
6.3	脅威モデリングの基礎	175
6.4	攻撃者のように考える	176
6.5	脅威モデリングの方法	177
	6.5.1 ステップ1：目標の特定	177
	6.5.2 ステップ2：適切な情報を収集する	178
	6.5.3 ステップ3：システムを分解する	178
	6.5.4 ステップ4：STRIDEを利用して脅威を特定する	178
	6.5.5 ステップ5：脅威のリスクを評価する	192
	6.5.6 ステップ6：検証	195
6.6	まとめ	195

7章　APIの認証と認可　　197

7.1	認証	197
	7.1.1 トークンを利用したエンドユーザ認証	199
	7.1.2 システム間の認証	200
	7.1.3 キーとユーザを混ぜてはいけない理由	201
7.2	OAuth2	201
	7.2.1 APIにおける認可サーバの役割	202
	7.2.2 JSON Web Tokens (JWT)	203
	7.2.3 OAuth2グラントの用語と仕組み	206
	7.2.4 ADRガイドライン：OAuth2の利用を検討すべきか？	207
	7.2.5 認可コードグラント	207

| 目次 | **xxiii** |

	7.2.6	リフレッシュトークン	211
	7.2.7	クライアント認証情報グラント	212
	7.2.8	追加のOAuth2グラント	213
	7.2.9	ADRガイドライン：サポートするOAuth2グラントの選択	213
	7.2.10	OAuth2のスコープ	214
	7.2.11	認可の強制	215
7.3	OIDCの導入		217
7.4	SAML 2.0		218
7.5	まとめ		218

第4部　APIを利用した進化的アーキテクチャ 221

8章　API駆動アーキテクチャへのアプリケーションの再設計 223

8.1	なぜシステムを進化させるためにAPIを利用するのか？	224
	8.1.1	有用な抽象化の作成：凝縮性の向上	224
	8.1.2	ドメイン境界を明確にする：疎結合の促進	226
8.2	ケーススタディ：利用者のドメイン境界の確立	226
8.3	最終アーキテクチャの選択肢	227
	8.3.1	モノリス（Monolith）	227
	8.3.2	サービス指向アーキテクチャ（SOA）	228
	8.3.3	マイクロサービス	229
	8.3.4	関数型アーキテクチャ	230
8.4	進化プロセスの管理	230
	8.4.1	目標を決定する	230
	8.4.2	適応度関数の利用	231
	8.4.3	システムをモジュールに分解する	232
	8.4.4	拡張のための"シーム"としてAPIを作成する	235
	8.4.5	システム内の変更レバレッジポイントの特定	236
	8.4.6	継続的なデリバリーと検証	236
8.5	進化するシステムのためのアーキテクチャパターン	236
	8.5.1	ストラングラーフィグ	236
	8.5.2	ファサード／アダプタ	238
	8.5.3	API Layer Cake	239
8.6	ペインポイントと機会の特定	240
	8.6.1	アップグレードとメンテナンスの問題	240
	8.6.2	パフォーマンスの問題	240
	8.6.3	依存関係の解消：密結合されたAPI	241
8.7	まとめ	241

xxiv | 目次

9章　クラウド環境への移行..243

- 9.1　ケーススタディ：Attendeeサービスのクラウド移行.........................244
- 9.2　クラウド移行戦略の選択...245
  - 9.2.1　Retain or Revisit（保持・再検討）.................................245
  - 9.2.2　Rehost（再ホスティング）...246
  - 9.2.3　Replatform（再プラットフォーム）.................................247
  - 9.2.4　Repurchase（再購入）...247
  - 9.2.5　Refactor/Re-architect（リファクタリング／再設計）...............247
  - 9.2.6　Retire（廃止）...248
- 9.3　ケーススタディ：Attendeeサービスの再プラットフォーム.......................248
- 9.4　API管理機能の役割...249
- 9.5　外部トラフィック vs. 内部トラフィック：トラフィック管理の境界をぼかす.............250
  - 9.5.1　エッジから始めて内側に進む...250
  - 9.5.2　境界を越える：ネットワークを横断するルーティング....................251
- 9.6　境界防御型アーキテクチャからゼロトラストアーキテクチャへ.....................251
  - 9.6.1　境界防御型アーキテクチャとは？....................................251
  - 9.6.2　だれも信頼せずに検証する..253
  - 9.6.3　ゼロトラストアーキテクチャにおけるサービスメッシュの役割...........254
- 9.7　まとめ...257

10章　総括..259

- 10.1　ケーススタディ：旅路の振り返り..259
- 10.2　API、コンウェイの法則、そして組織...267
- 10.3　意思決定のタイプの理解..267
- 10.4　将来に向けての準備..268
  - 10.4.1　非同期通信（Async Communication）.............................268
  - 10.4.2　HTTP/3..268
  - 10.4.3　プラットフォームベースのメッシュ.................................269
- 10.5　次のアクション：APIアーキテクチャについて学び続ける方法.....................269
  - 10.5.1　基本を絶え間なく磨く...269
  - 10.5.2　最新の業界ニュースをチェックする.................................270
  - 10.5.3　技術トレンドレポート...270
  - 10.5.4　ベストプラクティスとユースケースについて学ぶ.....................271
  - 10.5.5　実践で学ぶ..272
  - 10.5.6　教えることで学ぶ..272

訳者あとがき...273

索　引...275

イントロダクション

　本章では、APIの基礎とアーキテクチャ・ジャーニーという概念を紹介していきます。そして、APIの簡単な定義と、プロセスの内外で利用されるAPIについて紹介していきます。本書では、APIの重要性を示すため、カンファレンスシステムのケーススタディを取り上げ、発展・進化させていく実例をお見せします。さまざまなAPIの考え方を理解することで、単純な3層構造のアーキテクチャを超えた発想が可能になります。また、APIの通信パターンとその重要性を紹介します。本書で扱うケーススタディが段階的にどのように進むかを概説していますので、興味のある分野をすぐ読みたいのであれば、本章は読み飛ばしてもかまいません。

　APIと関連するエコシステムを紹介するため、一連の重要なツール群を解説します。C4モデル（https://c4model.com/）を使ってケーススタディを紹介し、アプローチの背後にある具体的な内容やロジックを再確認していきます。また、ADR（アーキテクチャ決定記録：Architecture Decision Records）の利用と、ソフトウェアライフサイクル全体における意思決定を明確に定義する価値について学びます。最後に、「場合によるよ」という返答が返ってきた場合でも意思決定ができるように、ADRガイドラインと私たちのアプローチの概要を紹介します。

0.1　アーキテクチャ・ジャーニー

　長旅をしたことがある人ならば、間違いなく「まだ着かないの？」という質問をされたことがあるはずです。そうした問い合わせには、GPSやルート検索を見て想定到着時間を確認し、途中で遅延やトラブルがないことを祈ります。同様に、APIアーキテクチャを構築するためのジャーニー[*1]

[*1]　訳注：ジャーニー（Journey）とは、「長期間の旅路」を意味する言葉で、クラウドやAPIの文脈で言えば、「新しい環境・アーキテクチャに向けた移行に関する継続的な取り組み」と言えます。例えば、クラウドジャーニーであれば、クラウド化に向けた継続的な移行プロセスを意味します。特に、クラウドやAPIでは、継続して新しい技術・変化を採り入れるため、短期的な意味ではなく長期的な旅路という意味を込めてジャーニーという用語が使われるようになったと考えられます。

は、開発者やアーキテクトにとって複雑な旅路になる可能性があります。たとえ**アーキテクチャ用GPS**があったとしても、目指すべき目的地はどこか、わかっていないケースも多いのです。

アーキテクチャは目的地のない旅路であり、技術やアーキテクチャのアプローチがどのように変化するか、予測できません。例えば、サービスメッシュ技術がこれほど広く使われるようになるとかつては予想できなかったかもしれません。しかし、その機能を知れば、既存のアーキテクチャを進化させることを考えるきっかけになるかもしれません。アーキテクチャの変化に影響を与えるのは技術だけではありません。新しいビジネス要件や制約も、アーキテクチャの方向性を変える原動力になります。

こうした検討の積み重ねの集大成として、新たに登場した技術との組み合わせにより、**進化的アーキテクチャ**（Evolutionary Architecture）という概念が生まれました。進化的アーキテクチャとは、アーキテクチャを段階的に変化させるアプローチであり、スピード感を持って変化できること、悪影響を及ぼすリスクを低減することに重点を置いています。その際、APIアーキテクチャを検討する際には、以下のようなアドバイスを心がけてほしいと思います。

> アーキテクトは将来を見据えた戦略的な計画を行いたいものだが、絶えず変化するソフトウェア開発エコシステムはそれを難しくする。変化や変更は避けることができない。そのため、我々はそれを活用する必要がある。
> ——『進化的アーキテクチャ—絶え間ない変化を支える』（オライリー・ジャパン刊、2018年）より

多くのプロジェクトにおいて、API自体が進化的であり、より多くのシステムやサービスが統合されるにつれて変化が求められます。多くの開発者は、APIがさまざまな形で再利用されることを利用者目線で考慮することなく、単一の機能に焦点を当てたサービスを構築してきました。

APIファースト型アプローチとは、開発者とアーキテクトがサービスの機能性を考慮し、利用者目線に重きを置いて、APIを設計するアプローチです。API利用者は、モバイルアプリケーションや他のサービス、あるいは外部の利用者である可能性も考えられます。1章では、APIファースト型アプローチをサポートする設計技法を紹介し、変化に強く、幅広い利用者層に価値を提供するAPIを構築する方法を紹介します。

幸いなことに、APIアーキテクチャのジャーニーはどの時点からでも始めることが可能です。もし読者が既存の古いシステムを担当している場合でも、プラットフォームでAPI利用を促すためにアーキテクチャを進化させるテクニックを本書で紹介します。一方、運よく白紙のキャンバスをお持ちの方（つまり、これからAPIを開発する読者）には、長年の経験に基づき、APIアーキテクチャを採用するメリットを紹介するとともに、意思決定における重要ツールも紹介していきます。

0.2 API概論

　ソフトウェアアーキテクチャの分野では、定義することが非常に難しい用語が多数あります。ア
プリケーション・プログラミング・インターフェース（Application Programming Interface）の略
であるAPIという用語は、間違いなくこの類に入り、その概念が初めて登場したのは80年以上も前
の話です。長い間使われてきた用語は、使い古され、異なる分野で複数の意味を持つことになりま
す。そこで、本書ではAPIを次のように定義したいと思います。

- APIは、基本的な実装の抽象化を表現している。
- APIは、利用方法を定義した仕様によって表現される。開発者は仕様を理解し、ツールを使っ
  て複数の言語でコードを生成し、APIを実装することができる。
- APIは、やり取り（interactions）を効果的にモデル化するために、セマンティクス、あるい
  は振る舞いを定義している。
- 効果的なAPI設計により、利用者や第三者への拡張が可能となり、ビジネス統合を実現する。

　APIは大まかに言えば、API呼び出しが**プロセス内**（in-process）か、**プロセス外**（out-of-process）
か、という2種類の一般的なカテゴリに分類することができます。ここで言う**プロセス**とは、オペ
レーティングシステム（OS）のプロセスを意味します。例えば、あるクラスから別のクラスへの
Javaメソッドの呼び出しは、呼び出しが行われたプロセスと同じプロセスで処理されるため、**プロ
セス内**のAPI呼び出しとなります。.NETアプリケーションがHTTPライブラリを利用して外部の
REST APIを呼び出す場合は、呼び出し元のプロセスとは異なる外部プロセスで処理されるため、**プ
ロセス外**のAPI呼び出しとなります。一般的に、プロセス外のAPI呼び出しは、ローカルネットワー
ク、仮想プライベートクラウド（VPC）ネットワーク、またはインターネットなど、ネットワーク
を通過するデータを含んでいます。ここでは後者のAPIに焦点を当てますが、アーキテクトはプロ
セス内APIをプロセス外APIに改造するニーズに遭遇するでしょう。この概念を示すため、本書全
般にわたって次に紹介するケーススタディを使います。

0.3 ケーススタディ：カンファレンスシステム

　カンファレンスシステムをケーススタディに選んだのは、誰でも馴染みがあるシステムである一
方、進化的アーキテクチャをモデル化する上で十分な複雑性を備えているためです。図0-1は、カン
ファレンスシステムの概要を可視化したもので、議論しているアーキテクチャの文脈を設定するこ
とが可能です。このシステムは、利用者アカウントを作成した外部の利用者が、利用可能な講演を
確認し、利用者に招待状を送付するために利用されます。

図 0-1 カンファレンスシステムの C4 コンテキスト図[*2]

　図0-2は、カンファレンスシステムの中身を詳細化したものです。その主要な技術的構成コンポーネントについて、詳しく見ていきましょう。まず利用者がWebアプリケーションとやり取りすると、Webアプリケーションはカンファレンスアプリケーション用のAPIを呼び出します。カンファレンスアプリケーションは、SQLを利用してバックエンドにあるデータストアに問い合わせを行います。

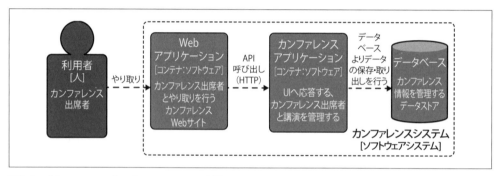

図 0-2 カンファレンスシステムの C4 コンテナ図

　図0-2を見ると、APIの観点から最も興味深い機能は、カンファレンスアプリケーションのコンテナ内にあることがわかります。図0-3は、この特定のコンテナに焦点を当て、その構造とやり取りを示したものです。

[*2] 訳注：C4モデルの詳細は「0.4　C4ダイヤグラムの利用」で説明します。

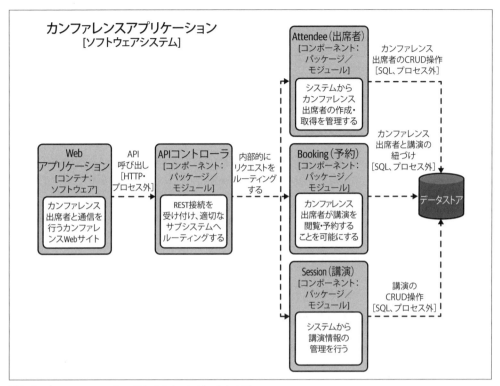

図0-3 カンファレンスシステムのC4コンポーネント図

　現在のシステムには、4つの主要コンポーネントとデータベースが関連していることがわかります。**APIコントローラ**は、ユーザインターフェース（UI）から入ってくるすべての通信を受け付け、システム内のどこにリクエストをルーティングするかを決定しています。このコンポーネントは、ネットワークレベルのデータのみならず、オブジェクト、コードへの変換などのマーシャリング[3]の責任も担っています。APIコントローラは、**プロセス内**ルーティングの観点で見ると興味深いもので、**Front Controller**パターン[4]として機能します。APIリクエスト処理において、これは重要なデザインパターンです。すべてのリクエストはAPIコントローラを通過し、APIコントローラはリクエストをどこに渡すかを決定します。3章では、APIコントローラをプロセスから切り離す可能性について検討していきます。

　Attendee（出席者）、**Booking**（予約）、**Session**（講演）コンポーネントは、リクエストをクエ

---

[3] 訳注：マーシャリング（marshaling）とは、異なる技術基盤で実装されたコンピュータプログラム間で、通信や機能の呼び出しができるようデータ形式の変換などを行うことを意味します。

[4] 訳注：Front Controllerとは、ソフトウェアデザインパターンの一種で、Webサイトに対するすべてのリクエストを処理するコントローラを設置することで、開発者がコードの冗長性を持たずに柔軟性・拡張性を実現する上で役立つアーキテクチャです。

リに変換し、プロセス外でデータベースに対してSQLを実行します。既存のアーキテクチャでは、データベースは重要なコンポーネントで、例えばBookingとSessionの間に、制約関係がある可能性があります。

適切なレベルまで詳細化したところで、この時点で事例におけるAPIのやり取りを確認しておきましょう。

0.3.1　カンファレンスシステムにおけるAPIの種類

図0-3では、WebアプリケーションからAPIコントローラへの矢印はプロセス外呼び出しであり、APIコントローラからAttendeeコンポーネントへの矢印は、プロセス内呼び出しです。カンファレンスアプリケーション内のすべての通信は、すべてプロセス内呼び出しと言えます。プロセス内呼び出しは、カンファレンスアプリケーションを実装するために利用されるプログラミング言語によって定義され、制限されています。呼び出しは、コンパイル時セーフ（compile-time safe）が保証されています（コードの作成時点において、やり取りのメカニズムが強制される条件を意味します）。

0.3.2　カンファレンスシステムを変更する理由

現在のアーキテクチャアプローチは、長年にわたってカンファレンスシステムにとって有効でしたが、アプリオーナー（カンファレンス主催者）から3つの改善要求があり、それに合わせてアーキテクチャの変更が必要です。

- カンファレンス主催者は、モバイルアプリケーションの構築を希望しています。
- カンファレンス主催者は、システムをグローバルに展開し、年に1回のカンファレンスではなく、数十回のカンファレンスを開催する予定です。この拡張に加え、外部の公募システム（CFPシステム：Call For Papers）と統合して、カンファレンスで講演を行うスピーカーとその申請を管理したいと考えています。
- カンファレンス主催者は、プライベートデータセンタを廃止し、グローバルに展開するクラウドプラットフォーム上でカンファレンスシステムを運用したいと考えています。

私たちの目標は、既存の本番システムに影響を与えることなく、また一度にすべてを書き換えることなく、新しい要求をサポートできるようにカンファレンスシステムを移行することです。

0.3.3　階層型アーキテクチャからAPIのモデリングへ

ケーススタディの出発点は、UI、サーバ処理、データストアで構成される典型的な3層アーキテクチャです。進化的アーキテクチャの議論を始めるには、APIリクエストが各コンポーネントによって処理されるモデルが必要です。パブリッククラウド、データセンタの仮想マシン、ハイブ

リッドアプローチのいずれにも対応できるモデルと抽象化が必要となります。

通信を抽象化することで、API利用者とAPI提供者（APIサービスと呼ばれることもある）の間のプロセス外通信を検討することが可能です。サービス指向アーキテクチャ（SOA）やマイクロサービスアーキテクチャなどのアーキテクチャアプローチでは、APIとの通信をモデル化することが重要です。API通信とコンポーネント間の通信パターンについて分析するか否かは、疎結合を推進する（＝デカップリング）メリットを実現できるか、メンテナンスの悪夢を作り出すか、大きな分岐点となるでしょう。

通信パターンは、データセンタのエンジニアが、データセンタ内や低レイヤのアプリケーション間のネットワーク通信を記述するために利用します。APIレベルでは、アプリケーションのグループ間フローを記述するために通信パターンを利用しています。本書では、アプリケーションとAPIレベルの通信パターンを中心に解説していきます。

0.3.4　ケーススタディ：進化的アーキテクチャに向けたステップ

通信パターンを検討するためには、ケーススタディのアーキテクチャを少し進化させる必要があります。図0-4では、**レガシーカンファレンスシステム**内のパッケージやモジュールではなく、**Attendee**コンポーネントを独立したサービスに変更するリファクタリングが行われた場合の図です。カンファレンスシステムには、レガシーカンファレンスシステムと利用者間の通信、レガシーカンファレンスシステムとAttendeeシステム間の通信という2つの通信パターンが存在することになります。

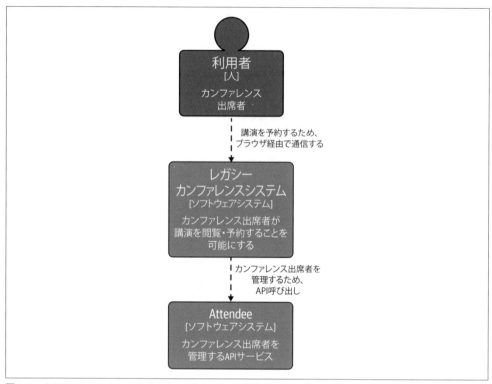

図0-4　カンファレンスシステムのC4コンテキスト ── 進化のステップ

0.3.4.1　外部トラフィック

　図0-4では、利用者とレガシーカンファレンスシステムとの通信は、外部トラフィック（North-South Traffic）と呼ばれ、インバウンド通信（外→内）を表現しています。利用者はユーザインターフェース（UI）を操作しており、UIはインターネット経由でレガシーカンファレンスシステムにリクエストを送信します。この構成において、ネットワークの当該ポイントはインターネットに公開されており、UI経由でアクセス可能[*5]です。言い換えれば、外部トラフィックを処理するコンポーネントは、利用者のアイデンティティを具体的にチェックし、通信をシステムへ送信する前に適切な認証・認可を行う必要があります。7章では、外部トラフィックを行うAPIの保護について詳しく説明します。

[*5]　当該ユーザインターフェースは、インバウンド通信を受け付ける入り口に相当します。ただし、攻撃対象となる可能性が考えられます。

0.3.4.2　内部トラフィック

　レガシーカンファレンスシステムとAttendeeサービスの間に存在する新しい通信は、システムの内部トラフィック（East-West Traffic）を実現しています。内部トラフィックとは、アプリケーションのグループ内で行われるサービス間通信（service-to-service）であると考えることができます。ほとんどの内部トラフィックは、特に送信元がインフラストラクチャ内にある場合、ある程度信頼することができます。ただし、通信の送信元を信頼はできますが、内部トラフィックのセキュリティは別途検討する必要があります。

0.3.5　APIインフラストラクチャと通信パターン

　APIアーキテクチャに存在する、通信を制御するための鍵となる2つのインフラストラクチャコンポーネントがあります。通信を制御し、調整することは、しばしば**トラフィック管理（＝通信管理）**と表現されます。一般的に、外部トラフィックは、3章で紹介するAPIゲートウェイによって制御されます。

　内部トラフィックは、Kubernetesやサービスメッシュのようなインフラストラクチャコンポーネントによって処理されます。これは4章の重要なテーマです。Kubernetesやサービスメッシュのようなインフラストラクチャコンポーネントは、ネットワーク抽象化を用いてサービスへルーティングするため、管理された環境内でサービスを実行する必要があります。一部のシステムでは、内部トラフィックがアプリケーション自体によって管理され、他のシステムを特定するためのサービス発見機能が実装されています。

0.3.6　カンファレンスシステムのロードマップ

　本書では、以下のような流れで、カンファレンスシステムのケーススタディに対する変化や技術検討方法を学んでいきます。

- 1章では、Attendee APIの設計と仕様について検討します。また、Attendee APIのパフォーマンスに対するバージョン管理およびモデル変更の重要性を理解します。

- 2章では、Attendeeサービスの動作を確認するために、コントラクトテストとコンポーネントテストを検討します。また、Testcontainersが統合テストにどのように役立つかを紹介します。

- 3章では、APIゲートウェイを利用して、Attendeeサービスを利用者に公開する方法を説明します。また、Kubernetes上でAPIゲートウェイを利用し、カンファレンスシステムを進化させる方法を紹介します。

- 4章では、レガシーカンファレンスシステムから、サービスメッシュを利用して講演機能をリファクタリングします。また、サービスメッシュがルーティング、オブザーバビリティ（観

10 │ イントロダクション

測可能性)、セキュリティにどのように役立つかを学びます。

- 5章では、**フィーチャーフラグ**について解説します。カンファレンスシステムを進化させ、デプロイとリリースの連動を回避するためにどのように役立つかを説明していきます。また、カンファレンスシステムにおけるリリースをモデル化するアプローチを探求し、AttendeeサービスにArgo Rolloutsを利用する方法も紹介します。

- 6章では、Attendeeサービスにおいて、脅威モデリングを適用し、OWASPで紹介される脆弱性を軽減する方法を探ります。

- 7章では、認証と認可について、Attendeeサービスにどのように実装するかを見ていきます。

- 8章では、Attendeeサービスのドメインバウンダリを確立し、さまざまなサービスパターンがどのように役立つかを検討します。

- 9章では、クラウド導入とAttendeeサービスのクラウドへの移行方法、およびプラットフォームの再検討について説明します。

ケーススタディと計画されたロードマップでは、アーキテクチャの変更を可視化し、決定事項について記録することが求められます。こうした記録は、ソフトウェアプロジェクトにおける変更を説明・管理する上で役立つ重要な成果物です。C4ダイヤグラムとADRは、変更・決定事項を記録する重要な方法であると理解してください。

0.4　C4ダイヤグラムの利用

ケーススタディの一環として、C4モデル（https://c4model.com/）[*6]から3種類のC4ダイヤグラムを紹介しました。C4は、多様なステークホルダーにアーキテクチャ、コンテキスト、やり取りを伝えるための最良のドキュメント標準だと考えています。「あれ、UMLがあるじゃないか？」と思われるかもしれません。UML（Unified Modeling Language）は、ソフトウェアアーキテクチャを伝達するため、幅広い表現手法を提供しています。しかし、UMLが持つ大きな課題は、UMLが提供

[*6]　訳注：C4モデルは、ソフトウェアアーキテクトや開発者がソフトウェアをどのように考え、構築を行うか、抽象化して、ソフトウェアアーキテクチャを図示するアプローチです。具体的には、以下の抽象化を前提としながら、4種類のダイヤグラム図を構築します。
抽象化の考え方：
ソフトウェアシステム（Software System）は（アプリケーション＋データストア）によるコンテナで構成されており、**コンテナ**（Container）はコンポーネントで構成されており、**コンポーネント**（**Components**）は、（クラス、インターフェース、オブジェクト、関数など）**コード**（Code）により構成されています。人（People）は構築したソフトウェアシステムを利用します。
ダイヤグラム図は、以下の4種類を意味します。具体的な利用方法は、本文で示します。
- Context Diagram（コンテキスト図）
- Container Diagram（コンテナ図）
- Component Diagram（コンポーネント図）
- Code Diagram（コード図）

する内容の大半は、アーキテクトや開発者の記憶に残りづらく、多くの人はすぐに箱／円／ダイヤモンドで記載された簡単な図を必要とするということです。言い換えれば、技術的な議論詳細に入る際、ダイヤグラム構造を理解することが非常に大変です。「多くのUMLダイヤグラムは、誰かが間違えて、ホワイトボードマーカーではなく油性マジックで書いたときのみ、プロジェクトの履歴として残る」という冗談があるほどです。C4モデルは、プロジェクトアーキテクチャのガイドとして機能する簡略化された一連の図を提供します。

0.4.1　C4 コンテキスト図

図0-1は、C4モデルのコンテキスト図として表現したものです。この図の目的は、技術的な利用者と非技術的な利用者の両方に対し、コンテキスト（文脈）を設定することです。多くのアーキテクチャに関する会話は、低レイヤの詳細へ行く傾向があり、概論レベル（高レイヤ）におけるやり取りのコンテキスト説明を見落としがちです。コンテキスト図を間違えた場合の影響を考えてみてください。アプローチ方法を要約して表現することで、誤解を修正するために何か月もかかる作業を省くことができるかもしれません。

0.4.2　C4コンテナ図

図0-1はカンファレンスシステムの全体像を示していますが、コンテナ図は、アーキテクチャの主要要素の技術的役割を説明するのに役立ちます。C4におけるコンテナとは、「システム全体が動作するために必要なもの」（例えば、会議データベース）と定義されます。コンテナ図は技術的なものであり、上位のコンテキスト図をもとに作成されます。図0-2はコンテナ図で、利用者がカンファレンスシステムとやり取りする様子を詳細に記録したものです。

図0-2のカンファレンスシステムのコンテナは、**ソフトウェア**として文書化されています。通常、C4コンテナでは、コンテナの種類（例えば、**Java Spring Application**）をより詳細に説明します。しかし、本書では、特定のソリューションを示すのに役立つ場合を除き、技術の特定を前提に論じることは避けています。APIや最新のアプリケーションの利点は、利用可能なソリューションの幅にかなりの柔軟性があることです。

0.4.3　C4コンポーネント図

図0-3はC4コンポーネント図で、これは各コンテナ内の役割と責任、内部トラフィックを定義するのに役立ちます。この図は、コンテナ詳細を把握する場合に便利であり、コードベースへの非常に有用なマッピングを提供します。新しいプロジェクトで初めて作業を始めるときのことを考えてみましょう。ソースコードから把握することも1つの方法ですが、すべてをつなぎ上げるのは難しいかもしれません。コンポーネント図は、ソフトウェアを構築するために利用している言語やス

タックの詳細を明らかにするものです。技術にとらわれないため、私たちは**パッケージ／モジュール**という用語を利用しています。

0.5　ADRの利用

　開発者やアーキテクトに限らず、「あの人は何を考えていたのだろう？」という疑問を抱いたことは、誰にでもあるはずです。イギリスのリーズとマンチェスターを結ぶM62を運転したことがある人は、この高速道路の道筋に困惑したことがあるかもしれません。3車線の高速道路の坂道を走っていくと、交通の流れから外れていき、やがて高速道路に挟まれた約15エーカーの農地に囲まれたスコットホール農場（Scott Hall Farm）が現れます。地元の伝承によると、この土地の所有者は頑固で、引っ越したり譲ったりすることを拒んだため、技術者たちは農場の周りに道路を建設したのだと言われています。50年後、あるドキュメンタリー番組で、この土地の地下には地層学的な課題があり、高速道路はそのように建設されるべき必然性があることが明らかになりました。なぜそうなったのか、その理由を推測する際、噂やユーモア、批判が生まれるものです。

　ソフトウェアアーキテクチャの世界では、多くの制約があるため、意思決定を記録し、透明性を確保することが重要です。ADRは、ソフトウェアアーキテクチャにおける決定を明確にするのに役立ちます。

> プロジェクト期間中に追跡するのが最も困難なものの1つは、ある決定の背後にある動機・理由です。プロジェクトに新しく参加した人は、過去の決定に当惑したり、困惑したり、喜んだり、激怒したりするかもしれません。
>
> ——ADRの生みの親、Michael Nygard[7]

　ADRは、**ステータス**（Status）、**コンテキスト**（Context）、**決定事項**（Decision）、**結果**（Consequence）の4要素で構成されています。ADRは提案された**ステータス**に基づいて作成され、通常、議論に基づき、採択または拒否されます。また、その決定が後に新たなADRに取って代わられる可能性も考えられます。**コンテキスト**は状況を設定し、意思決定が行われる問題や領域を説明するのに役立ちます。ADRの前にブログ記事を作成し、ADRからリンクすることは、コミュニティがあなたの貢献を示すのに役立ちますが、コンテキストはブログ記事や詳細な説明を意図したものではありません。**決定事項**は、何をどのように行う予定なのか、方向性を示します。アーキテクチャでは、すべての決定が**結果**や**トレードオフ**を伴うものであり、これらを間違えると、ときにとてつもなく大きな代償を伴うことがあります。

　ADRをレビューするときは、ADRの決定に同意するか、代替アプローチがあるかどうかを確認することが重要です。検討されていない代替アプローチがある場合、ADRが却下される可能性があり

---

[7]　https://cognitect.com/blog/2011/11/15/documenting-architecture-decisions

ます。却下されたADRにも多くの価値があり、視点の変化を把握するためにADRを保存することを推奨します。ADRは、主要なステークホルダーが閲覧、コメントし、誰でも参照できる場所に保存されると、最も効果的です。

よく聞かれる質問の1つは、「どの時点でADRを作成すればいいのか？」です。ADRを作成する前に議論がなされ、その記録がチーム内の集合的な知見・検討結果であることを確認することが有効です。ADRをより広いコミュニティに公開することで、直属のチーム以外の人たちにもフィードバックすることができます。

0.5.1　Attendeeを進化させるADR

図0-4では、カンファレンスシステムのアーキテクチャを進化させる決断をしました。これは大きな変更であり、ADRが必要です。表0-1は、カンファレンスシステムを所有するエンジニアリングチームが提案したであろうADRの事例です。

表0-1　ADR：レガシーカンファレンスシステムからAttendeeサービスを分離するADR001

ステータス	提案中
コンテキスト	アプリオーナーから、現在のカンファレンスシステムに2種類の新しい大きな機能を追加するよう要望されており、現行システムを中断することなく実装する必要があります。カンファレンスシステムは、モバイルアプリケーションと外部CFPシステムとの統合をサポートするために進化させる必要があります。モバイルアプリケーションと外部CFPシステムの両方が、サードパーティサービスにログインするユーザにAttendeeへアクセスできるようにする必要があります。
決定事項	図0-4に示すように、Attendeeコンポーネントを独立したサービスに分割する進化的アプローチの第一歩を踏み出します。これにより、Attendeeサービスに対するAPIファースト型アプローチが可能になり、レガシーカンファレンスシステムからAPIを呼び出すことができます。また、外部CFPシステムにユーザ情報を提供するため、Attendeeサービスに直接アクセスする設計が可能になります。
結果	Attendeeサービスへの呼び出しは、「プロセス外」でないため、テストが必要な待ち時間が発生する可能性があります。Attendeeサービスがアーキテクチャの単一障害点（Single Point of Failure）となる可能性があり、Attendeeサービスの実行による潜在的影響を軽減する必要があります。Attendeeサービスは複数の利用者モデルを想定しており、偶発的な破壊的変更を減らすため、優れた設計、バージョン管理、テストを確実に実施する必要があります。

ADRにおけるいくつかの結果は、かなり大きな変更であり、間違いなくさらなる議論が必要です。いくつかの結果については、後の章で議論します。

0.5.2　APIを極める：ADRガイドライン

本書では、私たちが扱うトピックについて意思決定を行う際に問うべき重要な質問を収集するのに役立つADRガイドラインを提供します。APIアーキテクチャに関する意思決定は本当に難しいことが多く、多くの状況において答えは「場合による」、です。ADRガイドラインは、コンテキストや文脈なしに「場合による」と言うのではなく、「何に依拠するのか？」を説明し、あなたの意思決

定に役立てることができます。ADRガイドラインは、特定の課題に直面したときに、参照先として戻ってきたり、将来を推測したりするために利用することができます。表0-2に、ADRガイドラインと、それぞれに期待されることを紹介します。

表0-2　ADRガイドライン

決定事項（Decision）	本書のある側面を検討する際に必要となる決定事項を記述しています。
論点（Discussion Points）	APIアーキテクチャについて決定を下す際に行うべき重要な論点を確認できます。また、決定に影響を与えた背景を説明します。意思決定のプロセスに重要な情報を特定するための手掛かりとなるでしょう。
推奨事項（Recommendations）	ADRを作成する際に考慮すべき具体的な推奨事項を記載します。加えて、推奨事項の理由や、その根拠を示しながら説明します。

0.6　まとめ

　イントロダクションでは、APIアーキテクチャを議論するためのケーススタディとアプローチの両方を紹介することで、本書の前提を紹介しました。

- アーキテクチャは終わりなき旅路（ジャーニー）であり、APIはその進化を助ける大きな役割を果たすことが可能です。
- APIは実装を抽象化したものであり、プロセス内APIもプロセス外APIも存在します。多くの場合、アーキテクトはプロセス外APIを進化させる立場にあると思いますが、本書の焦点もプロセス外APIです。
- カンファレンスシステムのケーススタディは、概念を具体化し、説明するために利用します。イントロダクションでは、今後のビジネス要件に対応するため、Attendeeサービスを開発するための小さな進化の一歩を踏み出しました。
- C4ダイヤグラムの3種類のモデルと、アーキテクチャの共有・伝達におけるその重要性を紹介しました。
- ADRは、意思決定のための貴重な記録であり、プロジェクトの存続期間を通じて、現在における価値と歴史的価値の両方を持ち合わせています。
- ADRガイドラインは、本書の中で意思決定を促進する目的で説明しています。

　Attendeeサービスをカンファレンスシステムから切り離すという決定がなされたため、次はAttendee APIを設計し、仕様を作るための選択肢を探っていきます。

第1部
APIの設計・構築・テスト

第1部では、APIアーキテクチャのための基礎知識を紹介します。

1章では、RESTとRPC（Remote Procedure Call：リモートプロシージャコール）ベースのAPIについて学びます。仕様とスキーマ、推奨される標準、バージョン管理戦略、そしてシステムに適したAPIの選択方法について説明します。

2章では、APIテストについて学び、APIアーキテクチャにさまざまなテスト技法をどのように適用するのが最適なのかを説明します。

1章
APIの設計・構築・仕様化

APIを設計・構築する際には、多くの選択肢が提示されます。最新の技術やフレームワークでサービスを構築することは驚くほど速く実現できますが、継続性のあるアプローチをとるには、慎重に検討する必要があります。この章では、ケーススタディにおけるサービス提供者と利用者の関係をモデル化するために、RESTとRPC（Remote Procedure Call：リモートプロシージャコール）を紹介します。

標準規格は、設計上の決定作業を短縮し、潜在的な互換性の問題を回避するのに役立ちます。ここでは、OpenAPIの仕様、チームでの実用的な利用方法、バージョン管理の重要性などを学んでいきます。

RPC通信はスキーマを利用して指定されます。RESTアプローチと比較するため、ここではgRPCを紹介します。RESTとgRPCの両方を念頭に置き、通信をどのようにモデル化するかについて、考慮すべきさまざまな要因を検証していきます。同じサービスでRESTとRPCの両方のAPIを提供する可能性と、それが正しいかどうかについても検討します。

1.1　ケーススタディ：Attendee APIの設計

イントロダクションでは、レガシーカンファレンスシステムからAPIアーキテクチャに移行することを決定しました。この変化の第一歩として、新しいAttendeeサービスを作成し、それに該当するAttendee APIを公開することにします。また、APIの定義も詳細化しました。効果的に設計するためには、サービス提供者と利用者の間の通信をもっと広範に考える必要があります。さらに重要な点として、サービス提供者と利用者が誰なのかということです。サービス提供者は、Attendeeチームが担当します。このチームは、次の2つの重要な関係を維持しています。

- Attendeeチームはサービス提供者を、レガシーカンファレンスシステムチームは利用者となり、その役割を果たします。この2つのチームの間には密接な関係があり、構造を変更して

18 │ 1章　APIの設計・構築・仕様化

も容易に調整可能です。提供者／利用者サービス間の強い凝縮性（Cohesion）を実現することが可能です。

● Attendeeチームはサービス提供者を、外部CFPシステムチームは利用者となり、その役割を果たします。チーム間の関係はありますが、変更する場合は統合に影響を与えないように、調整する必要があります。疎結合（loose compiling）が必要であり、変更を加える場合は慎重に管理する必要があります。

本章を通して、Attendee APIを設計・構築するためのアプローチを比較検討していきます。

1.2　REST入門

REST（REpresentation State Transfer）は、アーキテクチャ上の制約の1つであり、最も一般的にはHTTPを基礎とするトランスポートプロトコルとして適用されます。Roy Fieldingの論文「Architectural Styles and the Design of Network-based Software Architectures」[*1]に、RESTの定義が示されています。実用的な観点からは、RESTfulとみなされるためには、APIは以下の内容を保証する必要があります。

● サービス提供者と利用者のやり取りがモデル化されていること。サービス提供者は、利用者がやり取りできるリソースをモデル化します。

● 利用者からサービス提供者へのリクエストは「ステートレス」で構成されていること。これは、サービス提供者が以前のリクエストをキャッシュせず、利用者側で管理することを意味します。与えられたリソースでリクエストの連鎖を構築するため、利用者は処理のために必要な情報をサービス提供者に送信する必要があります。

● レスポンスはキャッシュ可能（Cachable）であること。サービス提供者は利用者にキャッシュ可否に関するヒントを提供することができます。HTTPでは、ヘッダに保持される情報をもとに提供します。

● 利用者に統一されたインターフェースを提供すること。動詞（Verb）、リソース、および他のパターンについては、リチャードソン成熟度モデルを使って説明します。

● RESTインターフェースの背後にあるシステムの複雑さを抽象化した、階層化されたシステムであること。例えば、利用者は、データベースや他のサービスとやり取りしているかを理解したり、気にしたりする必要はありません。

1.2.1　実例で学ぶRESTとHTTP入門

REST over HTTPの例を見てみましょう。以下の通信はGETリクエストで、GETはHTTPメソッ

---

*1　https://ics.uci.edu/~fielding/pubs/dissertation/top.htm

ドまたは動詞として扱われます。動詞とは、特定のリソースに対して行うアクションを記述するもので、GETを動詞として見た場合、データの取得を意味します。この例では、**Attendee**リソースを取り上げます。

Acceptヘッダは、利用者が取得したいコンテンツの種類を定義するために渡されます。RESTでは、HTTPボディ部に表現したい内容を記載し、ヘッダに**メタデータ**を定義することができます。

本章の例では、---セパレータの上にリクエストを、下にレスポンスを表現しています。

```
GET http://mastering-api.com/Attendees
Accept: application/json
---
200 OK
Content-Type: application/json
{
        "displayName": "Jim",
        "id": 1
}
```

レスポンスには、サーバ側からのステータスコードとメッセージが含まれ、利用者はサーバ側リソースの操作結果を把握することが可能です。このリクエストのステータスコードは200 OKで、サービス提供者によってリクエストが正常に処理されたことを意味します。レスポンスボディには、カンファレンス出席者を含むJSONが含まれています。RESTから返されるコンテンツ種別は多数ありますが、そのコンテンツ種別が利用者によって解析可能かどうか、考慮することが重要です。例えば、application/pdfを返すことは有効ですが、他のシステムで簡単に利用できるコンテンツ種別ではありません。この章の後半で、JSONを中心にコンテンツ種別をモデリングするアプローチを探ります。

> RESTは、クライアントとサーバの関係がステートレスであり、サーバがクライアントの状態を保持しないため、比較的簡単に実装することができます。クライアントは、以降のリクエストで、このコンテキストをサーバに伝える必要があります。例えば、http://mastering-api.com/Attendees/1をリクエストすると、特定の利用者に関する詳細な情報を取得することができます。

1.2.2 リチャードソン成熟度モデル

2008年のQConで、Leonard Richardson氏は、多くのREST APIをレビューした経験を発表しました（https://www.crummy.com/writing/speaking/2008-QCon/act3.html）。Richardson氏は、RESTの観点からAPIを構築する際にチームが適用するレベルを定義しました。Martin Fowler氏も自身のブログ（https://martinfowler.com/articles/richardsonMaturityModel.html）で、Richardson氏の成熟

20 | 1章　APIの設計・構築・仕様化

度ヒューリスティック[*2]を取り上げています。表1-1は、Richardson氏の成熟度ヒューリスティック
が示すさまざまなレベルと、RESTful APIへの適用を検討したものです。

表1-1　リチャードソン成熟度モデル

レベル0 - HTTP/RPC	HTTPプロトコルを利用してAPIが構築され、単一のURIを必要とします。先ほどの/Attendeesの例では、意図を特定する動詞を指定しない場合、データ提供を行うエンドポイントを公開します。これは、RESTプロトコル上にRPCを実装したことを意味します。
レベル1 - リソース	リソースの利用方法を定義し、URIのコンテキストでリソースをモデル化します。先ほどの例では、特定のカンファレンス出席者の詳細情報を返すGET /Attendees/1を追加すると、レベル1のAPIとして見えるでしょう。Martin Fowler氏は、IDを導入する古典的なオブジェクト指向型システムとの類似性を指摘しています。
レベル2 - 動詞（メソッド）	サーバ上のリソースへの影響に基づいて、リソースURIに加え、（HTTP動詞としても知られる）異なるリクエストメソッドを利用し、モデル化を行います。レベル2のAPIは、GETメソッドがサーバの状態に影響を与えないことを保証し、同じリソースURIに対して複数回同じアクションが行われることが保証されています（この性質を、冪等と言います）。先ほどの例では、DELETE /Attendees/1、PUT /Attendees/1を追加することで、レベル2に準拠したAPIを実現できます。
レベル3 - ハイパーメディアコントロール（Hypermedia Controls）	HATEOAS (Hypertext As The Engine Of Application State)[*3]の利用により、ナビゲート可能なAPIが含まれます。先ほどの例では、GET /Attendees/1を呼び出すと、サーバから返されたオブジェクトに対して実行可能なアクションがレスポンスに含まれます。これには、利用者を更新したり、削除したりするオプションと、クライアントが呼び出す必要のあるオプションが含まれます。実際のところ、レベル3は現代のRESTful HTTPサービスではほとんど使われていません。ナビゲーションは柔軟なユーザインターフェースを持つシステムにおいて有効ですが、サービス間のAPI呼び出しには適していません。HATEOASを利用すると、通信が煩雑になってしまうので、サービス提供者に対してプログラミングをする際、可能な通信を事前に定義しておくことで、簡単に解決することが多くあります。

　APIを設計する場合は、**リチャードソン成熟度モデル**の異なるレベルを考慮することが重要です。
レベル2に進むと、利用者に理解しやすいリソースモデルを提供し、そのモデルに対して適切なア
クションを実装できるようになります。これにより、密結合を減らし、バックサービスの詳細が隠
されます。この抽象化がバージョン管理にどのように適用されるかは、後ほど説明します。

　Attendeeサービスの利用者が外部CFPシステムである場合、疎結合をモデル化し、RESTfulモデ
ルを利用することが良い出発点となるでしょう。Attendeeサービスの利用者がレガシーカンファレ
ンスシステムチームであれば、やはりRESTful APIの利用を選択するかもしれませんが、RPCとい
う別の選択肢もあるかもしれません。このような伝統的な内部トラフィックを検討するため、RPC

[*2]　訳注：『RESTful Web APIs』（O'Reilly Media刊、2013年）の著者であるMike Amundsen氏は、2017年にWeb API Design Maturity Modelを提唱しています。成熟度モデルを考える際、こちらも参考にしてください。
　　　http://www.amundsen.com/talks/2017-07-chattanooga/index.html
　　　https://www.youtube.com/watch?v=3vOgszx_-co

[*3]　https://restcookbook.com/Basics/hateoas/

を紹介しましょう。

1.3　RPC APIの基礎

　RPC（Remote Procedure Call：リモートプロシージャコール）は、あるプロセスでメソッドを呼び出し、別のプロセスでコードを実行させるものです。RESTがドメインモデルを投影し、基礎となる技術から利用者への抽象化を提供するのに対し、RPCはあるプロセスからメソッドを公開し、別のプロセスから直接呼び出せるようにするものです。

　gRPCは、最新のオープンソース高機能RPCです。gRPCはLinux Foundationの管理下にあり、ほとんどのプラットフォームでRPCのデファクトスタンダードとなっています。図1-1は、gRPCのRPC呼び出しを説明するもので、レガシーカンファレンスシステムがAttendeeサービスのリモートメソッドを呼び出す手順を表したものです。gRPC Attendeeサービスは、指定されたポートでgRPCサーバを起動し公開することで、リモートでメソッドを呼び出すことができるようになります。クライアント側（レガシーカンファレンスシステム）では、スタブを利用し、リモートコールを行う複雑さをライブラリに抽象化します。gRPCでは、サービス提供者と利用者間の通信を完全にカバーするスキーマが必要です。

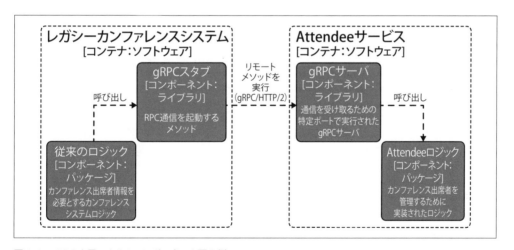

図1-1　gRPCを用いたC4コンポーネント図の例

　RESTとRPCの大きな違いは、状態（ステート）です。RESTは定義上ステートレスですが、RPCの場合、実装次第で変化します。RPCは、通信の一部として状態を管理することができます。このアプローチは、信頼性を犠牲にし、ルーティングが複雑になるというコストを払う可能性がありますが、高いパフォーマンスを実現できるメリットがあります。RPCの実装では、呼び出しに利用されるメソッドの機能を厳密に定義する必要があります。言い換えれば、サービス提供者と利用者の

間でより密結合な通信となります。特に、パフォーマンスが重要視される内部トラフィックでは、密結合は必ずしも悪いことではありません。

1.4 GraphQLの概要

RESTとRPCをくわしく説明する前に、GraphQLの概要と、GraphQLがどのような位置づけにあるのか、触れておく必要があります。RPCは一連の機能を提供しますが、通常、利用者に対してモデルや抽象化を拡張することはありません。一方RESTは、サービス提供者が提供する単一のAPIに対し、リソースモデルを拡張可能です。APIゲートウェイを使って、同じベースURLで複数のAPIを提供することができます。この概念については、3章でさらに掘り下げていきます。このように複数のAPIを提供する場合、利用者はクライアント側で状態を順次管理するために順次クエリを実行する必要があります。また、利用者は、クエリに関わるすべてのサービス構造を理解する必要があります。利用者がレスポンス上のフィールドの一部しか必要としない場合、このアプローチは無駄が多いと言えるでしょう。モバイルデバイスは画面が小さくネットワークの可用性に制約があるため、このシナリオではGraphQLの方が優れています。

GraphQLは、既存のサービス、データストア、API上に技術レイヤを導入し、複数のソースにまたがるクエリ言語を提供します。このクエリ言語により、複数のAPIにまたがるフィールドを含め、クライアントは必要なフィールドを正確にリクエストすることが可能です。GraphQLでは、個々のAPIにおける型や、APIの組み合わせ方を指定するため、GraphQLスキーマ言語が利用されます。システムにGraphQLスキーマを導入する大きな利点の1つは、すべてのAPIで単一のバージョンを提供できることで、利用者側で複雑なバージョン管理を行う必要がないことです。

GraphQLは、利用者が幅広いサービスにわたって均一なAPIアクセスを必要とする場合に優れた威力を発揮します。スキーマは接続を提供し、ドメインモデルを拡張するため、利用者が必要なものを正確に指定することができます。これは、ユーザインターフェースのモデリングや、レポートシステム、データウェアハウス型のシステムにも非常に有効なアプローチです。膨大な量のデータが異なるサブシステムにまたがって保存されているシステムでは、GraphQLは内部システムの複雑さを抽象化し、理想的なソリューションを提供することができます。

レガシーカンファレンスシステムの上にGraphQLを配置し、複雑さを隠すための「外見」（ファサード）として利用することは可能です。一方、よく設計されたAPIレイヤ上でGraphQLを提供すれば、「外見」としての実装・保守をよりシンプルにすることが可能です。GraphQLは補完的技術として考えることができ、APIを設計・構築する際に考慮する必要があります。また、GraphQLはAPIエコシステム全体を構築するためのアプローチと考えることもできます。

GraphQLは特定のシナリオで、大きな力を発揮します。このトピックをより深く掘り下げるためには、以下の書籍を参照することをお勧めします。

- 『Learning GraphQL』（O'Reilly Media刊、2018年）[*4]
- 『GraphQL in Action』（Manning刊、2021年）

1.5　REST APIの標準化と構造化

REST APIには基本的なルールがありますが、ほとんどの場合、実装や設計は開発者にゆだねられています。例えば、「エラーを伝えるのに最適な方法は何か？」「ページネーション[*5]はどのように実装すればいいのか？」「互換性が頻繁に壊れるようなAPIの作成を避けるためにはどうしたらいいのか？」といったことが挙げられます。実装や設計を考えるとき、APIに関するより現実的な定義があると、異なる実装手法でも統一感と期待値が整理できるため、便利です。そのために、標準やガイドラインが役立ちます。

本書の設計では、オープンソース化されたガイドラインであるMicrosoft REST API Guideline[*6]を利用します。このガイドラインはRFC 2119[*7]に準拠し、MUST、SHOULD、SHOULD NOT、MUST NOTなどの標準の用語を定義しており、開発者は要件が必須であるかオプションであるかを判断することができます。

REST APIの標準は進化しているため、公開されているAPI標準一覧は、本書のGitHubページ（https://github.com/masteringapi/rest-api-standards）に掲載しています。他の読者の検討に役立つと思われるオープンな標準があれば、プルリクエストでぜひ貢献してください。

Microsoft REST API Guidelineを使って、**Attendee** APIの設計を考えてみましょう。そして、新しい「カンファレンス出席者」を作成するエンドポイントを紹介します。もしあなたがRESTに慣れていれば、すぐにPOSTを使うことを思いつくでしょう。

```
POST http://mastering-api.com/Attendees
{
  "displayName": "Jim",
```

[*4] 訳注：邦訳は『初めてのGraphQL―Webサービスを作って学ぶ新世代API』（オライリー・ジャパン刊、2019年）
[*5] 訳注：ページネーション（pagination）とは、検索結果や長い文章を掲載する際に、適切な長さに分割し、同じデザインの複数のページに分割して掲載することを意味します。これにより、表示が完了するまでの時間を短縮したり、一度に表示される情報量を制御し、読みやすさや操作性を向上させることを目的とします。
[*6] 訳注：Microsoft REST API Guidelineは、https://github.com/microsoft/api-guidelinesを参照してください。ただし、翻訳時点でMicrosoft REST API Guidelineは非推奨となり、2024年7月に削除されることが決定しました。ただし、現在も、https://github.com/microsoft/api-guidelines/blob/vNext/graph/Guidelines-deprecated.mdにて参照可能です。以後は、「Guidance for Azure service teams」と「Guidance for Microsoft Graph service teams」が最新のガイドラインとなります。
[*7] 訳注：RFC 2119「RFCにおいて要請の程度を示すために用いるキーワード」の日本語版は以下です。https://www.nic.ad.jp/ja/tech/ipa/RFC2119JA.html

```
  "givenName": "James",
  "surname": "Gough",
  "email": "jim@mastering-api.com"
}
---
201 CREATED
Location: http://mastering-api.com/Attendees/1
```

Locationヘッダは、サーバ上に作成された新しいリソースの場所を明らかにします。このAPIでは、ユーザに対して一意のIDをモデル化しています。emailフィールドをIDとして利用することも可能ですが、Microsoft REST API Guidelinesは7.9節において、個人情報（PII：Personally Identifiable Information）をURLの一部としないことを推奨しています。

URLから個人情報を含む機密データを削除する理由は、パスやクエリパラメータが意図せずネットワークにキャッシュされる可能性があるためです（例えば、サーバのログなどに記録されます）。

APIのもう1つの側面として、命名則が難しい場合があります。後ほど「1.8 APIのバージョン管理」で説明する通り、名前を変えるという単純な作業が、互換性を壊す可能性があります。Microsoft REST API Guidelinesには、利用すべき標準的な名前の一覧が用意されていますが、私たちはこれを拡張して、標準を補足する共通ドメインのデータディレクトリを持つべきです。データ設計やガバナンスに関する要件を能動的に調査することは、多くの組織にとって非常に有益です。企業が提供するすべてのAPIに一貫性を持たせている組織は、利用者がレスポンスを理解し、接続することを可能にします。分野によっては、既に広く知られている用語が存在する場合もあるので、その場合はそうした既知の用語を使いましょう。

1.5.1　コレクションとページネーション

`GET /Attendees`リクエストを、配列を含むレスポンスとしてモデル化することは合理的です。次のコードは、レスポンスボディとしてどのように見えるかの例を示しています。

```
GET http://mastering-api.com/Attendees
---
200 OK [
  {
    "displayName": "Jim",
    "givenName": "James",
    "surname": "Gough",
    "email": "jim@mastering-api.com",
    "id": 1,
  },
  ...
]
```

GET /Attendeesリクエストの代替モデルとして、利用者の配列をオブジェクトに入れ込む方法を考えてみましょう。配列のレスポンスがオブジェクトで返されるのは奇妙に思えるかもしれませんが、その理由は、より大きなコレクションとページネーションをモデル化することができるからです。ページネーションとは、部分的な結果を返す一方で、利用者が次の結果を要求するための方法について指示を出すことです。実装してみるとわかることですが、後でページネーションを追加し、（標準が推奨するように）@nextLinkを追加するために配列からオブジェクトに変換すると、互換性が失われます。

```
GET http://mastering-api.com/Attendees
---
200 OK
{
  "value": [
    {
      "displayName": "Jim",
      "givenName": "James",
      "surname": "Gough",
      "email": "jim@mastering-api.com",
      "id": 1,
    }
  ],
  @nextLink": "{opaqueUrl}"
}
```

1.5.2　コレクションのフィルタリング

私たちのカンファレンスは利用者が1人しかおらず、少し寂しく見えますが、コレクションの規模が大きくなると、ページネーションに加えてフィルタリングを追加する必要が出てくるかもしれません。フィルタリング標準は、OData Standard[*8]に基づき、フィルタリングクエリの動作を標準化するためにREST内での表現方法を提供します。例えば、displayName Jimを持つすべての利用者を見つけるには、次のようにします。

```
GET http://mastering-api.com/Attendees?$filter=displayName eq 'Jim'
```

最初からすべてのフィルタリング機能や検索機能を完成させる必要はありません。しかし、標準に沿ったAPIを設計することで、開発者は利用者の互換性を壊すことなく、進化するAPIアーキテクチャをサポートすることができます。フィルタリングとクエリはGraphQLが得意とする機能であり、特に多くのサービスにまたがるクエリとフィルタリングが関連性を持つようになった場合、非常に有効です。

[*8]　訳注：OData Standardは以下のURLを参照してください。
　　　https://www.odata.org/getting-started/

1.5.3　エラー処理

　APIを利用者に拡張する際に考慮すべき重要な点は、さまざまなエラーシナリオで何が起こるべきかを定義することです。エラー標準[*9]は前もって定義し、一貫性を持たせるため、サービス提供者と共有することが有用です。APIに必要なサポートの増加を避けるため、リクエストにて何が間違っていたか、エラーメッセージで利用者に正確に説明することが重要です。

　前述のMicrosoft REST API Guidelineでは、「**成功しない条件については、開発者は一貫してエラーを処理する1つのコードを書くべきである**」（SHOULD要件）と述べています。利用者には正確なステータスコードが提供されなければなりません。なぜなら、多くの場合、利用者はレスポンスで提供されるステータスコードを中心にロジックを構築するためです。私たちは、成功を示すために使われる200番台のレスポンスとともに、ボディにエラーを返す多くのAPIを目にしてきました。リダイレクトのための300番台ステータスコードは、いくつかのライブラリ実装で積極的に利用されており、サービス提供者が別の場所に移動し、外部リソースにアクセスすることを可能にしています。400番台は通常、クライアント側のエラーを示します。この時点でのメッセージフィールドの内容は、開発者やエンドユーザにとって非常に有益な情報です。500番台は通常、サーバ側の失敗を示し、クライアントライブラリの中には、この種の失敗に基づいて再試行を行うケースがあります。例えば、決済システムにおいて、500エラーは決済が完了したことを意味するのか、そうでないことを意味するのかを検討し、文書化することが重要です。

外部利用者に送り返されるエラーメッセージに、スタックトレースやその他の機密情報が含まれていないことを確認してください。この情報は、システムを侵害しようとするハッカーに悪用される可能性があります。Microsoft REST API Guidelineのエラー構造には、**InnerError**という概念があり、この中に、より詳細なスタックトレースや問題の説明を置くと便利でしょう。これは、デバッグに非常に役立ちますが、外部利用者に対しては、取り除いておく必要があります。

　現在、私たちはREST APIの構築について概要を俯瞰したにすぎません。しかし、API構築を開始する際には明らかに多くの重要な決定が必要となります。一貫性があり直感的に利用できるAPIを提供し、かつ、進化し続け互換性のあるAPIを目指すのであれば、API標準を早期に採用することに価値があると言えるでしょう。

1.5.4　ADRガイドライン：API標準の選択

　API標準を決定するために、考慮すべき重要なトピックをリストアップしたのが表1-2のガイドラ

[*9] https://github.com/microsoft/api-guidelines/blob/vNext/graph/Guidelines-deprecated.md#7102-error-condition-responses

インです。本節で取り上げるMicrosoft社のガイドラインを含めさまざまなガイドラインがあり、作成するAPI構成に最も合致するガイドラインを見つけることがとても重要です。以下に、ADRを示します。

表1-2　ADRガイドライン：APIの標準ガイドライン

決定事項	どのAPI標準ガイドラインを採用しますか？
論点	組織内には既に他の標準がありますか？　それらの標準を外部利用者に拡張することは可能ですか？
	利用者に公開する必要があるサードパーティAPI（例：Identity Services）は、既に標準に従ったAPIを提供していますか？
	標準を採用しないことによる利用者への影響はどのようなものですか？
推奨事項	組織文化や、既に保有しているAPI形式に最もマッチするAPI標準を選択します。
	分野や業界特有の修正点を進化させ、標準に追加する準備をしておきます。
	一貫性を保ち、互換性を壊す必要がないように、早い段階から準備を進めます。
	既存のAPIに批判的であることが必要です。利用者が理解できるような形式になっていますか？　あるいはより情報提供をする必要がありますか？

1.6　OpenAPIを利用したREST APIの仕様

　ここまで見てきたように、API設計はAPIプラットフォームの成功の基本となります。次に検討すべき事項は、APIを利用する開発者との共有です。

　APIマーケットプレイスは、利用者が利用できるAPIの公開・非公開リストを提供します。開発者はドキュメントを閲覧し、ブラウザでAPIを素早く試し、APIの動作や機能を調べることができます。公開・非公開のAPIマーケットプレイスは、REST APIの活用を利用者に促します。REST APIの成功は、その技術的背景と、クライアントとサーバの両方にとって参入障壁が低いという2つの理由に裏打ちされています。

　API数が増えるにつれて、APIの**形式**や構造を利用者と共有する仕組みが急速に必要となりました。そこで、API業界のリーダーたちによってOpenAPI Initiativeが結成され、OpenAPI Specificationが構築されました。SwaggerはOpenAPI Specificationsの最初のリファレンス実装でしたが、現在ではほとんどのツールがOpenAPIを使うことに収束しています。

　OpenAPI Specificationは、JSONやYAMLベースの表現で、APIの構造、通信されるドメインオブジェクト、およびセキュリティ要件が記述されています。構造に加えて、法的要件やライセンス要件など、APIに関するメタデータも伝え、APIを利用する開発者にとって有用な文書や例も掲載されています。OpenAPI Specificationは、最新のREST APIを取り巻く重要な概念であり、多くのツールや製品に採用されています。

28 | 1章　APIの設計・構築・仕様化

1.7　OpenAPI Specificationsの実践的活用

　OpenAPI Specifications（OAS）が共有されると、その仕様の威力が明らかになり始めます。OpenAPI.Tools（https://openapi.tools/）は、利用可能なオープンソースとクローズドソースのツールを文書化しています。この節では、OASとのやり取りに基づき、ツールの実用的な応用例を見ていきます。

　外部CFPシステムチームがAttendeeサービスの利用者である状況では、OASを共有することで、チームはAPI構造を理解することができます。以下の実用的な応用例に倣うと、開発者の経験を向上させ、やり取りの健全性を確保することに役立ちます。

1.7.1　コード生成

　OASの最も有用な機能の1つは、APIを利用するクライアントサイドのコード生成を実現できることです。先に述べたように、OASにはサーバ、セキュリティ、そしてAPI構造自体の全詳細を含めることができます。これらすべての情報を使って、APIを表現して呼び出し、一連のモデルオブジェクトとサービスオブジェクトを生成することができます。OpenAPI Generatorプロジェクト（https://openapi-generator.tech/）は、さまざまな言語とツール群をサポートしています。例えば、JavaではSpringやJAX-RSを、TypeScriptではTypeScriptとお気に入りのフレームワークの組み合わせを選択することができます。また、OASからAPI実装スタブを生成することも可能です。

　これは「仕様とサーバサイドのコードのどちらを先に実装すべきか？」という重要な問題を提起しています。2章では、APIをテスト・構築するための動作駆動型アプローチである「コントラクト・トレーシング」について説明します。OASの課題は、APIの形式のみ取り扱う点です。OASでは、異なる条件下でのAPIのセマンティクス（期待される動作）を完全にモデル化することはできません。APIを外部利用者に提供する場合、さまざまな動作をモデル化してテストすることが重要であり、後でAPIを大幅に変更しなければならない事態を避けるために役立ちます。

　APIは利用者視点で設計されるべきであり、結合を減らすため、抽象化する必要性を検討すべきです。APIの互換性を壊すことなく、裏で自由にコンポーネントをリファクタリングできることは重要であり、これが実現できなければAPIの抽象化は価値を失います。

1.7.2　OpenAPIを利用した検証

　OASは、リクエストとレスポンスが仕様の期待に合致していることを確認するために、やり取りの内容を検証（Validation）するのに便利です。最初は、自動生成されたコードを検証する必要性があるか、なぜこの機能が役立つかわからないかもしれません。では、コードが自動生成されれば、APIとのやり取りは常に正しく行われていると言えるでしょうか？　OpenAPIバリデーションの実用的なアプリケーションの1つは、APIとAPIインフラストラクチャのセキュリティです。多くの

組織では、境界型アーキテクチャが採用されており、DMZ（非武装地帯）という概念が、インバウンド通信からネットワークを保護するために使われています。便利な機能として、DMZ内のメッセージを照会し、仕様が一致しない場合は通信を終了させることができます。セキュリティについては、6章で詳しく説明します。

　例えばAtlassianは、JSON RESTコンテンツを検証できるswagger-request-validator（https://bitbucket.org/atlassian/swagger-request-validator/src/master/）というツールをオープンソース化しています。また、さまざまなモッキングやテストフレームワークと統合するアダプタも用意されており、テストの一環としてOASへの準拠を保証する上で役立っています。このツールにはOpenApiInteractionValidatorがあり、これはやり取りの検証レポートを作成するために利用されます。以下のコードは、パスを変更するようなインフラストラクチャの背後にAPIを配置する必要がある場合、basePathOverridesを含め、仕様からバリデータ（検証機能）を構築することを示すものです。検証レポートは、検証が実行された時点でリクエストとレスポンスを分析することで生成されます。

```
// 仕様書の場所を利用して、インタラクションバリデータを作成する
// ベースパスのオーバーライドは、ゲートウェイ／プロキシの裏側でバリデータが利用する場合に必要となる

final OpenApiInteractionValidator validator = OpenApiInteractionValidator
  .createForSpecificationUrl(specUrl)
  .withBasePathOverride(basePathOverride)
  .build;

//RequestsとResponseオブジェクトは、ビルダを利用して変換・作成できる
final ValidationReport report = validator.validate(request, response);

if (report.hasErrors()) {
        // エラー情報を取得または処理する
}
```

1.7.3　モックと例示

　OASは、仕様にあるパスに対するレスポンス例を提供することができます。例示（Examples）は、開発者に対し、期待されるAPIの動作を理解してもらうためのドキュメントです。一方、モック（Mocking）とは、実際のAPIと同様に振る舞う、テスト用の仮想的なAPIのことです。実際のAPIが提供するデータや機能と同様のレスポンスを返すことで、開発者は具体的なイメージを持つことができます。一部の製品では、ユーザがモックサービスでAPIを利用し、レスポンス例を確認できるようになりました。これは、開発者がドキュメントを調べたり、APIを呼び出したりできる開発者ポータルのような機能を提供する場合、有用です。モックと例示のもう1つの便利な機能は、サービス構築を開始するために、サービス提供者と利用者の間でアイデアを共有できる点です。APIを試すことは、仕様が要件を満たすかどうかを検討・レビューするよりも価値があることが多いのです。

例示は、仕様の該当部分が（XML/JSONなどをモデル化するために）文字列であるという興味深い問題が発生する可能性があります。openapi-examples-validator（https://github.com/codekie/openapi-examples-validator）は、例示がOASと対応するAPIのリクエスト／レスポンスコンポーネントと一致するかどうかを検証します。

1.7.4 変化の検知

OASは、APIの変更を検知する際にも役立ちます。これは、DevOpsパイプラインの一部として非常に有用です。後方互換性のために変更を検知することは非常に重要ですが、まずはAPIのバージョン管理をより詳しく説明していきましょう。

1.8 APIのバージョン管理

ここまで、利用者とOASを共有するメリットを、統合に関するスピードも含めて検討してきました。複数の利用者がAPIに対して運用を開始した場合を考えてみましょう。APIに変更があったとき、あるいは利用者の1人がAPIに新機能を追加するようリクエストした場合はどうなるでしょうか？

一歩引いて、コンパイル時にアプリケーションに組み込まれるコードライブラリの例で考えてみましょう。ライブラリ変更は新しいバージョンとしてパッケージ化され、コードが再コンパイルされ、新しいバージョンに対してテストされるまで、本番アプリケーションへの影響はありません。APIはサービスを提供しているので、変更リクエストがあった場合、すぐに利用できるアップグレード手法は複数存在します。

新バージョンをリリースし、別の新しい場所にデプロイする
　旧アプリケーションは、旧バージョンのAPIに対して動作し続けます。利用者は新しい機能が必要な場合のみ、新しい場所に用意されたAPIを利用するため、利用者の観点からはこれで問題ありません。しかし、APIオーナーは、必要なパッチやバグ修正を含め、複数のバージョンのAPIを維持・管理する必要があります。

旧バージョンのAPIと後方互換性のある新バージョンのAPIをリリースする
　このアプローチは、APIの既存ユーザに影響を与えることなく、追加的な変更を行うことができます。利用者が実施すべき変更はありませんが、アップグレードの際にダウンタイムや新旧両方のバージョンの可用性を考慮する必要があります。もし、フィールド名が正しくないなどの小さなバグ修正が行なわれれば、互換性が損なわれてしまいます。

旧バージョンのAPIとの互換性を考慮せず、新バージョンのAPIをリリースする
　全利用者は、新しいAPIを利用するためにコードをアップグレードする必要があります。これ

は、本番環境に予期せぬ問題を引き起こすことになるため[*10]、良くないアイデアのように思えるかもしれません。しかし、旧バージョンとの互換性を無視せざるを得ない状況は、ときとして発生します。この種の変更は、ダウンタイムの調整を伴う、システム全体に影響する大幅な変更を必要とします。

　課題は、これらの異なるアップグレードオプションのいずれにも、利用者とサービス提供者にとって利点がある一方、欠点もあることです。現実には、3つのオプションをうまく組み合わせ、サポートできるようにしたいはずです。そのためには、バージョン管理と、バージョンを利用者に公開するためのルールを導入する必要があります。

1.8.1　セマンティックバージョン管理

　セマンティックバージョン管理（Semantic Versioning）[*11]とは、REST APIに適用することで、前述のアップグレードオプションの組み合わせを実現するアプローチです。セマンティックバージョン管理は、APIリリースに紐づいた数値表現を定義します。その数値は、前のバージョンと比較した際の動作の変化に基づいており、以下のようなルールで定義されています。

- **メジャーバージョン**（Major Version）は、APIの旧バージョンと後方互換性のない変更に用います。APIプラットフォームでは、新しいメジャーバージョンへのアップグレードは利用者の積極的な意思決定を必要とします。利用者が新しいAPIにアップグレードする際には、移行ガイドの提供とトラッキングが行われる場合が多いです。
- **マイナーバージョン**（Minor Version）は、APIの旧バージョンと後方互換性のある変更に用います。APIプラットフォームでは、クライアント側のアプリケーションやコードに積極的な変更を加えることなく、利用者はマイナーバージョンの更新を受け入れることができます。
- **パッチバージョン**（Patch）は、新しい機能の変更や導入を伴わない、既存のメジャーおよびマイナーバージョンの機能に対するバグフィックスに用います。

　セマンティックバージョン管理の形式は、`Major.Minor.Patch`と表現されます。例えば、1.5.1はメジャーバージョン1、マイナーバージョン5、パッチバージョン1を表します。5章では、セマンティックバージョン管理がAPIライフサイクルやリリースの概念とどう結びついているかを紹介していきます。

1.8.2　OpenAPI Specificationとバージョン管理

　ここまでバージョン管理について説明してきました。これからは、Attendee API仕様を使った

[*10] 私たちは何度もこのような状況に陥ったことがあります。大抵は（なぜか）月曜日の朝一番に発生します！
[*11] https://semver.org/

変更の例を見てみましょう。仕様を比較するためのツールはいくつかありますが、この例では
OpenAPIToolsのopenapi-diff（https://github.com/OpenAPITools/openapi-diff）を利用します。

まず、givenNameフィールドの名称をfirstNameに変更します。これは、利用者がfirstName
（名）ではなく、givenName（姓）をその後の処理に利用することを期待するため、大きな変更と
なります。diffツールは、dockerコンテナから以下のコマンドで実行することができます。

```
$ docker run --rm -t \
    -v $(pwd):/specs:ro \
    openapitools/openapi-diff:latest /specs/original.json /specs/first-name.json
========================================================================
...
- GET /attendees
Return Type:
    - Changed 200 OK
      Media types:
          - Changed */*
          Schema: Broken compatibility
          Missing property: [n].givenName (string)
------------------------------------------------------------------------
--                            Result                            --
------------------------------------------------------------------------
            API changes broke backward compatibility
------------------------------------------------------------------------
```

/AttendeesのReturn Typeに新しい属性として、ageというフィールドを追加してみましょう。
新しいフィールドを追加しても、既存の動作が壊れるわけではないので、互換性が損なわれること
はありません。

```
$ docker run --rm -t \
    -v $(pwd):/specs:ro \
    openapitools/openapi-diff:latest --info /specs/original.json /specs/age.json
========================================================================
...
- GET /Attendees
  Return Type:
        - Changed 200 OK
          Media types:
            - Changed */*
              Schema: Backward compatible
------------------------------------------------------------------------
--                            Result                            --
------------------------------------------------------------------------
            API changes are backward compatible
------------------------------------------------------------------------
```

どの変更に互換性があり、どの変更に互換性がないかを確認するために、これを試してみる価値
があります。APIパイプラインの一部としてこの種のツールを導入することは、利用者にとって予
期せぬ非互換性の変更を避けるのに役立ちます。OASはAPIプログラムの重要部分であり、ツール、

バージョン管理、ライフサイクルと組み合わせることで、非常に効果を発揮します。

> ツールはOpenAPIのバージョンに依存することが多いので、ツールが作業中の仕様に対応しているかどうかを確認することが重要です。先の例では、旧バージョンの仕様でdiffツールを試しましたが、大幅な変更は検知されませんでした。

1.9　gRPCを利用してRPCを実装する

Attendeeサービスのような内部トラフィック向けサービスは、通信量が増える傾向があり、アーキテクチャ全体で利用されるマイクロサービスとして実装することができます。エコシステム内のデータ転送量と速度が小さいため、内部トラフィック向けサービスにはRESTよりもgRPCがより適した技術コンポーネントとなるかもしれません。パフォーマンスに関する決定は、常に測定して、情報を取得する必要があります。

Spring Boot Starter（https://github.com/yidongnan/grpc-spring-boot-starter）を利用してgRPCサーバを迅速に作成してみましょう。次の.protoファイルは、OASの例で説明したのと同じAttendeeオブジェクトをモデル化しています。OASと同様に、スキーマからコードを生成するのは簡単で、複数の言語でサポートされています。

attendees.protoファイルは、空のリクエストを定義し、繰り返されるAttendeeレスポンスを返します。バイナリ表現に利用されるプロトコルでは、メッセージのレイアウトを定義する上で、フィールドの位置と順序が重要です。また、新しいサービスやメソッドの追加は、メッセージにフィールドを追加することと同様に後方互換性がありますが、注意が必要です。新しいフィールドを追加する場合は、必須フィールドにはできません。もし必須フィールドを追加すれば、後方互換性が壊れてしまいます。

フィールドを削除したり、フィールド名を変更したりすると、フィールドのデータ型を変更した場合と同様に、互換性が失われます。また、フィールド番号は通信経路上のフィールドを識別するために利用されるため、フィールド番号の変更も問題です。gRPCではエンコーディングの制約があるため、定義が具体的である必要があります。一方で、RESTとOpenAPIは、仕様はガイド[12]として位置づけられているため、かなり柔軟性があります。そのため、OpenAPIでは、余分なフィールドや順序は問題になりませんが、gRPCにおいてはバージョン管理と互換性がより重要です。

```
syntax = "proto3";
option java_multiple_files = true;
package com.masteringapi.Attendees.grpc.server;

message AttendeesRequest {
```

---

[12] 実行時にOASを検証することで、より厳密性を高めることができます。

34 │ 1章　APIの設計・構築・仕様化

```
}

message Attendee {
        int32 id = 1;
        string givenName = 2;
        string surname = 3;
        string email = 4;
}

message AttendeeResponse {
        repeated Attendee Attendees = 1;
}

service AttendeesService {
        rpc getAttendees(AttendeesRequest) returns (AttendeeResponse);
}
```

以下のJavaコードは、生成されたgRPCサーバクラスでの挙動を実装するため、単純な構造を示しています。

```
@GrpcService
public class AttendeesServiceImpl extends
        AttendeesServiceGrpc.AttendeesServiceImplBase {

        @Override
        public void getAttendees(AttendeesRequest request,
        StreamObserver<AttendeeResponse> responseObserver) {
            AttendeeResponse.Builder responseBuilder
                = AttendeeResponse.newBuilder();

        //生成されるレスポンス
        responseObserver.onNext(responseBuilder.build());
        responseObserver.onCompleted();
        }

}
```

この例をモデル化したJavaサービスは、本書のGitHubページ（https://github.com/masteringapi/attendees）に掲載しています。

gRPCは追加ライブラリなしでブラウザから直接問い合わせることはできません。ただし、gRPC UI（https://github.com/fullstorydev/grpcui）をインストールすることで、テスト目的でブラウザを利用することができます。また、grpcurlはコマンドラインツールを提供しています。

```
$ grpcurl -plaintext localhost:9090 \
        com.masteringapi.attendees.grpc.server.AttendeesService/getAttendees
{
        "attendees": [
        {
          "id": 1,
          "givenName": "Jim",
          "surname": "Gough",
```

```
            "email": "gough@mail.com"
        }
    ]
}
```

gRPCは、サービスを利用するための別の選択肢を与え、利用者がコードを生成するための仕様を定義しています。gRPCはOpenAPIよりも仕様が厳しく、利用者が理解できるようなメソッド／内部ロジックを要求します。

1.10　通信手法のモデリングとAPI形式の選択

「イントロダクション」では、通信パターンの概念と、エコシステムの外のリクエストとエコシステム内のリクエストの違いについて説明しました。通信パターンは、目の前の問題に対して、適切な形式のAPIを決定する重要な要素です。マイクロサービスアーキテクチャ内のサービスとやり取りを完全にコントロールできるようになると、外部利用者には何が提供できないか明確にすることができます。

内部トラフィックのパフォーマンス特性は、外部トラフィックサービスよりも管理できる要素が多くあります。外部トラフィックにおいて、サービス提供者の環境外から発信される通信は、一般的にインターネットを利用して通信を行うことになります。インターネットは高いレイテンシをもたらすので、APIアーキテクチャは常に各サービスの複合的効果を考慮する必要があります。マイクロサービスアーキテクチャでは、1つの外部トラフィックリクエストに対し、複数の内部トラフィックを発生させる可能性があります。内部トラフィックを増強すれば、連続的な通信低下を避け、利用者への影響を回避する上で有益です。

1.10.1　高トラフィックサービス

この例では、Attendeeサービスがセントラルサービスです。マイクロサービスアーキテクチャでは、コンポーネントがattendeeIdを追跡します。利用者に提供されるAPIは、Attendeeサービスに格納されたデータを取得する可能性があり、規模が大きくなれば通信の多いコンポーネントとなります。サービス間通信の利用量が多い場合、ペイロードサイズやプロトコル間の制約によるネットワーク転送のコストは、増加します。このコストは、各転送の金銭的コスト、またはメッセージが宛先に到達するまでの総時間に現れます。

1.10.2　大容量ペイロード

ペイロードサイズが大きいと、API通信時に問題になることがあり、転送パフォーマンスの低下が危惧されます。JSON over RESTは人間でも読むことができ、固定表現やバイナリ表現よりも冗長であることが多いため、ペイロードサイズが増大することになります。

データ転送でJSONを利用する主な理由として、よくある誤解の1つに「人間による読みやすさ」が挙げられます。しかし、開発者がメッセージを理解する必要がある回数とパフォーマンスの考慮は、最新の追跡ツールを踏まえればそこまで有益ではありません。また、大きなJSONファイルを最初から最後まで読むことは非常にまれです。ロギングとエラー処理を改善することで、「人間の読みやすさ」という議論は不要になっていくと考えられます。

大容量ペイロード通信におけるもう1つのパフォーマンス低下要因は、メッセージパースにかかる時間です。データ形式の解析にかかるパフォーマンス時間は、サービスが実装されている言語によって大きく異なります。例えば、多くの伝統的なサーバサイド言語は、バイナリ表現と比較してJSONの処理に時間がかかります。パースによる影響を調べ、やり取りに利用する形式を選択する際に、その点を考慮することには価値があります。

1.10.3　HTTP/2パフォーマンスメリット

HTTP/2ベースのサービスを利用すると、バイナリ圧縮とフレーミングをサポートすることにより、通信のパフォーマンスを向上させることができます。バイナリフレームリングレイヤ[*13]は、開発者は特に意識せずとも、裏ではメッセージをより小さなチャンクに分割して圧縮しています。バイナリフレーミングの利点は、1つの接続でリクエストとレスポンスの完全な多重化を可能にすることです。例えば、他のサービスでリストを処理する際に、20人の利用者を取得する必要があるとします。これを個別のHTTP/1リクエストとして取得すると、20の新しいTCPコネクションを作成するオーバーヘッドが必要になります。多重化により、1つのHTTP/2接続で20の個別のリクエストを実行することができます。

gRPCはデフォルトでHTTP/2を利用し、バイナリプロトコルを利用することでデータサイズを削減します。帯域幅が懸念される場合、コスト増につながる場合、あるいはコンテンツペイロードのサイズが大幅に増加する場合、gRPCを採用することには利点があります。言い換えれば、ペイロードによる帯域幅が懸念事項である場合、サービスが大容量ペイロードをやり取りする場合、gRPCはRESTと比較して有益である可能性もあります。大量の通信が頻繁に行われる場合、gRPCの非同期機能を検討する価値もあります。

HTTP/3が登場し、すべてを変えることになります。HTTP/3はUDPをベースに構築されたトランスポートプロトコルであるQUICを利用します。詳しいHTTP/3の説明はhttps://http3-explained.haxx.seで確認できます。

[*13] https://web.dev/articles/performance-http2?hl=ja#binary-framing-layer

1.10.4　ヴィンテージフォーマット（Vintage Formats）

　アーキテクチャ内のすべてのサービスが最新の設計に基づいているわけではありません。アーキテクチャを進化させる上で古いコンポーネントは積極的に検討する必要があるため、8章では、ヴィンテージコンポーネントを分離して進化させる方法について見ていきます。APIアーキテクチャに携わる専門家は、ヴィンテージコンポーネントを導入することによる全体的なパフォーマンスへの影響を理解することが重要です。

1.11　ガイドライン：通信のモデル化

　Attendeeサービスの利用者がレガシーカンファレンスシステムのチームである場合、通信は通常、内部トラフィックです。Attendeeサービスの利用者が外部CFPシステムチームである場合、通信は外部トラフィックとなります。結合方法と性能要件の違いに応じて、チームは通信のモデル化方法を検討する必要があります。表1-3のガイドラインに、いくつかの考慮すべき点を示します。

表1-3　ADRガイドライン：通信のモデル化に伴うガイドライン

決定事項	自社サービスのAPIをどのような形式でモデル化しますか？
論点	通信は外部トラフィックですか？ 内部トラフィックですか？ 利用者のコードをコントロールするのは私たちですか？ 複数のサービスにまたがるビジネスドメインがありますか、それとも利用者が独自クエリを構築できるようにしたいですか？ どのようなバージョン管理の考慮が必要ですか？ 基礎となるデータモデルの展開・変更頻度はどの程度ですか？ 帯域幅やパフォーマンスの懸念が指摘されるような、高トラフィックサービスですか？
推奨事項	APIが外部ユーザによって利用される場合、RESTは参入障壁が低く、強力なドメインモデルを提供します。また、外部ユーザは、疎結合で依存性の低いサービスを望みます。 APIがサービス提供者の管理下にある2つのサービス間で密にやり取りされる場合、またはサービスが高トラフィックであることが判明している場合、gRPCを検討します。

1.12　複数の仕様

　この章では、APIアーキテクチャで考慮すべきさまざまなAPI形式について検討しましたが、おそらく最後の質問は、「すべての形式を提供できるのか？」ということでしょう。答えはイエスで、RESTful API、gRPCサービス、そしてGraphQLスキーマへの接続を持つAPIをサポートすることは可能です。しかし、それは簡単なことではありませんし、正しいとは言えないかもしれません。本章の最後の節では、複数の形式を提供するマルチフォーマットAPIにおいて利用可能なオプションと、それがもたらす課題を説明します。

1.12.1 「黄金の仕様書」は存在するのか？

利用者のための.protoファイルとOASは、同じフィールドを含み、どちらもデータ型を持っていますが、類似性は低いように見えます。それでは、openapi2proto（https://github.com/nytimes/openapi2proto）を使って、OASから.protoファイルを生成することは可能でしょうか？ `openapi2proto --spec spec-v2.json` を実行すると、デフォルトでフィールドをアルファベット順に並べた.protoファイルを出力することができます。これは、後方互換性のあるOASに新しいフィールドを追加して突然すべてのフィールドIDが変更され、後方互換性に影響を与えない限り、問題ありません。

次のサンプル.protoファイルでは、a_new_fieldを追加すると、先頭にアルファベットで追加され、バイナリ形式が変わり、既存サービスの互換性がなくなることが確認できます。

```
message Attendee {
  string a_new_field = 1;
  string email = 2;
  string givenName = 3;
  int32 id = 4;
  string surname = 5;
}
```

仕様変換の問題を解決するため、他のツールも利用可能ですが、一部のツールはOASのバージョン2しかサポートしていないことに注意が必要です。OpenAPIを中心に構築されたツールの一部は、バージョン2と3の間の変換に時間がかかるため、多くの製品でOASの両方のバージョンをサポートする必要性が生じています。

代替オプションとしてgrpc-gateway（https://github.com/grpc-ecosystem/grpc-gateway）があり、gRPCサービスの前にRESTインターフェースを提供するリバースプロキシを生成します。リバースプロキシは、ビルド時に.protoファイルに対して生成され、openapi2protoに似たRESTへのベストエフォート型のマッピング機能を生成します。また、.protoファイル内で拡張子を指定することで、RPCメソッドをOAS表現にマッピングすることができます。

```
import "google/api/annotations.proto";
//...
service AttendeesService {
  rpc getAttendees(AttendeesRequest) returns (AttendeeResponse) {
     option(google.api.http) = {
        get: "/Attendees"
     };
  }
}
```

grpc-gatewayを使うと、RESTとgRPCの両方のサービスを提示するための別のオプションが得られます。しかし、grpc-gatewayにはいくつかのコマンドがあり、Go言語やビルド環境を扱う開発者

にしか馴染みのない設定になっています。

1.12.2 複合仕様の課題

ここで一歩引いて、私たちが何をしようとしているのかに立ち返りましょう。OpenAPIから変換するとき、私たちは事実上、RESTfulな表現をgRPCの一連の呼び出しに変換しようとしています。拡張されたハイパーメディアドメインモデルを、より低レベルの機能間呼び出しに変換しようとしているのです。これは、RPCとAPIの違いを混同している可能性があり、互換性で悩むことになります。

gRPCをOpenAPIに変換する場合も、同じような問題に直面します。目的は、gRPCをREST APIのように見せようとすることです。サービスを進化させる際、一連の難しい問題を引き起こす可能性が高いと言えるでしょう。

仕様が互いに組み合わされたり、生成されたりすると、バージョン管理が難しくなります。gRPC仕様とOASの両方が、それぞれの互換性要件をどのように維持しているかに留意することが重要です。RESTドメインとRPCドメインの結合が理にかなっているか、全体的な価値を高めるかどうかについては、能動的に判断しなければなりません。

外部トラフィックから内部トラフィック用RPCを生成するより理にかなっている理由は、マイクロサービスアーキテクチャの通信（RPC）をRESTから分離して丁寧に設計し、両方のAPIを独立して進化させることです。これが、今回のケーススタディでの選択であり、プロジェクトのADRとして記録されることになります。

1.13　まとめ

この章では、APIを設計、構築し、その仕様を定義する方法と、RESTやgRPCを選択するさまざまな状況について説明しました。重要なのは、RESTかgRPCのどちらかではなく、状況に応じて、どちらが通信をモデル化するために最も適切な選択となるかを覚えておくことです。重要な学習事項は以下の通りです。

- RESTやRPCベースのAPIを構築する障壁は、多くの技術において低いと言えるでしょう。設計や構造を慎重に検討することは、アーキテクチャ上の重要な決定事項です。
- RESTモデルとRPCモデルを選択する際には、リチャードソン成熟度モデル、およびサービス提供者と利用者間の結合度を考慮する必要があります。
- RESTはかなり緩い規格です。APIを構築する場合、合意されたAPI標準に準拠することで、APIが一貫性を持ち、利用者に期待される動作を保証します。また、API標準は、互換性のないAPIにつながる設計上の決定を回避するのに役立ちます。
- OASは、API構造を共有し、多くのコーディング関連作業を自動化する有用な方法です。

OpenAPIの機能を積極的に選択し、どのようなツールや生成機能をプロジェクトに適用するかを選択する必要があります。

- バージョン管理は、サービス提供者にとって複雑さを増す重要なテーマですが、利用者にとってはAPIの利用を容易にするために必要な概念です。利用者に公開されるAPIは、バージョン管理を行わないと危険です。バージョン管理は製品の機能群において積極的に決定されるべきであり、利用者にバージョン管理を伝えるメカニズムも議論の一部であるべきです。

- gRPCは、高帯域幅の情報通信で非常に優れた性能を発揮し、内部トラフィックに最適なオプションです。gRPCは強力で、情報通信をモデル化する際に別の選択肢を提供します。

- 複数の仕様のモデリングは、特にあるタイプの仕様から別の仕様を生成する場合、非常に厄介な問題を引き起こします。バージョン管理は問題をさらに複雑にしますが、変更による影響を最小限にするために重要なコンポーネントです。RPC表現とRESTful API表現を組み合わせる前に、チームは慎重に考える必要があります。なぜなら、利用者の利用法と、利用者コードの制御の観点で基本的な違いがあるからです。

APIアーキテクチャの課題は、利用者ビジネスの観点から要件を満たし、API周りの優れた開発者体験を作り出し、予期せぬ互換性の問題を回避することにあります。2章では、サービスがこれらの目的を確実に満たすために不可欠な、テストについて説明します。

2章
APIのテスト

1章では、APIの種類と、APIがアーキテクチャに提供する価値について説明しました。2章では、APIをテストするアプローチを検討し、本書の「第1部　APIの設計・構築・テスト」を締めくくります。「イントロダクション」で取り上げた新しいAttendee APIは、当然、テスト・検証をされるべきです。私たちは、テストこそAPI構築の中核であると考えています。テストは、サービスが期待通りに動作しているという高い信頼性を提供し、利用者に高品質のサービスを提供するのに役立ちます。さまざまな条件下でAPIをテストすることで、APIが正しく動作しているという確信を得ることができるのです。

あらゆる製品を作るとき同様、APIの構築過程において、サービスが期待通りに機能するか否かを確認する唯一の方法は、テストを実施することです。マウスガードを作る場合なら、これは製品を伸ばしたり、たたいたり、押したり、引いたり、シミュレーションを行うことを意味します[*1]。

「1.6　OpenAPIを利用したREST APIの仕様」(27ページ) で述べたように、APIはドキュメントと異なるデータを返すべきではありません。また、APIが大幅な変更を加えたり、結果を取得する時間が長いためにネットワークのタイムアウトが発生したりすると、利用者の不満がたまります。このような種類の問題は顧客を遠ざける要因になりますが、APIサービスに対する品質テストを行うことで完全に防ぐことが可能です。構築されたAPIは、想定外の入力をした利用者に有用なフィードバックを送ること、安全であること、合意したサービスレベル指標（SLI：Service Level Indicators）に基づき指定されたサービスレベル目標（SLO：Service Level Objectives）内で結果を返すことなど、さまざまな要件を満たす必要があります[*2]。

この章では、先のような問題発生を回避するため、APIに適用できるさまざまな種類のテストを

[*1] Matthewの友人はマウスガードの会社を経営しており、製品の完全性をテストするための大変なプロセスを聞かされていました。とはいえ、試合中にしかテストが行われないようなマウスガードは、だれも欲しがらないでしょう！

[*2] SLOとSLIについては、5章で管理するメトリクスを紹介します。

紹介します。各種テストのプラス面とマイナス面を示し、どこに時間を投資するのがベストなのかを判断できるようにします。APIをテストすることに焦点を当て（一般的なテストについては説明しません）、最も価値を得られると思われる手法を紹介します。また、テストについてより深く専門的な知識を得ようとする読者のために、追加のリソースも提供します。

2.1　本章におけるシナリオ

「0.5.1　Attendeesを進化させるADR」（13ページ）で、Attendee APIをカンファレンスシステムから分離する理由を説明しました。Attendee APIの分離により、新たな通信が発生します。Attendee APIは、図2-1に示すように、外部CFPシステムとレガシーカンファレンスシステムに利用されます。この章では、Attendeeサービスに必要なテストと、レガシーカンファレンスシステムとAttendee APIの間のやり取りを検証するためのテストについて説明します。私たちは、新しいリリースの際に一貫性がなくなり、偶発的な破壊的変更が発生するAPIを数多く見てきましたが、こうした事態が起こるのは主にテスト不足が原因です。新しいAttendee APIでは、こうした落とし穴を確実に回避することが重要であり、正しい結果が常に返されるという確信を提供したいと思います。これを実現する唯一の方法は、正しいレベルのテストに正しく取り組むことです。

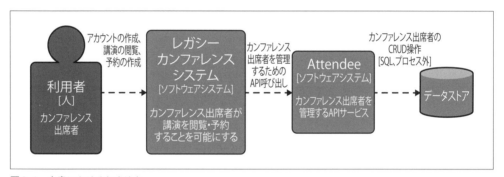

図2-1　本章におけるシナリオ

テストは、サービスを構成する個々のブロックレベルから、エコシステム全体の一部として機能するかどうかを検証するレベルまで、APIのさまざまなレベルで適用することができます。APIテストに利用できるツールやフレームワークをいくつか紹介する前に、利用可能な戦略を理解することが重要です。

2.2　テスト戦略

　テストは重要であり、正しく機能するアプリケーションを構築していることを保証してくれます。しかし、ただ動くだけでなく、正しく動作をする必要があります。現実的には、テストを書くための時間とリソースは限られていますので、価値のないテストを行い、時間を無駄にすることは避けなければいけません。結局のところ、顧客にとって価値があるのは、本番環境で稼働しているときだけです。そのため、利用するテストの種類のカバレッジと比率の決定に知恵を絞る必要があります。無関係なテスト、重複するテスト、提供する価値よりも多くの時間とリソースを要するようなテスト（例：フレーキーテスト[*3]）を作成しないようにしましょう。時間的制約やビジネス上の要求から実現不可能な場合もあるため、APIをリリースするためにすべてのテストを実施する必要はありません。

　適切なバランスとケースに即したテストを得るためのガイドとして、「テストの4象限」と「テストのピラミッド」を紹介します。これらにより、実施すべきテストを決定することができます。

2.2.1　テストの4象限

　テストの4象限（Test Quadrant）は、Brian Marick氏がアジャイルテストに関するブログ[*4]で初めて紹介し、Lisa Crispin氏とJanet Gregory氏の著書『Agile Testing: A Practical Guide for Testers and Agile Teams』（Addison-Wesley刊、2008年）で広く知られるようになりました[*5]。技術サイドでは、APIが正しく構築されていること、（関数やエンドポイントなど）各要素が期待通りに反応すること、耐障害性（レジリエンス）があり問題が発生した状況でも動作し続けることに注意を払う必要があります。ビジネスサイドでは、正しいサービスが開発されているかどうか（つまり、この場合、Attendee APIが正しい機能を提供しているかどうか）を懸念すべきでしょう。「ビジネスサイド」とは、製品、開発すべき機能・仕様を明確に理解している人のことを指しており、技術的な理解は必要ありません。

　テストの4象限には、技術とビジネスのステークホルダーに役立つテストがまとめられており、

[*3]　訳注：フレーキーテスト（flaky tests）とは、Google社の定義（https://testing.googleblog.com/2016/05/flaky-tests-at-google-and-how-we.html）によれば、同じコードで成功と失敗の両方の結果を示すテストを意味し、実行するたびに結果が変化し、原因を追究しづらいテストを意味します。

[*4]　http://www.exampler.com/old-blog/2003/08/21.1.html#agile-testing-project-1

[*5]　訳注：邦訳は、『実践アジャイルテスト―テスターとアジャイルチームのための実践ガイド』（翔泳社刊、2009年）として出版されていますが、現在は手に入りづらい状況となっています。一方、著者は2019年に『Agile Testing Condensed: A Brief Introduction』という書籍をLeanPub（カナダの電子書籍プラットフォーム）で発表しており、有志により日本語版書籍も発売されています（英語版はKindleでも購入可能です）。
・https://leanpub.com/agiletesting-condensed（英語版）
・https://leanpub.com/agiletesting-condensed-japanese-edition（日本語版）
また、著者のサイト（https://agiletester.ca/）にもさまざまな情報が掲載されているため、こちらも参考にしてください。

優先順位については、それぞれの立場によって異なる意見を持つことになるでしょう。テストの4象限の一般的なイメージを図2-2に示します。

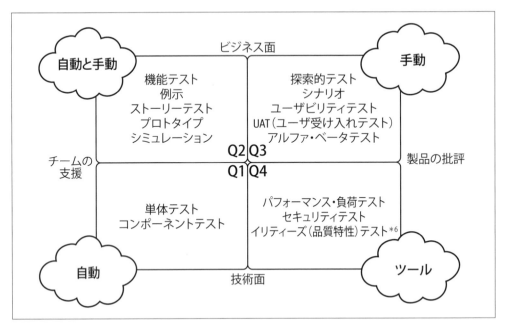

図2-2 テストの4象限（『Agile Testing: A Practical Guide for Testers and Agile Teams』より）

テストの4象限には、何の順序も記載されていません。便宜上、4象限を使って説明されていますが、これはよくある混乱の原因であると、Crispin氏本人がブログ記事[*7]で説明しています。4つの象限は、一般的に次のように説明することができます。

Q1
技術的な単体テスト（Unit Test）とコンポーネントテスト（Component Test）。作成したサービスが想定通り動作することを検証するためのものであり、この検証は自動化されたテストを用いて行う必要があります。

Q2
ビジネス観点のテスト。これらは、構築されたサービスがビジネスの目的に合致していることを確認するテストです。自動テストで検証されますが、手動テストも含まれることがあります。

[*6] 訳注：イリティーズについては、8章でくわしく扱います。
[*7] https://lisacrispin.com/2011/11/08/using-the-agile-testing-quadrants/

Q3

ビジネス観点のテスト。これは機能要件が満たされているかどうかを確認するもので、探索的テストなども含まれます。図2-2が作成された当初は、この種のテストは手動で行っていましたが、現在ではこの領域でも自動テストを行うことが可能です。

Q4

技術的観点から、期待通りサービスを提供できるか検証するものです。Q1では、構築されたモジュールが適切に動作・機能することを検証しましたが、Q4では、その製品を利用した際、期待通りのパフォーマンスを発揮しているかを確認します。技術的観点から適切なパフォーマンスであることを計測する指標例に、セキュリティ強化、SLAの完全性、オートスケーリングなどがあります。

　左象限（Q1、Q2）は、製品をサポートするためのものです。製品開発を導き、不具合を防止するのに役立ちます。右象限（Q3、Q4）は、製品を批判的に分析し、欠陥を見つけるためのものです。上部の象限（Q2、Q3）は、製品の外見的な品質で利用者の期待に応えられるかどうかを確認します。ここは、ビジネス観点が重視される象限です。下部の象限（Q1、Q4）は、アプリケーションの内部品質を維持するために行われる、技術関連のテストです[*8]。

　テストの4象限は、どこからテストを始めるべきかを示すものではなく、実施すべきテストのガイドとなるものです。言い換えれば、どのテストを実施するかは、あなたが取り組むシステムでは何が重要なのか、その考えに基づいて決定しなければなりません。例えば、チケット発券システムでは、大規模な通信の急増に対応し、（パフォーマンステストなどを行い）チケット発券システムが耐障害性を持つことを示さなければなりません。これは、Q4象限のテストの一部に当たります。

2.2.2　テストピラミッド

　テストの4象限に加えて、テストピラミッド（Test Pyramid、テスト自動化ピラミッドとも呼ばれます）をテスト自動化戦略の一部として利用することができます。テストピラミッドは、Mike Cohn氏の著書『Succeeding with Agile』（Addison-Wesley刊、2009年）で初めて紹介されました。このピラミッドは、与えられたテスト領域を、（1）どれだけの時間を費やすべきか、（2）それを維持する難しさ、（3）それが提供する信頼性という3点で整理しています。テストピラミッドのキーメッセージは、変わっていません。単体テストを土台とし、ミドルブロックにサービステスト、そ

[*8]　アジャイルテストの詳細については、以下を参照してください。
- 書籍『Agile Testing: A Practical Guide for Testers and Agile Teams』（Addison-Wesley刊、2008年）43ページで紹介
- 書籍『More Agile Testing: Learning Journeys for the Whole Team』（Addison-Wesley刊、2014年）
- ビデオシリーズ「Agile Testing Essentials」：https://learning.oreilly.com/course/agile-testing-essentials/9780134683287/

してピラミッドの頂点にUIテストがあります。図2-3は、テストピラミッドの中で検討すべき領域を示しています。

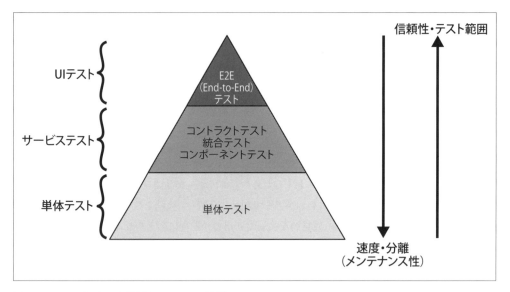

図2-3 テストピラミッド（望ましいテストの割合）

テストピラミッドは、信頼性、分離、テスト範囲の間に存在するトレードオフを示します。コードベースの一部をテストすることで、分離しやすく、より速いテストができます。しかし、アプリケーション全体が機能していることを保証するものではありません。エコシステム内でアプリケーション全体をテストすると、その逆が起こります。テストは、アプリケーションが動作しているという確信を与えてくれますが、多くの要素とやり取りするため、テスト範囲は大きくなります。また、メンテナンスが難しくなり、遅くなってしまいます。以下では、テストピラミッドの核となる各コンポーネントを定義しています。

- 単体テストは、ピラミッドの一番下に位置し、テストの基礎を形成します。小さく、独立したコードユニットをテストし、定義されたユニットが期待通りに動作していることを確認します[*9]。テストがユニットの境界を越えて行われる場合、テストダブル（Test Double）を利用できます。テストダブルは、外部エンティティのように見えるオブジェクトですが、実際

[*9] オブジェクト指向（OO）言語におけるユニットの典型例は、クラスです。

は私たちが管理可能なオブジェクトです[10]。単体テストは、ピラミッドの基礎に当たるため、他の種類のテストよりもより多く実施する必要があり、実践ではTDD（テスト駆動開発・Test-Driven Development）を使うことを推奨します[11]。TDDとは、ロジックを書く前にテストを書くことです。単体テストは、4象限のQ1に位置し、アプリケーション内部の品質を確保するために利用されます。私たちはAPIの内部ではなく外部利用者の立場からAPIを検証するテストに焦点を当てているため、単体テストについての解説はこれくらいに留めたいと思います。

- サービステストは、ピラミッドの中層を構成するものです。このテストは、単体テストよりも、APIが正しく動作しているという確信を得られますが、よりコストがかかります。その理由は、テストの範囲が広く、分離が難しいため、保守やテスト開発コストが高くなるためです。サービステストには、複数のユニットが連携して動作していること、動作が期待通りであること、アプリケーション自体に耐障害性があることなどを検証するケースがあります。したがって、サービステストはテスト象限のQ1、Q2、Q4に当てはまります。

- UIテストは、テストピラミッドの頂点に位置するものです。昔は、Web用に構築されたアプリケーションの大半はLAMPスタック[12]で構成されており、フロントからバックエンドまでアプリケーションをテストする際には、Web UIを通して行っていました。APIにはUIがあり、グラフィカルではありませんがE2Eテスト（エンドツーエンドテスト）として機能します。リクエストが始点から終点まで流れる点では同じですが、通信がWebユーザインターフェースから発生することを必ずしも示唆したり仮定したりするものではありません。E2Eテストは、最も複雑です。最も範囲が広く、実行に時間がかかりますが、モジュール全体が連携して動作していることを確認するため、信頼性が高くなります。E2Eテストは通常、テスト象限のQ2、Q3、Q4に該当します。テストのためのツールは改善され、より高度になり、現在ではQ3の自動化が可能です。

　テストの種類による優劣はあるのかという質問がよくあります。テストピラミッドは、実施すべき各種類のテストの割合を示すガイドであり、1種類のテストが他のテストよりも優れているわけではありません。テストピラミッドを無視してE2Eテストに集中すれば、高い信頼性を得られますので、魅力的に思えるかもしれません。しかし、これは誤った考え方であり、単体テストよりも

---

*10 テストダブルとは、テスト目的で、本番環境の代わりに置き換える機能の総称です。具体的には、スタブ（テスト中に行われた呼び出しに対して定型レスポンスを提供し、外部エンティティの実際の挙動を模倣する機能）、モック（動作を検証するため、事前にプログラムされたオブジェクトとして振る舞い、想定されるリクエストに対し、例外処理を含めレスポンスを返す機能）などが挙げられます。よりくわしくは、Martin Fowler氏の記事（https://martinfowler.com/bliki/TestDouble.html）を参照してください。

*11 Kent Beck氏の著書『Test Driven Development: By Example』（Addison-Wesley刊、2002年）［邦訳：『テスト駆動開発』（オーム社、2017年）］は、TDDについてより深く学ぶための素晴らしいリソースです。

*12 https://www.ibm.com/topics/lamp-stack

48 │ 2章　APIのテスト

ピラミッドの高い階層のテストの方が品質や価値が高いという誤った安心感を与えてしまいます。この誤解は、テストピラミッドとは正反対のアイスクリームコーンのようなテスト表現を生み出します。このトピックに関する議論については、Steve Smith氏のブログ記事「End-to-End Testing considered harmful[13]」を参照してください。推奨はしませんが、テストの割合を変更することを検討してもよいでしょう。Martin Fowler氏は、テスト構造に関する最新の記事[14]を書き、テストピラミッド以外の構造に導かれるテストは正しくない、と考える理由を取り上げています。

2.2.3　テスト戦略に関するADRガイドライン

利用すべきテスト戦略を決定するための参考となるよう、表2-1にADRガイドラインを示します。

表2-1　ADRガイドライン：テスト戦略

決定事項	APIを構築する際、どのテスト戦略を開発プロセスの一部とすべきでしょうか？
論点	APIに関係するすべての利害関係者に、APIがどのように機能すべきかを定期的に議論する時間と余裕がありますか？　利害関係者と効果的にコミュニケーションを取ることができなければ、意思決定を待つことになり、製品のリリースが遅れてしまう危険性があります。 これらのテスト戦略を効果的に利用するためのスキルや経験がありますか？　だれもがこれらの手法を使ったことがあるわけではないため、全員を訓練する時間的リソースがあるかどうかを検討する必要があります。 あなたの職場には、推奨・利用されるべき他のプラクティスがありますか？　ときには、組織のために機能する、あるいはビジネスの性質上必要とされるソフトウェア構築の内部戦略が存在する可能性があります。
推奨事項	テストの4象限とテストピラミッドの利用を推奨します。 テストの4象限は、顧客が正しい製品を得ていることを確認するために、非常に価値のあるものです。テストの4象限とテストピラミッドを組み合わせることで、素晴らしいAPIを構築することができます。テストの4象限を真の意味で活用するには、ビジネス現場からテストのガイドをしてくれる人が必要ですが、必ずしもそれが可能であるとは限りません。しかし、最低限テストピラミッドを使うことで、テストの4象限の自動化されたテストを集中させることができます。そうすることで、少なくとも開発サイクルの早い段階でバグを発見することができるようになります。 どのような場合でも、製品の方向性を導いてくれる人が必要です。

2.3　コントラクトテスト

コントラクトテスト（Contract Testing）には、利用者とAPI提供者という2つのエンティティがあります。利用者はAPI（Webクライアントやターミナルシェルなど）にデータを要求し、API提供者（プロバイダ、プロデューサとも言う）はリクエストに応答します。つまりRESTful Webサービスなどが、データを生成しています。コントラクトは、利用者とAPI提供者間のやり取りの定義です。利用者がコントラクト（リクエスト定義）に合致するリクエストを送信すれば、API提供者はコント

---

[13] https://www.stevesmith.tech/blog/end-to-end-testing-considered-harmful/
[14] https://martinfowler.com/articles/2021-test-shapes.html

2.3 コントラクトテスト | **49**

ラクト（レスポンス定義）に合致するレスポンスを返すというステートメントです。Attendee API
の場合、Attendee APIがAPI提供者であり、利用者はレガシーカンファレンスシステムです。レガ
シーカンファレンスシステムが利用者である理由は、Attendee APIを呼び出しているためです[15]。
次に出てくる疑問は、「なぜコントラクトを使うのか？」、そして「コントラクトは何を提供するの
か？」という点です。

2.3.1 コントラクトテストが望ましいことが多い理由

「1.6 OpenAPIを利用したREST APIの仕様」（27ページ）で学んだように、APIには仕様がある
べきであり、APIのレスポンスが、作成したAPI仕様に適合していることが重要です。API提供者が
遵守しなければならないこれらのやり取りの定義を文書化することで、利用者があなたのAPIを使
い続けられるようになり、テストを生成できるようになります。コントラクト（Contract）はリク
エストとレスポンスがどのようなものかを定義するもので、コントラクトテストはこれらを使って
API提供者がコントラクトを履行しているかどうかを検証できます[16]。コントラクトテストに失敗
することは、API提供者がコントラクトを履行しておらず、利用者がAPIを利用できないことを意
味します。

コントラクトが、レスポンス定義を持っていれば、スタブサーバを構築することができます[17]。
このスタブサーバは、利用者がAPI提供者を正しく呼び出せるか、API提供者からのレスポンスを
解析できるかどうかを検証するために利用できます。コントラクトテストはローカルで実行できる
ため、追加サービスを起動する必要がなく、サービステストの一部となります。コントラクトは進
化し、利用者もAPI提供者もこれらの変更が利用可能になったときにそれを拾い上げるので、最新
のコントラクトと継続的に統合可能です。

コントラクトがもたらす価値はすでにおわかりいただけたと思います。さらに、コントラクトテ
ストにはエコシステムがあります。コントラクトがどうあるべきかを導く方法論が確立されてお
り、コントラクトを生成し、それを効果的に配布するなど、フレームワークやテスト統合手法も存
在します。私たちは、実装するAPI提供者と利用者の間のやり取りを定義する方法として、コント
ラクトが最適であると考えています。他のテストも重要であり、同様に実装すべきですが、コント
ラクトは最も大きな利益をもたらします。

---

[15] 念のためですが、サービスがAPI提供者と利用者の両方になることも可能です。

[16] 訳注：コントラクト（Contract）とは、本来「契約」を意味します。APIが満たすべき振る舞いをAPI提供者
（Producer）と利用者（Consumer）間の「契約」と捉え、「契約」通りに振る舞うか否か、（実際に結合せず
に）検証し、結合可能性を確認します。よりくわしくは、「Contract Testツール Pactの紹介」（https://developer.
mamezou-tech.com/blogs/2022/12/03/contract-test-with-pact/）を参照してください。

[17] スタブサーバは、ローカルで実行でき、定型レスポンスを返すサービスです。

コントラクトテストは、APIがスキーマに準拠していることと同じではない点に注意する必要があります。システムは（OASのような）スキーマに適合するかしないかのどちらかであり、コントラクトは当事者間のやり取りを定義し、具体例を提供します。Matt Fellows氏は、「Schema-based contract testing with JSON schemas and Open API (Part 1)」[18]という素晴らしい記事を書いています。

2.3.2　コントラクトの実装方法

先述のように、コントラクトは、API提供者と利用者がどのようにやり取りするかを定義しています。次の例は、エンドポイント /conference/{conference-id}/Attendees へのGETリクエストに対するコントラクトを示しています。これは、期待されるレスポンスが、利用者に関する値の配列を含むvalueというプロパティを持つことを示しています。このコントラクトの定義例では、テストとスタブサーバの生成に利用されるやり取りを定義していることがわかります。

```
Contract.make {
  request {
    description('Get a list of all the Attendees at a conference')
    method GET()
    url '/conference/1234/Attendees'
    headers {
      contentType('application/json')
    }
  }
  response {
    status OK()
    headers {
      contentType('application/json')
    }
    body(
      value: [
        $(
          id: 123456,
          givenName: 'James',
          familyName: 'Gough'
        ),
        $(
          id: 123457,
          givenName: 'Matthew',
          familyName: 'Auburn'
        )
      ]
    )
  }
}
```

---

[18] https://pactflow.io/blog/contract-testing-using-json-schemas-and-open-api-part-1/

図2-4では、生成されたテストが利用者とAPI提供者によってどのように利用されるかがわかります。

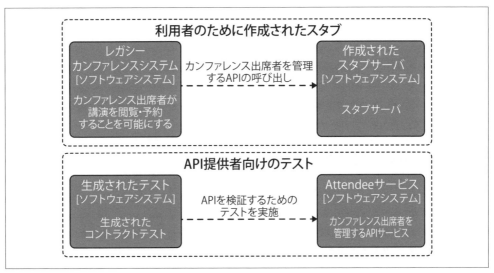

図2-4 コントラクトから生成されたスタブサーバとテスト

シナリオテストにコントラクトを使いたくなるでしょう。例を挙げます。
　ステップ1：ある会議にカンファレンス出席者を追加する。
　ステップ2：会議のカンファレンス出席者一覧を取得し、カンファレンス出席者が正しく追加されたことを確認する。
フレームワークはこれをサポートしますが、同時に推奨もしません。コントラクトはあくまでやり取りを定義するものであり、このような振る舞いをテストしたいのであれば、コンポーネントテストを実施しましょう。

コントラクトを利用する主な利点は、API提供者がコントラクトを実装することに同意すれば、利用者とAPI提供者の依存関係を切り離すことができることです。

私たちは、生成されたスタブサーバを使って、利害関係者のためにデモを実行したことがありますが、それは有益でした。API提供者はまだロジックを実装している段階でしたが、コントラクトに同意していたために実現可能でした。

利用者には開発用のスタブサーバがあり、API提供者には正しいやり取りを行っていることを確

認するテストがあります。利用者とAPI提供者の両方がデプロイされたとき、それらがシームレスに統合されるはずなので、コントラクトテストによって時間を節約することができます。

生成されたテストは、実行中のAPI（API提供者）に対して実行される必要があります。APIが起動したら、外部の依存関係に対してテストを2回実施するべきです。利用者に対して生成されたコントラクトテストとして、他のサービスとの統合をテストすることは避けたいでしょう。

コントラクトがどのように合意されるかを理解するため、2つの主要なコントラクト方法論について見ていきましょう。

2.3.2.1　API提供者主導型コントラクト

API提供者主導型コントラクト（Producer Contracts）のテストは、API提供者が独自のコントラクトを定義する場合に行う方法です。この方法は、APIが社外組織（つまり外部のサードパーティ）で利用される場合によく使用されます。APIを外部利用者のために開発している場合、APIは一貫性を維持する必要があります。「1.8　APIのバージョン管理」（30ページ）で学んだように、移行計画なしにインターフェースに大幅な変更を加えることはできないからです。やり取りの内容は更新・改善できますが、個々の利用者がAPI全体に影響する変更を要求し、迅速な変更を期待することはできません。このような変更は注意深く管理される必要があるからです。

このようなAPIの実例として、Microsoft Graph APIがあります。Microsoft社は、世界中の企業からこのAPIを利用する何千人もの利用者を抱えています。企業や個人に、自分たちが考えるコントラクトのあるべき姿に従って、Graph APIのコントラクトを調整させることは、実現不可能です。だからといって、Microsoft社に変更を提案すべきではないとは言いませんし、間違いなく提案可能です。しかし、たとえ変更が合意されたとしても、その変更は慎重に検証され、テストされる必要があるため、すぐに行われることはないでしょう。

Attendee APIを一般に公開するのであれば、同じような懸念が生じます。Attendee APIで重要なのは、コントラクトを利用して、やり取りが分岐せず、返されるデータに一貫性があることを保証することです。

API提供者主導型コントラクトを使うもう1つの理由は、より簡単に始められることです。APIにコントラクトを導入するには良い方法です。コントラクトを持つことは、持たないよりもはるかに有益です。しかし、利用者とAPI提供者の両方が同じ組織にいる場合は、利用者主導型コントラクトを使用することをお勧めします。

2.3.2.2　利用者主導型コントラクト

利用者主導型コントラクト（CDC：Consumer-Diven Contract）は、定義上、利用者がやり取りし

たい機能を実装するアプローチです。利用者は、新規または追加のAPI機能のため、API提供者にコントラクトを提出、あるいは変更します。新規または更新されたコントラクトがAPI提供者に提出されると、その変更に関する議論が始まり、その結果、この変更を受け入れるか拒否することになります。

CDCは非常にインタラクティブで社会的なプロセスです。利用者と提供者であるアプリケーション所有者は、（例えば、互いに同じ組織内にいるなど）手の届く範囲にいるべきです。利用者が新しいやり取り（APIコールなど）を必要としたり、やり取りを更新（新しいプロパティの追加など）したりする場合、その機能に対するリクエストを提出します。

2.3.2.3　ケーススタディ：利用者主導型コントラクトを適用する

私たちのケースでは、CDCとは、レガシーカンファレンスシステムから新しいAttendee APIサービスにプルリクエストが提出されることを意味します。新しいやり取りのリクエストは、その後レビューされ、この新しい機能について議論が行われます。この議論は、それがAttendeeサービスが満たすべき機能であることを確認するためです。例えば、PUTリクエストのコントラクトが提案された場合、これをPATCHリクエストとすることが望ましいかもしれないため、議論が行われます。

コントラクトの価値の大半は、ここから生じます。何が問題なのかを両者で議論し、両者が納得し、合意したことをコントラクトで主張します。コントラクトが合意されると、API提供者（Attendeeサービス）はコントラクトをプロジェクトの一部として受け入れ、その利用を開始できます。

2.3.2.4　コントラクト方法論の概要

これらの方法論は、開発プロセスの一部としてコントラクトを利用する方法を説明するものです。正確な手順についてはさまざまなバリエーションが存在するため、これを絶対的なルールとみなすべきではありません。例えば、利用者がコントラクトを書く際、コントラクトを実現するためAPI提供者のコードの基本的実装を要求するかもしれません。別の例では、利用者は必要な機能をTDDとして実装するため、プルリクエストを提出する前にコントラクトを作成する必要があります。実施される正確なプロセスは、チームによって異なる場合があるかもしれません。CDCの核となる概念とパターンを理解すれば、利用されるプロセスには、さまざまな形が存在します。

コントラクトを追加する場合、コントラクトをプロジェクトに組み込むための設定時間や、コントラクトを書くためのコストがかかることにも注意するべきです。OpenAPI Specification（OAS）に基づいてコントラクトを作成するツールに注目する価値があります[*19]。

[*19] 執筆時点では、利用可能なプロジェクトが複数存在しますが、どれも活発にメンテナンスされていないため、どれかを推薦することは本書では避けています。

54 | 2章　APIのテスト

2.3.2.5　コントラクトテストフレームワーク

　HTTP用のコントラクトテストフレームワークといえば、Pact[20]が有名です。Pactは、周囲に構築されたエコシステムとサポートする言語の多さから、コントラクトテストフレームワークの標準として発展してきました。他のコントラクトテストフレームワークもあり、それらについては意見が分かれるケースもあります。Pactは提供価値を体現したフレームワーク（opinionated framework）と言えるでしょう[21]。CDCを実行することを強制し、そのために特別に設計されています。テストは利用者によって書かれ、そのテストがコントラクトを生成します。コントラクトは、独自形式で作成されます。この言語にとらわれない独自形式こそが、Pactが幅広い言語で利用可能な理由です。他のフレームワークは異なるアプローチをとっています。例えば、Spring Cloud Contractsは、CDCまたはAPI提供者主導型コントラクトについて強い制約はなく、どちらでも実現できます。これは、Spring Cloud Contractsでは、コントラクトが生成されるのではなく、手動でコントラクトを書くからこそ可能な機能です。Spring Cloud Contractsは、コンテナ化されたバージョンの製品を利用すれば言語に依存しませんが、それを最大限に活用するには、SpringとJVMのエコシステムを利用する必要があります[22]。

　なお、他のプロトコルのコントラクトテストのオプションもあり、HTTP通信専用というわけではありません。

2.3.2.6　APIコントラクトの保存と公開

　コントラクトの仕組みと、それを開発プロセスに組み込む方法について見てきましたが、次に考えるべきは、コントラクトをどこに保存し、どのように公開するかということです。

　コントラクトの保存と公開には複数のオプションがあり、組織の方針・設定に依存します。

　コントラクトは、バージョン管理（Gitなど）にAPI提供者が作成したコードと一緒に保管することができます。また、ビルドと一緒にArtifactory（https://jfrog.com/artifactory/）のような成果物リポジトリに公開することもできます。

　最終的にコントラクトは、API提供者と利用者が取得できる必要があります。また、ストレージポイントでは、新しいコントラクトを提出できるようにする必要があります。API提供者は、プロ

---

[20] https://pact.io/

[21] 訳注：原文で使われている「opinionated」という用語は、本来「自説に固執する」などの意味ですが、製品・フレームワークの世界では「opinionated framework」、「opinionated software」、あるいは「opinionated platform」といった形で、海外文献などでよく登場する用語です。この文脈では、製品・フレームワークが、利用者・開発者を特定の方法へ強制・誘導するフレームワークを意味します。言い換えれば、柔軟性は低く制約が多い分、検討しなければならない意思決定・判断の数も少なくなるため、利用者は製品・フレームワークを活用する点に集中でき、製品・プラットフォームがもたらす考え・提供価値を体現している製品・フレームワークと言えます。本翻訳では、文脈に合わせて「提供価値を体現した」と訳していますが、海外文献を読む際には注意してください。

[22] Pactは、他のコントラクトフレームワークと比較して多数の機能（https://docs.pact.io/getting_started/comparisons）が提供されています。

ジェクトで受け入れられるコントラクトを管理し、望ましくない変更が行われたり、コントラクトが追加されたりしないようにすることができます。このアプローチの欠点は、大規模な組織では、コントラクトを利用するすべてのAPIサービスを見つけることが困難な場合があることです。

もう1つの選択肢は、利用可能な他のAPIのやり取りを可視化できるように、すべてのコントラクトを集中管理し、保管することです。集中管理する場所はGitリポジトリでも問題ありません。しかし、このアプローチの欠点は、組織化されて正しく設定されない限り、API提供者が履行するつもりのないモジュールにコントラクトがプッシュされる可能性が高い点が挙げられます。

コントラクトを保管するもう1つの選択肢は、ブローカを利用することです。Pactコントラクトフレームワークには、コントラクトをホストし集中管理する場所として利用できるブローカ製品[23]があります。API提供者が履行されたコントラクトを公開することで、ブローカは、API提供者によって検証されたすべてのコントラクトを表示することができます。また、ブローカは、だれがコントラクトを利用しているかを確認し、ネットワーク図を作成したり、CI/CDパイプラインと統合し、さらに価値のある情報を提供することができます。これは最も包括的なソリューションであり、Pact Brokerと互換性のあるフレームワークを利用するのであれば、これをお勧めします。

2.3.3　ADRガイドライン：コントラクトテスト

コントラクトテストの適用が自分のケースに有効かどうかを理解し、コントラクトを利用することのメリットとデメリットを比較検討するために、表2-2のADRガイドラインが判断の指針となるはずです。

表2-2　ADRガイドライン：コントラクトテスト

決定事項	APIを構築する際、コントラクトテストを利用すべきでしょうか、また利用する場合、利用者主導型コントラクトとAPI提供者主導型コントラクトのどちらを利用すべきでしょうか。
論点	APIテストの一部としてコントラクトテストを含める準備ができたかどうかを判断します。 ・APIの追加テストとしてコントラクトテストを追加したいですか？（追加する場合、開発者はコントラクトテストを新しく学ぶ必要があります） コントラクトを利用したことがない場合、どのように利用するかを決定する時間が必要です。 ・コントラクトは一元化すべきか、それともプロジェクト単位にすべきでしょうか？ ・コントラクトの活用を支援するために、追加のツールやトレーニングを提供する必要がありますか？ コントラクトを使う場合、利用者主導型コントラクトとAPI提供者主導型コントラクトのどちらを使いますか？ ・このAPIをだれが使うか理解していますか？ ・このAPIはあなたの組織内だけで使われるのでしょうか？ ・このAPIには、機能推進を助けるため、あなたを助けてくれる利用者がいますか？

---

[23] https://docs.pact.io/pact_broker

推奨事項	APIを構築する際には、コントラクトテストを利用することを推奨します。たとえ開発者の学習曲線があり、初めてコントラクトを設定するとしても、努力する価値があると信じています。テストされ定義されたやり取りは、サービスを統合する際に非常に多くの時間を節約します。
	APIを大規模な外部利用者に公開する場合は、API提供者主導型コントラクトを利用することが重要です。この場合も、APIが後方互換性を破壊しないようにするため、定義されたやり取りを持つことが非常に重要です。
	内部APIを構築する場合は、API提供者主導型コントラクトから始めてCDCに進化させるとしても、CDCを目指して取り組むのが理想的です。
	コントラクトテストが実行不可能な場合、API提供者は、APIが合意したやり取りを提供していることを確認し、利用者がテストできる方法を提供する代替手段が必要になります。これは、レスポンスとリクエストが期待されるものと一致するかどうか、テストに細心の注意を払わなければならないことを意味し、厄介で時間がかかることがあります。

2.4　コンポーネントテスト

コンポーネントテスト（Component Test）は、複数のユニットが連携して動作することを検証するために利用でき、図2-3のテストピラミッドではサービステストに該当します。コンポーネントテストの例としては、APIにリクエストを送信し、そのレスポンスを検証することが挙げられます。大まかに言えば、アプリケーションがリクエストを受け取り、認証と認可を行い、ペイロードをデシリアライズし、ビジネスロジックを実行し、ペイロードをシリアライズして、レスポンスを返送できることが要求されます。これは多くのユニットをテストしていることになり、どこにバグがあるのかを正確に指摘することは難しいでしょう。この例がコントラクトテストと異なるのは、サービスが正しい動作をしているかどうかを確認することです。例えば、新しいカンファレンス出席者を作成する場合、サービスがデータベースへの呼び出しを行ったかどうかを確認することになります。コントラクトテストのように、レスポンス形式をチェックするだけではありません。コンポーネントテストは複数のユニットをまとめて検証するため、単体テストよりも（通常は）実行速度が遅くなります。コンポーネントテストは、外部サービス（＝外部への依存関係）を呼び出してはいけません。コントラクトテストのように、外部の結合ポイントを検証するためにこれらのテストを利用するわけではありません。この範囲でのテストの種類は、ビジネスケースによって異なりますが、APIの場合、以下のようなケースを検証することになります。

- リクエストを送信した際、正しいステータスコードが返ってくるか？
- レスポンスには正しいデータが含まれているか？
- NULLまたは空のパラメータが渡された場合、受信するペイロードは拒否されるか？
- 受け入れられるコンテンツタイプがXMLであるリクエストを送信した場合、データは期待通りの形式でレスポンスされるか？
- 正しい権限を持たないユーザによってリクエストが行われた場合、どのような応答が行われるか？

- 空のデータセットが返された場合、何が起こるか？ これは404ステータスコードなのか、それとも空の配列が返されるか？

- リソースを作成するとき、ロケーションヘッダは作成された新しいリソースを指定するか？

このテストの選択から、これらがテスト象限の領域にどのように組み込まれているかを見ることができます。Q1では、構築中のAPIが動作する（結果を出す）ことを確認し、Q2では、Attendee APIのレスポンスが正しいことを確認するためのテストが行われます。

2.4.1　コントラクトテストとコンポーネントテストの比較

コントラクトテストが利用できない場合、APIコンポーネントテストを使って、あなたのAPIが合意したやり取り、つまりAPI仕様に適合しているかどうかを検証する必要があります。APIがやり取りに適合していることを検証する観点からは、APIコンポーネントテストを利用することは理想的ではありません。まず、エラーが発生しやすく、作成するのが面倒です。生成されたテストはAPI形式が正確であることを保証するため、（できる限りコントラクトテストを利用して）合意されたやり取りを汎用的に表現するコントラクトを作成すべきです。

2.4.2　ケーススタディ：コンポーネントテストによる動作確認

Attendee APIのエンドポイント /conference/{conference-id}/Attendees のケースを見てみましょう。このエンドポイントは、会議イベントのカンファレンス出席者一覧を返します。このコンポーネントテストでは、外部データベースへの依存関係を表現するため、モックを利用します。図2-5にあるように、この場合、それはDAO（Data Access Object）です。

このエンドポイントをテストするためのいくつかのポイントは以下の通りです。

- 成功したリクエストには200（OK）のレスポンスを返します。

- 適切なアクセス権を持たないカンファレンス出席者には、403（Forbidden）のステータスを返します。

- カンファレンス出席者がいない場合、空の配列が返されます。

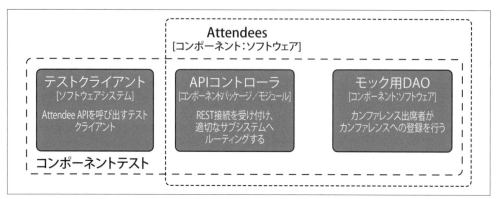

図2-5 モック用DAOを利用したAPIコンポーネントテスト

リクエストクライアントをラップするライブラリやテストフレームワークは、本当に便利です。ここでは、REST-Assured[24]を利用して、Attendee APIエンドポイントを呼び出し、以下のテストケースを検証しています[25]。

```
@Test
void response_for_Attendees_should_be_200() {
    given()
        .header("Authorization", VALID_CREDENTIAL)
    .when()
        .get("/conference/conf-1/Attendees")
    .then()
        .statusCode(HttpStatus.OK.value());
}
@Test
void response_for_Attendees_should_be_403() {
    given()
        .header("Authorization", INVALID_CREDENTIAL)
    .when()
        .get("/conference/conf-1/Attendees")
    .then()
        .statusCode(HttpStatus.FORBIDDEN.value());
...
}
```

この種のテストを行うことで、APIが正しく動作していることを確認できます。

---

[24] https://github.com/rest-assured/rest-assured
[25] これらのテストライブラリは通常、DSL（Domain Specific Language）を備えており、APIからのレスポンスを簡単に分析することができます。REST-Assuredは、JavaのRESTテストフレームワークの1つであり、httptestパッケージはGo言語に標準で付属しています。利用している言語やフレームワークにも、利用できるルールがあるはずです。もしない場合は、標準的なクライアントの小さなラッパーを作ることで、テストを書くときにレスポンスを分析するのがかなり簡単になります。

2.5 統合テスト

　私たちの定義では、統合テスト（Integration Test）とは、開発されたモジュールと外部の依存関係との境界を越えたテストです。統合テストはサービステストの一種であり、図2-3のテストピラミッドでも確認することができます。

　統合テストを行う場合、境界を越えた通信が正しいかどうか、自分のサービスが外部の別のサービスと正しく通信できるかどうかを確認します。

　確認したいことは以下の通りです。

- 通信が適切に行われているか？　例えば、RESTfulサービスでは、正しいURLを指定しているか、ペイロードのボディが正しいかどうかを確認することができます。
- 外部サービスと通信しているモジュールは、返されるレスポンスを正しく処理できるか？

　本事例の場合、レガシーカンファレンスシステムが、新しいAttendee APIへのリクエストを行うことができ、そのレスポンスを解釈できることを確認する必要があります。

2.5.1　スタブサーバの利用：理由と方法

　コントラクトテストを利用している場合、生成されたスタブサーバを利用して、利用者がAPI提供者と通信できることを検証できます。レガシーカンファレンスシステムでは生成されたスタブサーバが用意できるため、これを利用してテストすることができます。これにより、テストはローカルに保たれ、スタブサーバは正確なものになります。これは、外部境界をテストする際にも有益な選択肢です。

　しかし、コントラクトから生成されたスタブサーバが常に利用できるとは限らず、Microsoft Graph APIなどの外部APIでテストする場合、コントラクトが利用されていない組織でテストする場合は、他のオプションが必要です。最も単純な方法は、通信するサービスのリクエストとレスポンスを模倣したスタブサーバを自作することです。これは検討に値する選択肢だと言えるでしょう。多くの言語とフレームワークでは、テストと連動した定型レスポンスを持つスタブサーバを、開発者が簡単に作成することができるからです。

　スタブサーバを自作する際に考慮すべき点は、スタブが正確であることを確認することです。URLの表現が不正確だったり、レスポンスのプロパティ名や値を間違えたりするミスは、非常に起こりがちです。例えば、以下に示す手動で入力されたレスポンスにはどんな誤りがあるかわかりますか？[26]

```
{
  "values": [
```

---

[26] idの値が重複、また、"Auburn"のfamilyNaneのスペルが間違っています（正しくは、familyNameです）。

```
  {
    "id": 123456,
    "givenName": "James",
    "familyName": "Gough"
  },
  {
    "id": 123457,
    "givenName": "Matthew",
    "familyNane": "Auburn"
  },
  {
    "id": 123456,
    "givenName": "Daniel",
    "familyName": "Bryant"
  }
]
}
```

それでも、良い解決策なので、採用すべきでしょう。著者の1人は、あるプロジェクトの要件で、ログインサービス用のスタブサーバを自作しなければならなくなった際、このアプローチで大きな成功を収めました。

このような不正確な情報を回避し、URLへのリクエストとレスポンスを正確に取得する方法として、レコーダを利用する方法があります。エンドポイントへのリクエストとレスポンスを記録し、スタブ作成に利用できるファイルの生成ツールを利用可能です。図2-6に、この方法を示します。

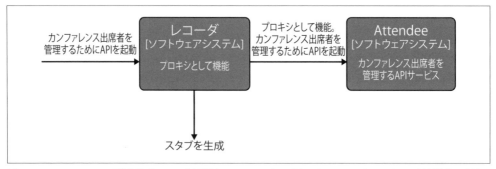

図2-6 Attendee APIの利用者がレコーダを利用してテストデータ用のリクエスト／レスポンスを取得する方法

これらの生成されたファイルは、テストに利用できるマッピングファイルで、リクエストとレスポンスを正確に記述しています。また、手作業で作成されていないため、生成時点での正確さが保証されています。この生成ファイルを利用するため、マッピングファイルを読み込むことができるスタブサーバを起動します。スタブサーバにリクエストが送信されると、当該リクエストがマッピングファイル内の予想されるリクエストと一致するかどうかがチェックされます。一致した場合、

マッピングされたレスポンスが返されます[*27]。APIへの呼び出しを記録することで、スタブを手動で作成するより、正確に作成できます。レコーディングを利用する場合、常に更新・同期されていることを確認する必要があります。また、本番環境に対してレコーディングを行う場合、マッピングファイルに個人情報が保存されないように注意する必要があります。

2.5.2　ADRガイドライン：統合テスト

統合テストは重要であるため、どのような種類の統合テストが必要かを理解するため、表2-3のADRガイドラインを参照してください。

表2-3　ADRガイドライン：統合テスト

決定事項	APIテストに統合テストを追加すべきでしょうか？
論点	APIが他のサービスと統合される場合、どのレベルの統合テストを行うべきでしょうか？
	・モックによるレスポンスで十分であり、統合テストは必要ないと考えていませんか？
	・スタブサーバを作成してテストする場合、リクエストとレスポンスを正確に作成することができますか、それともレコーダを利用する必要がありますか？
	・スタブサーバを最新の状態に保ち、やり取りが不正確である場合は認識できますか？
	スタブサーバが正確でなかったり、古くなったりすると、スタブサーバに対するテストには合格しても、本番環境にデプロイした際、他のAPIが変更されているため、そのサービスとのやり取りに失敗する可能性があります。
推奨事項：	コントラクトテストから生成されたスタブサーバを利用することを推奨します。しかし、これが利用できない場合は、やり取りのレコーディングを利用した統合テストを行うことが次善の策となります。ローカルで実行できる統合テストを行えば、統合がうまくいくという確信が得られます。特にすでに統合されている機能をリファクタリングするときには、変更が互換性に影響を与えないことを確認する上で役立ちます。

統合テストは本当に便利なツールです。しかし、これらのやり取りの定義には課題があります。主な課題は、それらが特定の時点におけるスナップショットである点です。こうしたオーダーメイドの設定は、他の変更に伴って更新されることはめったにありません。

これまで見てきた統合テストにはスタブサーバを利用してきましたが、外部サービスの実際のインスタンスを利用して統合テストを行うことも可能です。

2.5.3　テストコンポーネントのコンテナ化：Testcontainers

アプリケーションはコンテナ化されたイメージとして構築されるのが一般的です。つまり、サービスを統合する多くのアプリケーションも、コンテナ化されたソリューションとして利用可能で

---

*27 Wiremock（https://wiremock.org/）はスタンドアロンサービスとして利用できるツールで、言語に依存しません。一方、Javaで作成されているため、Java特有の統合機能を利用することができます。TypeScriptで書かれたcamouflage（https://github.com/testinggospels/camouflage）のように、他の言語で同様の機能を持つツールは他にも多数あります。

62 │ 2章　APIのテスト

す。これらのイメージは、テストの一部としてローカルマシン上で実行することができます。ローカルコンテナを利用することで、外部サービスとの通信をテストできるだけでなく、本番と同じイメージを実行することができます。

　Testcontainers[*28] は、コンテナを集約するために、テストフレームワークと統合するライブラリです。Testcontainers は、テストに利用するコンテナの起動と停止、および一般的なライフサイクルの整理を行います。

2.5.4　ケーススタディ：Testcontainers の適用による統合テスト

　それでは、Attendee API で Testcontainers が役立つ2つのユースケースを見てみましょう。第一の事例は、Attendee API サービスが RESTful インターフェースだけでなく gRPC インターフェースもサポートすることに起因します。gRPC インターフェースは RESTful インターフェースの後に開発することになっていますが、gRPC インターフェースに対するテストを始めたいという熱心な開発者がいたとしましょう。gRPC インターフェースには、定型レスポンスを返すスタブサーバを提供することが決定しています。この目的を達成するため、必要最小限のアプリケーションが作成されます。そして、この gRPC スタブをパッケージ化し、コンテナ化し、公開します。このスタブは、開発者が境界を越えてテストするために利用できます。つまり、開発者はテストの中でこのスタブサーバを実際に呼び出すことができ、このコンテナ化されたスタブサーバは開発者のマシン上でローカルに実行することができます。

　第二のユースケースは、Attendee API サービスが外部データベースへの接続を持っている場合で、テスト対象となります。データベースへの接続をテストする方法として、モックデータベースを作成する、インメモリデータベース（H2[*29] など）を利用する、Testcontainers を利用してデータベースのローカルバージョンを実行するなどが考えられます。モックを使えば、間違った戻り値や誤った前提でテストすることができてしまうため、テストにデータベースの実際のインスタンスを活用することには大きな価値があります。インメモリデータベースでは、実装が実際のデータベースと一致していると仮定することになります。依存関係がある実際のインスタンスを利用し、本番環境と同じバージョンを利用することは、境界を越えて信頼できるテストを実施できていることを意味し、本番移行した際に統合がうまくいくことを保証します。図2-7に、データベースとの統合が成功したことを確認するためのテスト構成を示します。

＊28　https://testcontainers.com/

＊29　https://h2database.com/html/main.html

2.5 統合テスト | 63

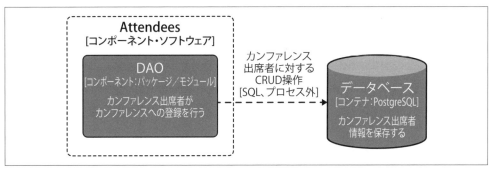

図2-7　Testcontainers DAOテスト

　Testcontainersは強力なツールであり、あらゆる外部サービスとの境界をテストする際に考慮すべきです。Testcontainersを利用することで恩恵を受ける他の一般的な外部サービスには、Kafka、Redis、NGINXがあります。このようなソリューションを追加すると、テストの実行時間が長くなります。しかし、統合テストは通常少ないので、追加された信頼性は、時間とのトレードオフとして価値があるものです。

　Testcontainersを利用すると、いくつかの疑問が生じます。第一に、この種のテストは統合テストとみなされるのか、それとも他のサービスの実インスタンスに対してテストされるため、E2Eテストとみなされるのか？　という点です。第二に、なぜコントラクトの代わりにこれを利用しないのか？　という点です。

　Testcontainersを利用しても、境界内に留まるのであれば、E2Eテストになりません。結合テストにはTestcontainersを利用することをお勧めします。コンテナが正しい動作をすることを保証することは、あなたの仕事ではありません（イメージの所有者があなたではないという前提です）。例えば、Kafkaブローカーにメッセージを発行（Publish）するステートメントを送信した場合、発行されたアイテムが正しいかどうかを確認するため、トピックを取得（Subscribe）すべきではありません。Kafkaが適切に機能し、サブスクライバ（トピックの取得側）がメッセージを受け取っていることを前提とすべきです。この動作を検証したいのであれば、E2Eテストに組み込んでください。テストする対象の境界が重要であり、DAOからデータベースへの場合、境界を越えたやり取りだけが検証されるため、E2Eテストではありません。

　Testcontainersと実際のサービスとの統合は、テストに多くの恩恵と価値をもたらします。しかし、サービスの実バージョンを利用できるからといって、コントラクトに取って代わるものではありません。実インスタンスで作業するのは良いことですが、コントラクトは単なるスタブサーバ以上のものを提供しますし、すべてのテスト、統合、コラボレーションを提供します。

2.6　E2Eテスト

　E2Eテスト（エンドツーエンドテスト）の本質は、サービスとその依存関係を集約してテストし、それらが期待通りに動作することを検証することです。リクエストが作成され、それがフロントドアに到達したとき（つまり、リクエストがインフラストラクチャに到達したとき）、リクエストがすべて適切に流れ、利用者が正しいレスポンスを得ることを検証することが重要となります。この検証により、これらすべてのシステムが期待通りに連携して動作していることを確信できます。私たちの場合、これはレガシーカンファレンスシステム、新しいAttendeeサービス、そしてデータベースを集約してテストすることになります。

2.6.1　E2Eテストの自動化

　このセクションでは、E2Eテストの自動化に焦点を当てます。自動化は時間を節約するためのものであり、ここでは、最も価値があると思われる自動化テストを紹介します。しかし、本番環境にソフトウェアをリリースする前に、テスト環境において手動でこれを行うことも可能です。

> 外部向けAPIを構築し、それを利用するサードパーティが複数ある場合、サードパーティのユーザインターフェースをコピーして、その動作を再現しようとしないでください。こうした試みは、自分の責任外の機能を再現しようとして、膨大な時間を費やすことになります。

　E2Eテストでは、実際のサービスが動作し、やり取りが行われることが理想的ですが、ときにはこれが実現不可能な場合もあります。そのため、組織のドメイン外にある、外部によって提供されるシステムのエンティティをスタブとすることは問題ありません。例えば、AttendeeサービスがAWS S3[*30]を利用している場合が考えられます。外部のエンティティに依存すると、ネットワークの問題や外部サービスを利用できなくなるなどの懸念が生じます。また、テストにおいてエンティティを利用しないのであれば、利用できるようにする必要はありません。AttendeeサービスのE2Eテストでは、データベースとAttendeeサービスを起動する必要がありますが、レガシーカンファレンスシステムは必要ないため、準備する必要がありません。このように、E2Eテストには境界が必要な場合があります。このE2Eテストの境界を図2-8に示します。

[*30] https://aws.amazon.com/jp/s3/

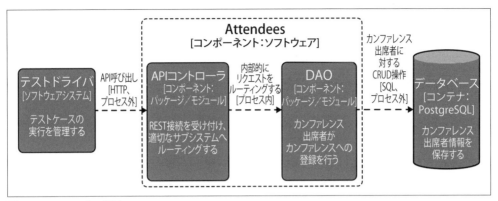

図2-8 E2Eテストの範囲

　複数のシステムの管理・調整を集約して自動化することは容易ではなく、E2Eテストは不十分な結果をもたらしかねません。しかし、ローカルでE2Eテストを実行することは容易になってきています。「2.5.3　テストコンポーネントのコンテナ化：Testcontainers」（61ページ）で見た通り、コンテナ化により、複数のシステムをローカルに起動することができます。簡単になってきたとはいえ、テストピラミッドのガイドラインには従うことをお勧めします。E2Eテストがテストピラミッドの一番上にあるのには、理由があります。

　E2Eテストを書く際は、現実的なペイロードを利用する必要があります。私たちは、小さく簡潔なペイロードを利用したテストでAPIが問題を起こす理由を調査した際、バッファがサポートするサイズよりも大きいペイロードを利用者が定期的に送信している事実を発見しました。これが、E2Eテストは、利用者のAPI利用方法を模倣している必要がある理由です。

2.6.2　E2Eテストの種類

　E2Eテストは、「2.2.1　テストの4象限」（43ページ）で示した通り、最も重要な要件から作成する必要があります。

　テストの4象限のQ3内には、シナリオテストがあります。シナリオテストは、E2Eテストの一般的な形式です。典型的なユーザの利用方法をテストし、サービスが正しく動作していることを確認するためのものです。シナリオテストは、1つのアクション、または複数のアクションに基づくことができます。重要な点は、主要なユーザの利用方法のみをテストし、特別なケースや例外テストを行わないことです。テストの書き方としては、BDD（Behavior Driven Development）[31]を利用するとよいでしょう。これは、ビジネス向けのテストとして、ユーザストーリーを書くアプローチです。例えば、カンファレンスシステムの場合、カンファレンス出席者が会議の講演に登録した後、

---

[31] https://dannorth.net/introducing-bdd/

66 2章 APIのテスト

会議の講演情報を取得すれば、講演聴講者数が増えているはずです。

シナリオテストや主要なユーザの利用方法を検証する利点は、あるコンポーネントが本番より遅くても気にならないことです。検証されるのは、正しい動作と期待される結果です。しかし、パフォーマンスのE2Eテストを実行する場合、より慎重になる必要があります。テストの4象限のQ4にあるパフォーマンステストは、本番環境と同程度の環境に展開する必要があります。両者が異なれば、サービスがどのように動作しているかを示す結果は得られません。ただし、本番環境と同様のハードウェアにサービスを展開する必要があり、リソースや環境によって、準備にかなり苦労する場合もあります。テストが不安定になったり、得られる信頼性よりも開発時間の負荷が大きくなったりする場合、このことを考慮する必要があります。しかし、このようなE2Eテストが成功する場面を私たちは見てきましたので、あまり深刻になる必要はありません。

E2Eテストの一環として行うパフォーマンステストは、目標とするSLOの範囲内でリクエストに対応していることに重点を置く必要があります。また、パフォーマンステストでは、サービスに突発的な遅延が発生していないことを確認する必要があります（例：誤ってブロックコードを追加してしまった場合など）。処理量が重要な場合、予想される負荷にサービスが対応できることを確認します。パフォーマンステストには、Gatling、JMeter、Locust、K6といった素晴らしいツールが用意されています。これらのツールに魅力を感じない場合でも、他のツールが利用可能であり、多くの言語に対応したツールが用意されているため、それらに慣れ親しんでおくべきです。検証すべきパフォーマンスの数値は、ビジネス要件から導き出されるべきです。

E2Eテストの一環として、セキュリティが確保されていることも確認する必要があります（例：TLSが有効化されている、適切な認証メカニズムが導入されているなど）。E2Eテストでは、セキュリティをオフにすべきではありません。ユーザの利用方法を検証するテストにならず、結果を誤って解釈することになるためです。

E2Eテストは、作成と維持にリソースを必要とするため、他のどんな種類のテストよりも複雑です。手動で行うよりも時間を節約することができますが、アプリケーションに対する信頼と、サービスが技術的な観点からSLAを満たすために機能していたことを証明することができます。

2.6.3　ADRガイドライン：E2Eテスト

何を含めるべきか、また、E2Eテストがあなたのケースにとって価値があるかどうかを知ることは、重要な検討事項です。

表2-4のADRガイドラインは、その判断の一助となるはずです。

表2-4　ADRガイドライン：E2Eテスト

決定事項	テストの一環として、自動化されたE2Eテストを利用するべきでしょうか？
論点	E2Eテストを実施するため、準備がどの程度複雑であるかを判断します。あなたが必要とし、価値を提供するE2Eテストについて、良いアイデアはありますか？　特定の要件や、より高度なE2Eテストを追加する必要がありますか？
推奨事項	主要なユーザの利用方法について、最低限のE2Eテストを実施することを勧めます。これは、変更によってユーザが影響を受ける可能性がある点を、開発サイクルにおいてできるだけ早い段階でフィードバックするためです。理想的には、E2Eテストをローカルで実行することができますが、そうでない場合は、パイプラインの一部として実行すべきです。 E2Eテストの実施には価値がありますが、それを実行するために必要な時間投資とのバランスを取る必要があります。自動化されたE2Eテストが不可能な場合、手動テストの手順書を準備する必要があります。この手順書は、本番リリースの前のテスト環境に対して利用すべきです。このような手動テストは、本番リリースや顧客への価値提供をかなり遅らせることになります。

2.7　まとめ

　この章では、APIテストについて、何をテストすべきか、どこに時間を割くべきかなど、主要なテストの種類について学びました。重要な点は以下の通りです。

- テストの基本に忠実になり、単体テストをAPIの中核とします。
- コントラクトテストは、一貫したAPIを開発し、他のAPIとテストするのに役立ちます。
- コンポーネント単位でサービステストを行い、統合を分離して、入出力の検証を行います。
- E2Eテストを行い、主要なユーザの利用方法を再現し、APIがすべて正しく統合されていることを検証します。
- ADRガイドラインは、APIにさまざまなテストを追加すべきか否か判断するために利用します。

　APIをテストするための多くの情報、アイデア、テクニックを紹介しましたが、これらは決して利用可能なツールをすべて網羅したものではありません。テストフレームワークやライブラリについては、十分な情報に基づいた判断をするために、利用したいと思える手法の調査・情報収集をすることをお勧めします。

　しかし、いくら前もってテストを行ったとしても、本番で実際にアプリケーションがどのように動作するかを見るに越したことはありません。本番環境でのテストについては、5章でくわしく説明します。次の章では、APIゲートウェイを利用した本番環境でのAPIの公開と管理に焦点を当てます。

第2部
APIトラフィック管理

　第2部では、APIトラフィックの管理方法について説明します。これには、エンドユーザからシステムに流入する外部トラフィックと、サービス内部で発生しシステムを横断する内部トラフィックの両方が含まれます。

　3章では、APIゲートウェイ技術を使って、インバウンド通信、つまり外→内に行われる外部トラフィック（North-South Traffic）を管理する方法を学びます。

　4章では、サービスメッシュを利用して、内部トラフィック（East-West Traffic）を管理する方法を学びます。

3章

APIゲートウェイ：
外部トラフィック管理

　APIの定義とテストについて理解できたところで、次は本番環境において、利用者にAPIを提供する役割を担うプラットフォームとツールを検討していきます。APIゲートウェイは、最新の技術スタック内でも特に重要な部分です。具体的には、システムのネットワーク「エッジ」に位置し、利用者とバックエンドサービス群を仲介する管理ツールとして機能します。

　この章では、APIゲートウェイが「何を提供するか？」「どこで利用するか？」「なぜ利用するのか？」について学び、APIゲートウェイと他のエッジ技術の歴史を探ります。また、APIゲートウェイの分類を理解し、これらがシステムアーキテクチャとデプロイメントモデルの全体像にどのように適用されるかを学び、よくある落とし穴を回避する方法を紹介します。

　これらのトピックをもとに、要件、制約、ユースケースに基づいて適切なAPIゲートウェイを選択する方法を学び、この章を締めくくります。

3.1　APIゲートウェイは唯一のソリューションなのか？

　APIゲートウェイは、ユーザの通信をバックエンドシステムに伝えるための唯一のソリューションなのでしょうか？ 端的な回答は、「ノー」です。しかし、もう少し補足する必要があります。

　多くのソフトウェアシステムでは、利用者のAPIリクエストや外部の送信元から内部のバックエンドアプリケーションに外部トラフィックをルーティングする必要があります。Webベースのシステムでは、利用者からのAPIリクエストはエンドユーザ端末から送信されることが一般的で、Webブラウザやモバイルアプリケーションを介してバックエンドシステムと通信を行います。利用者からのAPIリクエストは、インターネット上に存在するアプリケーションを介して外部システム（多くの場合サードパーティ）から送信されることもあります。外部トラフィックを管理するソリュー

ションは、URLからバックエンドシステムへの通信をルーティングするメカニズムを提供するだけでなく、信頼性、オブザーバビリティ（観測可能性）、セキュリティも提供することを要求されます。

この章を通して学ぶように、APIゲートウェイは、これらの要件を提供できる唯一の技術ではありません。例えば、単純なプロキシやロードバランサの実装を利用することも可能です。しかし、特に企業のコンテキスト内では、APIゲートウェイは最も一般的に利用されるソリューションであり、利用者とAPI提供者の数が増えるにつれて、最も拡張性（スケーラビリティ）と保守性が高く、かつセキュリティが確保されたオプションであることが多いと考えています。

表3-1に示すように、現在の要件と各ソリューションの機能を照らし合わせてみてください。これらの要件については、この章でくわしく説明しますので、すべて理解できなくても心配しないでください。

表3-1　リバースプロキシ、ロードバランサ、APIゲートウェイの比較

機能	リバースプロキシ	ロードバランサ	APIゲートウェイ
単一のバックエンド（Single Backends）	＊	＊	＊
TLS/SSL	＊	＊	＊
複数のバックエンド（Multiple Backends）		＊	＊
サービス検知（Service Discovery）		＊	＊
API構成（API Composition）			＊
認可（Authorization）			＊
再試行のロジック（Retry Logic）			＊
レート制限（Rate Limiting）			＊
ロギングとトレーシング（Logging and Tracing）			＊
サーキットブレーキング（Circuit Breaking）			＊

3.2　ガイドライン：プロキシ・ロードバランサ・APIゲートウェイ

表3-2は、組織のシステムや現在のプロジェクトに最適なソリューションを決定するのに役立つ一連のADRガイドラインを提供します。

表3-2　ADRガイドライン：プロキシ・ロードバランサ・APIゲートウェイ

決定事項	外部トラフィックのルーティングにプロキシ、ロードバランサ、APIゲートウェイを利用すべきか？
論点	例えば単一のエンドポイントから単一のバックエンドサービスのような単純なルーティングを必要としていますか？ 認証、認可、レート制限など、より高度な機能を必要とする機能横断的な要件がありますか？ APIキー／トークンの管理、収益化を支援する仕組みなど、API管理機能を必要としますか？ すでにソリューションを導入している、あるいは、ネットワークエッジですべての通信を特定のコンポーネントを経由させなければならないという組織全体の要求事項がありますか？

推奨事項	直近の将来と既知の要件を考慮し、要件に対して最もシンプルなソリューションを常に利用します。 高度な機能横断的な要件がある場合は、通常、APIゲートウェイが最適な選択となります。 組織が企業である場合、API管理（APIM）機能をサポートするAPIゲートウェイを推奨します。 既存の要求事項、ソリューション、コンポーネントについては、常に組織内でデューデリジェンスを行う必要があります。

3.3　ケーススタディ：Attendeeサービスを利用者に公開する

　カンファレンスシステムは公開以来、大きな反響を呼んでいるため、プロダクトオーナーは新しいモバイルアプリケーションを作成し、カンファレンス出席者が自身の詳細を確認できるようにしたいと考えています。モバイルアプリケーションでデータを取得するためには、Attendeeサービス（Attendee API）を外部に公開する必要があります。Attendeeサービスには個人情報（PII）が含まれているため、APIは信頼性とオブザーバビリティに加え、セキュリティを考慮しなければなりません。プロキシやロードバランサを使ってAPIを公開し、言語やフレームワーク固有の機能を使って追加要件を実装することも可能です。しかし、この製品がスケーラビリティに対応しているか否か、再利用可能か否か（あるいは異なる言語やフレームワークを利用した追加APIをサポートする可能性があるか）、これらの課題は既存技術や製品で解決されているか否か、自問しなければなりません。この事例では、将来、追加APIが公開される予定であり、その実装に別の言語やフレームワークが利用される可能性があることがわかっています。そのため、APIゲートウェイ型のソリューションを導入することが理にかなっています。

　本章では、レガシーカンファレンスシステムの事例にAPIゲートウェイを追加し、列挙した要件をすべて満たす形でAttendee APIを公開します。図3-1に、APIゲートウェイを追加した場合のカンファレンスシステムのアーキテクチャを示します。

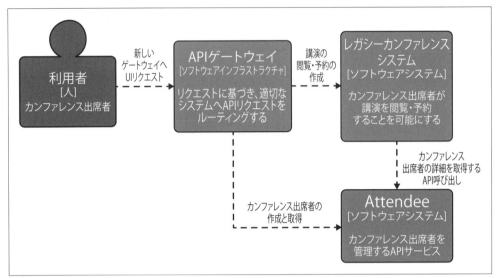

図3-1 モノリスから独立して動作するAttendeeサービスへのルーティングにAPIゲートウェイを利用する

3.4 APIゲートウェイとは?

　端的にいえば、APIゲートウェイとは利用者とバックエンドサービス群の間のシステム「エッジ」に位置し、定義されたAPIグループに対する単一のエントリポイントとして機能する管理ツールです。利用者としては、SPA（Single Page Application）やモバイルアプリケーションなどのエンドユーザアプリケーションやデバイス、あるいは別の社内システム、サードパーティのアプリケーションやシステムなどが挙げられます。

　APIゲートウェイは、コントロールプレーン（Control Plane）とデータプレーン（Data Plane）という2つのハイレベルな基本要素で実装されます。これらの要素は、一緒にパッケージ化することも、別々にデプロイすることも可能です。コントロールプレーンは、管理者がゲートウェイと通信し、ルート、ポリシー、必要なテレメトリを定義する場所です。データプレーンは、コントロールプレーンで指定されたすべての振る舞いを実行する場所であり、ネットワークパケットがルーティングされ、ポリシーが適用され、テレメトリが送信されます。

3.5 APIゲートウェイはどのような機能を提供するのか?

　ネットワークレベルでは、APIゲートウェイは通常リバースプロキシとして機能し、利用者からのすべてのAPIリクエストを受け付け、リクエストを処理するために必要なさまざまなアプリケーションレベルのバックエンドサービス（および潜在的な外部サービス）を呼び出して集約し、適切

なレスポンスを返します。

プロキシ、フォワードプロキシ、リバースプロキシとは何か？

プロキシサーバは、フォワードプロキシ（Forward Proxy）と呼ばれることもあり、複数のクライアントからのコンテンツへのリクエストをインターネット上の異なるサーバ群に転送・仲介するサーバです。フォワードプロキシはクライアントを保護するために利用されます。例えばビジネスでは、従業員のインターネットへの通信をルーティングし、フィルタリングするプロキシを利用することがあります。一方、リバースプロキシサーバはプロキシサーバの一種であり、通常、プライベートネットワークのファイアウォールの背後に配置され、クライアントのリクエストを適切なバックエンドサーバにルーティングします。リバースプロキシは、サーバを保護するように設計されています。

APIゲートウェイは、ユーザ認証、リクエストレート制限、タイムアウト／リトライなどの機能横断的な要件を解決し、システム内のオブザーバビリティの実装をサポートするため、メトリクス、ログ、トレースデータを提供できます。多くのAPIゲートウェイは、開発者がAPIライフサイクルを管理し、（開発者ポータルや関連するアカウント管理、アクセス制御の提供など）APIを利用する開発者のオンボーディングと管理を支援し、ガバナンスを提供できるようにする追加機能を提供します。

3.6　APIゲートウェイはどこに配置されるべきか？

APIゲートウェイは通常、システムエッジに配置されますが、この場合の「システム」の定義はかなり柔軟です。スタートアップ企業や多くの中小企業では、APIゲートウェイをデータセンタやクラウドのエッジに配置することが多いでしょう。これらの状況では、バックエンド全体のフロントドアとして機能するAPIゲートウェイしかなく、本章で議論されるすべての機能を提供します（可用性確保のため、複数のインスタンスでデプロイ・実行されることはあります）。

図3-2に、クライアントがインターネット上でAPIゲートウェイとバックエンドシステムとどのように通信するかを示します。

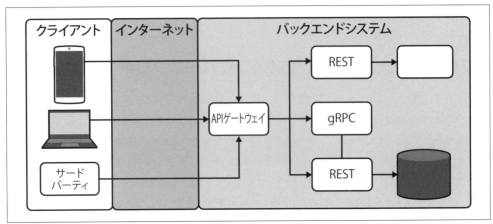

図3-2 典型的なスタートアップ企業・中小企業におけるAPIゲートウェイのデプロイメント

　大規模な組織や企業では、APIゲートウェイは通常複数の場所に展開されます。多くの場合、データセンタの周辺にある最初のエッジとして展開されます。さらにゲートウェイは各製品、ビジネスライン、または組織部門の一部として展開されるかもしれません。この場合、これらのゲートウェイは一般的には別々の実装であり、地理的な場所（例：必要なガバナンス）やインフラストラクチャの能力（例：低出力のエッジコンピューティングリソースで実行）に依存して、異なる機能を提供することが可能です。

　図3-3は、APIゲートウェイがインターネットとプライベートネットワークのDMZの間に位置することが多いことを示しています。

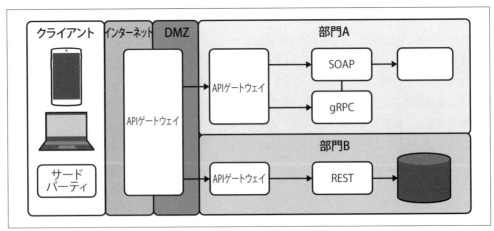

図3-3 大規模な組織における典型的なAPIゲートウェイの展開

　この章の後半で学ぶように、APIゲートウェイの理論的定義と正確な機能は、常に一貫している

わけではありません。そのため、前述の図は正確な実装を表しているというよりも、より概念的なものとして考えるべきでしょう。

3.7　APIゲートウェイをエッジで他の技術と統合させる方法

　APIサービスのエッジには、通常多くのコンポーネントが配備されています。これは、利用者がバックエンドと最初にやり取りする場所であり、それゆえ多くの機能横断的な要件にはここで対処するのが適切です。したがって、最新のエッジスタック（Edge Stack）は、APIサービスに不可欠な機能横断的な要件を満たすさまざまな機能を提供します。エッジスタックの中には、個別に配備・運用されるコンポーネントによって提供されるものもあれば、機能やコンポーネントを組み合わせて提供されるものもあります。個々の要件については、本章の次のセクションでくわしく説明しますが、まずは図3-4で最新のエッジスタックの主要な機能を理解する必要があります。

　これらの機能は、モノリシックなアーキテクチャの要素として扱われるべきではありません。これらは通常、別々に展開され、個々のチームやサードパーティのサービス提供者が管理・運用している場合があります。いくつかのAPIゲートウェイサービスは、エッジスタック内ですべての機能を提供しています。また、APIゲートウェイの機能とAPIの管理機能に特化したものもあります。また、クラウド環境では、クラウドベンダがAPIゲートウェイと統合可能なロードバランサを提供することが一般的です。

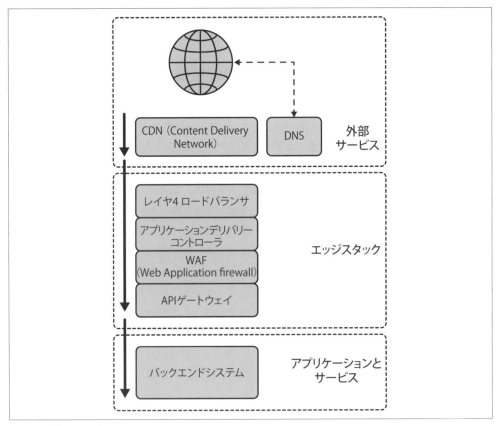

図3-4 最新のエッジスタック

APIゲートウェイが「何を提供するか？」「どこで利用するか？」を理解できたところで、組織が「なぜ」APIゲートウェイを利用するのか、その理由を考えてみましょう。

3.8 なぜAPIゲートウェイを使うのか？

現代におけるソフトウェアアーキテクトの役割の大部分は、設計と実装に関する疑問を考えることですが、その多くはすぐには答えが出ません。これは、APIやトラフィック管理などの関連技術を扱う際も同じです。短期的な実装と長期的な保守性の両方のバランスを取る必要があります。保守性、拡張性、セキュリティ、オブザーバビリティ、製品ライフサイクル管理、マネタイズなど、APIに関連する機能横断的な要件はたくさんあります。APIゲートウェイはこれらすべてに対応することができます！

このセクションでは、以下のような、APIゲートウェイが解決できる主な問題点の概要を説明します：

- フロントエンドとバックエンドの間で（後ほど説明する）ファサード／アダプタを利用することで疎結合を実現します。
- バックエンドサービスを集約／変換することで簡素化します。
- 脅威の検知・緩和により、APIを過剰利用や悪用から保護します。
- APIがどのように利用されているかを理解します（＝オブザーバビリティ）。
- APIライフサイクル管理でAPIを製品として管理します。
- アカウント管理、課金、決済を利用しAPIをマネタイズします。

3.8.1　疎結合を実現する：ファサード／アダプタ構成

　ソフトウェアアーキテクトがキャリア初期に学ぶべき3つの基本概念は、結合（coupling）、凝集（cohesion）、情報隠蔽（information hiding）であり、疎結合と高い凝集性を持つように設計されたシステムは、理解、維持、変更が容易であると教えられます。疎結合は、異なる実装を簡単に入れ替えることができ、システムをテストする際に特に役立ちます（例えば、疎結合であれば、モックやスタブの構築が容易です）。高い凝縮性は、理解しやすさ（つまり、モジュールやシステム内のすべてのコードが本質的な目的をサポートしていること）、信頼性、再利用性を促進します。また情報隠蔽は、ソフトウェアシステムにおいて、最も変更される可能性が高い、設計上の決定を分離する原則を意味します。この性質により、設計上の決定が変更された場合、システムの他の部分を大規模な変更から保護します。私たちの経験では、APIは、アーキテクチャの理論と現実が出合う場所です。言い換えれば、APIは、他のエンジニアと統合されるためのインターフェースとなるといえるでしょう。

　APIゲートウェイは、単一のエントリポイントとして、またファサード／アダプタとして機能し、それゆえ疎結合と凝縮性を促進することができます。ファサード（Facade）[*1]は、新しくわかりやすいインターフェースを定義する一方、アダプタ（Adapter）[*2]は、既存のインターフェース間の相互運用性をサポートすることを目的として、古いインターフェースを再利用します。クライアントは公開されたAPIとゲートウェイを統合し、合意されたコントラクトが維持されれば、バックエンドのコンポーネントは、場所、アーキテクチャ、実装（言語、フレームワークなど）を最小限のインパクトで変更することが可能です。図3-5は、APIゲートウェイがバックエンドのAPIとサービスに対する利用者からのリクエストを単一のエントリポイントとして管理する方法を示したものです。

[*1]　訳注：ファサード（Facade）とは、本来フランス語で「建物の正面」という意味で、デザインパターンの1つです。プログラムが大きくなった際、「窓口」となる仕組みを用意することで適切にプログラム群にルーティングする仕組みです。

[*2]　訳注：アダプタ（Adapter）とは、海外旅行で各国の電源プラグで利用できる変換プラグと同様に、既存のコードを再利用しつつ、異なるインターフェースの連携を可能にする仕組みを意味します。具体的には、異なるインターフェースを連携させるため、データ変換などを行う仕組みを意味します。

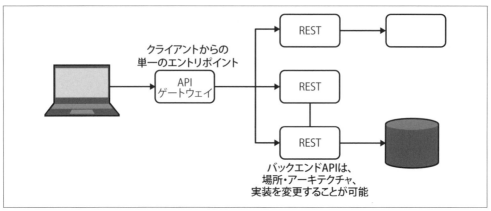

図3-5 フロントエンドとバックエンドの間にファサードを提供するAPIゲートウェイ

3.8.2　簡素化：バックエンドサービスの集約と変換

　前述の「結合」の議論を踏まえ、フロントエンドシステムに公開したいAPIが、バックエンドシステムの構成によって提供される現在のインターフェースと異なる場合がよくあります。例えば、フロントエンドエンジニアのメンタルモデルを単純化したり、データ管理を効率化したり、バックエンドアーキテクチャを隠蔽する目的で、複数の所有者がいるバックエンドサービスのAPIを、単一の利用者用APIに集約したい場合があります。GraphQL[*3]は、まさにこのような理由でよく利用されます。もちろん、この種の機能をここに実装することにはトレードオフがあり、APIゲートウェイ内のロジックとバックエンドサービスのビジネスロジックが密結合してしまう可能性があります。

APIの並列呼び出しの統合

　APIゲートウェイに実装されている一般的な簡素化アプローチが、バックエンドAPIの並列呼び出しの統合です。これは、APIゲートウェイが、独立した複数のバックエンドAPIの同時呼び出しを統合し、調整する機能です。通常、利用者が結果を収集する時間を節約するため、疎結合かつ独立した複数のAPIを順次呼び出しするのではなく並行して呼び出したいと考えます。APIゲートウェイでこの機能を提供することで、各利用者がこの機能を実装する必要がなくなります。トレードオフとしては、ビジネスロジックがAPIゲートウェイとバックエンドシステムに分散してしまうことがあります。また、運用面での結合の問題もあります。API呼び出しの順序を変更するAPIゲートウェイの実装変更は、特にバックエンドの呼び出しが冪等（＝同じ操作を何

[*3] https://graphql.org/

度も繰り返しても、同じ結果が得られる）でない場合、想定される結果に影響を与える可能性
があります。

　また、プロトコル変換は、企業においては一般的な要件です。例えば、SOAP APIしか提供しな
いレガシーシステムが複数存在しますが、利用者にはREST APIしか公開したくないという場合が
あります。APIゲートウェイは、このような集約と変換の機能を提供することができますが、この
使い方には注意が必要です。変換の正確性を保証するため、設計、実装、テストのコストがかかり
ます。また、変換を実装するための計算資源コストもあり、大量のリクエストを処理する場合も、
コストがかかる可能性があります。図3-6は、APIゲートウェイがバックエンドサービスの呼び出し
の集約とプロトコル変換を提供する方法を示しています。

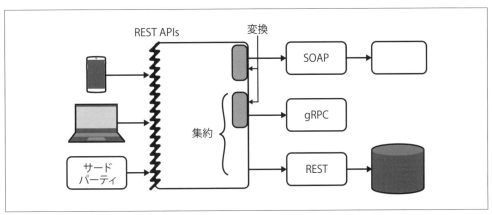

図3-6　集約と変換を行うAPIゲートウェイ

3.8.3　APIを過剰利用や悪用から保護する：脅威の検知と緩和

　システムエッジは、ユーザがアプリケーションと最初に接する場所です。また、攻撃者やハッ
カーが最初にシステムにアクセスするのも、エッジです。大多数の組織は、コンテンツ配信ネッ
トワーク（CDN）やWAF、さらには境界ネットワークや専用の非武装地帯（DMZ）など、エッジ
スタックに複数のセキュリティ防御レイヤを準備していますが、多くの中小企業にとっては、API
ゲートウェイが最初の防衛線となります。このため、多くのAPIゲートウェイは、TLS終端（TLS
Termination）、認証と認可、IP許可・拒否リスト、WAF（内蔵結合または外部統合）、レート制限
と負荷分散、APIコントラクト検証などのセキュリティに焦点を当てた機能を備えています。図3-7
は、APIの不正利用を軽減するために、許可・拒否リストとレート制限をどのように利用できるか
を示しています。

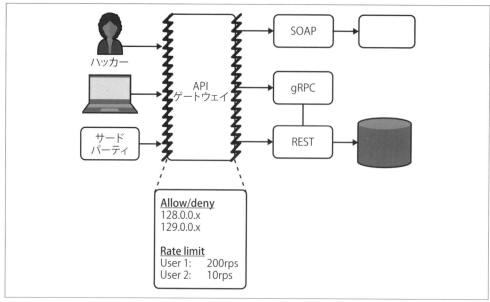

図3-7 APIゲートウェイの過剰利用や悪用

　この機能の大部分は、偶発的または意図的なAPI悪用を検知する機能であり、そのためには包括的なオブザーバビリティ戦略を実装する必要があります。

3.8.4　APIの利用状況を理解する：オブザーバビリティ

　システムやアプリケーションのパフォーマンスを把握することは、ビジネス目標が達成され、顧客の要求が満たされていることを確認するために非常に重要です[*4]。顧客転換率（CVR：Conversion Ratio）、時間当たりの収益（Revenue Per Hour）、秒当たりのストリーム開始数など、主要業績評価指標（KPI）を用いてビジネス目標を測定することが一般的になっています。インフラストラクチャやプラットフォームは、通常、レイテンシ、エラー、キューの深さなどのSLI[*5]（＝サービスレベル指標・Service Level Indicator）を通じて観測されます。

　ユーザリクエストの大部分は（すべてではないにせよ）システムエッジを通過するため、エッジは観測における重要なポイントになります。エラー数、スループット、レイテンシなど、（インターネットからシステムに対して発生する）指標を取得するのに最適な場所であり、さらに上流システム全体を流れるリクエスト（アプリケーション固有のメタデータを持つ可能性があるリクエスト）

[*4] Cindy Sridharan氏が執筆した『Distributed Systems Observability』（O'Reilly）は、オブザーバビリティについてもっと知るための素晴らしいレポートです（訳注：日本語書籍としては、上記とは別書籍ですが、『オブザーバビリティ・エンジニアリング』（オライリー・ジャパン刊、2023年）を参考にしてください）。

[*5] https://sre.google/sre-book/service-level-objectives/#indicators-o8seIAcZ

3.8 なぜAPIゲートウェイを使うのか？ **83**

を特定し、さらに分析する上で重要なポイントでもあります。相関識別子[*6]は通常、APIゲートウェイを介してリクエストに挿入され、その後、各上流サービスによって拡散されます。これらの識別子は、サービスやシステム間のログエントリやリクエストを関連付けることができます。

　観測データの送信・収集はシステムレベルで重要ですが、そのデータをどのように処理・分析・解釈して、実用的な情報として意思決定に役立てるかについても慎重に考える必要があります。ダッシュボードを作成して視覚的に表示・処理することや、アラートを定義することは、オブザーバビリティ戦略を成功させるために不可欠です。

3.8.5　APIを製品として管理する：APIライフサイクル管理

　現代のAPIは、社内システムやサードパーティによって利用される製品として設計、構築、運用されることが多く、その前提で管理する必要があります。多くの大企業は、APIを重要かつ戦略的なコンポーネントとして捉え、APIプログラム戦略を策定し、明確なビジネス目標、制約、リソースを設定します。戦略が設定されると、日々の戦術的なアプローチは、APIライフサイクル管理に集中することが一般的です。完全なAPIライフサイクル管理（APIM：Full Lifecycle API Management）は、計画段階からAPIが廃止されるまでのAPIの全ライフサイクルに及びます。ライフサイクル内の多くの段階は、APIゲートウェイが提供する実装と密接に関連しています。これらの理由から、APIMをサポートする場合、APIゲートウェイの選択は重要な決定となります。

　APIライフサイクルの主要なステージには複数の定義がありますが、Axway社は3つの主要フェーズ（3C：Create・Control・Consume）とAPIライフサイクルの14種類のステージを定義することで、非常に使いやすいバランスを確保しています[*7]。

【API作成フェーズ（Create）】

構築（Model）

　ビジネス要件を洗い出し、APIをモデル化し、APIを設計・構築する。

統合（Orchestrate）

　構築されたAPIの集約・統合を行う。機能別に分割して開発されたAPIとビジネス要件を踏まえ、組み合わせて公開などを実施する。

---

*6　例えば、OpenZipkin b3 Headers（https://github.com/openzipkin/b3-propagation）などが挙げられます。

*7　訳注：原文では10種類のステージと記載されていますが、原文の参考文献として挙げられたAxway社のブログ（https://blog.axway.com/learning-center/apis/basics/full-lifecycle-api-management）を参照すると、14種類のステージで再定義されています。本書では最新の14種類のフェーズで説明を行います。また、API開発支援ツールであるPostman社は、API提供者（Producer）と利用者（Consumer）それぞれの立場を踏まえたAPIライフサイクル管理図（https://www.postman.com/api-platform/api-lifecycle/）を説明していますのでそちらも参照してください。

変換（Transform）

従来の形式（SOAP）を利用者が使いやすい形式（REST）に変換する。

文書化（Document）

APIのモデル・利用方法を文書化する。

テスト（Test）

機能性・パフォーマンス・セキュリティを検証する。

【API制御フェーズ（Control）】

デプロイ（Deploy）

APIを公開して、開発者が利用できるようにする。

管理（Manage）

APIを維持・管理する（APIの機能性が確保されており、最新の状態に更新され、ビジネス要件を満たしていることを保証する）。

セキュリティ（Secure）

セキュリティリスクと問題の軽減。

スケーリング（Scale）

インフラストラクチャを自動的にスケールアップまたはスケールダウンする。

【API利用フェーズ（Consume）】

公開（Publish）

APIを公開する。APIマーケットプレイスへのリリースなど、APIを開発者にアピールする。

検出（Discover）

開発者がAPI・ドキュメントを参照できるセルフサービスアクセスを提供する。開発者が、公開されたAPIの利用方法を迅速に学ぶことができるようにする。例えば、OpenAPIやAsyncAPIのドキュメントを提供し、ポータルやサンドボックスを提供する。

呼び出し（Invoke）

APIを簡単に利用・操作できるサービスを提供する。

収益化（Monetize）

API利用・導入を踏まえ、APIで収益を生み出す。

廃止（Retire）
　ビジネスの優先順位の変化、技術の変化、セキュリティ上の懸念など、さまざまな理由で発生するAPIの非推奨化と削除をサポートする。

　図3-8は、APIライフサイクル管理がAPIゲートウェイおよびバックエンドサービスとどのように統合されるかを示しています。

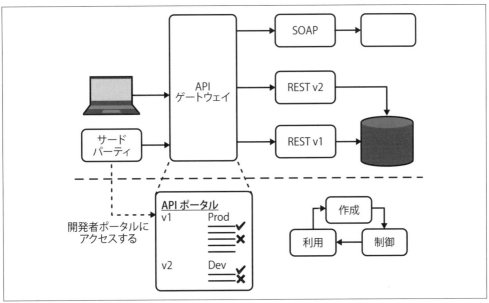

図3-8 APIゲートウェイを利用したライフサイクル管理

3.8.6　APIの収益化：アカウント管理、課金、支払い

　有料サービスを提供するAPIの課金は、APIライフサイクル管理と密接な関係があります。利用者に公開されるAPIは、通常、製品として設計され、アカウント管理と支払いオプションを含む開発者ポータルを介して提供されるべきです。商用向けAPIゲートウェイの多くには、有償プランを支援する機能が存在します[*8]。決済ポータルは、PayPalやStripeなどの決済ソリューションと統合され、開発者プラン、料金制限、その他のAPI利用に関するオプションを設定可能です。

[*8] 例として、Apigee Edge（https://docs.apigee.com/api-platform/monetization/basics-monetization?hl=ja）、3Scale（https://tech.3scale.net/）などがあります。

3.9 APIゲートウェイの近現代史

APIゲートウェイの「何を提供するか？」「どこで利用するか？」「なぜ利用するのか？」を十分に理解したところで、現在のAPIゲートウェイ技術に目を向ける前に、歴史を振り返ってみましょう。『トム・ソーヤーの冒険』で知られる米作家マーク・トウェインは「歴史は繰り返さないが、しばしば韻を踏む」という名言を残しています。数年以上テクノロジー業界で働いている人なら、これは業界で見られる一般的なアプローチにも当てはまることを理解できるでしょう。アーキテクチャのスタイルやパターンは、ソフトウェア開発の歴史の中でさまざまな「サイクル」を繰り返しており、運用アプローチも同様です。このサイクルの間には、一般的に進歩が見られますが、私たちは、歴史が提供してくれる教えを見逃さないように注意する必要があります。

だからこそ、APIゲートウェイやシステムエッジでのトラフィック管理の歴史的背景を理解することが重要です。過去を振り返ることで、強固な基盤を築き、基本的要件を理解し、同じ過ちを繰り返さないようにすることが可能です。

3.9.1 1990年代以降：ハードウェアロードバランサ

1980年代後半、Tim Berners-Lee氏によってWWW（World Wide Web）のコンセプトが提唱されましたが、それが一般の人々に浸透したのは1990年代半ばのことで、最初の盛り上がりは90年代後半のドットコムブームとその後の不況に集約されています。この「Web 1.0」の時代は、Webブラウザ（Netscape Navigatorは1994年末に発売）、Webサーバ（Apache Web Serverは1995年にリリース）、ハードウェアロードバランサ（F5は1996年に設立）の進化を推進しました。Web 1.0では、ユーザがブラウザでHTTPリクエストを行い、レスポンスで各ページのHTMLドキュメント全体が返されました。Webサイトの動的な部分は、PerlやC言語で書かれたスクリプトとCGI（Common Gateway Interface）を組み合わせて実装されていました。これは、現在FaaS（Function as a Service）と呼ばれる概念の原型であったと言えるでしょう。

各サイトにアクセスするユーザ数が増えるにつれ、基盤となるWebサーバに負荷がかかるようになりました。そのため、負荷の分散をサポートし、かつ耐障害性を備えたシステムの設計が求められました。インフラストラクチャエンジニア、ネットワークスペシャリスト、システム管理者は、ユーザリクエストを複数のWebサーバインスタンスに分散できるようにすることを目的に、ハードウェアのロードバランサをデータセンタのエッジに配置しました。初期のロードバランサの実装は、基本的なヘルスチェック[*9]をサポートし、Webサーバが故障したり、遅延が大きくなったりした場合、それに応じてユーザのリクエストを別の場所に振り分けることができました。ハードウェアのロードバランサは、今日でも非常によく使われています。トランジスタ技術やチップアーキテクチャとともに技術は向上しているかもしれませんが、コアとなる機能は変わりません。

[*9] 訳注：システムに異常がないか確認・チェックする仕組み。

3.9.2　2000年代前半以降：ソフトウェアロードバランサ

Webがドットコム不況による初期のビジネスのつまずきを乗り越えると、ユーザによるコンテンツの共有、eコマースやオンラインショッピング、企業によるコラボレーションやシステム統合など、さまざまな活動をサポートする需要が増え続けました。それに対応して、Webベースのソフトウェアアーキテクチャは、さまざまな形をとるようになりました。小規模な組織では、初期のCGIによる作業をベースに、Javaや.NETといったWebに適した新興の言語でモノリシックなアプリケーションを作成していました。大企業は、サービス指向アーキテクチャ（SOA）を採用し始め、関連する「Webサービス」仕様（WS-*）が一時期脚光を浴びました。

Webサイトの高可用性と拡張可用性に対する要求が高まり、初期のハードウェアロードバランサの費用と柔軟性の低さが制約になり始めていました。2001年にHAProxy、2002年にNGINXが発売され、この機能を実現できるソフトウェアロードバランサや汎用プロキシが登場しました。対象ユーザは運用チームであることに変わりありませんが、必要なスキルは変わり、ソフトウェアベースのWebサーバの設定に慣れているシステム管理者が、これまでハードウェアの問題であった部分を担当できるようになりました。

ソフトウェアロードバランサ：現在もポピュラーな選択肢

NGINXとHAProxyは、どちらも発売当初から進化していますが、今でも広く使われており、小規模な組織やシンプルなAPIゲートウェイには非常に有用です（どちらも、より商用展開に適した商用バージョンも提供しています）。クラウド（および仮想化）の台頭により、ソフトウェアロードバランサの役割は確固たるものとなりました。この技術の基本について学ぶことをお勧めします。

この時期には、まだ特殊なハードウェアの実装を必要とする他のエッジ技術も台頭してきました。CDN（コンテンツデリバリーネットワーク）は、主にインターネットのパフォーマンスボトルネックを解消する必要性から、オリジンWebサーバへのリクエストを軽減するために導入が進みました。WAFも、最初は専用のハードウェアで実装され、後にソフトウェアで実装されるようになりました。オープンソースのModSecurityプロジェクトとApache Web Serverとの統合が、WAFの大量採用を後押ししたのは間違いないでしょう。

3.9.3　2000年代半ば：アプリケーションデリバリーコントローラ（ADC）

2000年代半ばも、日常生活におけるWebの普及が進みました。インターネットに接続可能な携帯電話の登場はこの状況を加速させました。当初はBlackBerryがこの分野をリードしていましたが、2007年に初代iPhoneが発売されると、すべてが加速しました。一方、WebへのアクセスはPCベースのWebブラウザが主流でしたが、2000年代半ばに、XMLHttpRequest APIとそれに対応する

Ajax（**Asynchronous JavaScript and XML**）技術がブラウザに広く採用され、「Web 2.0」が登場します。当時、この技術は画期的なものでした。APIの非同期性は、リクエストのたびにHTMLページ全体を返し、解析し、表示を完全にリフレッシュする必要がなくなったことを意味します。データ交換層をプレゼンテーション層から切り離すことで、Ajaxはページ全体を再読み込みする必要なく、Webページが動的にコンテンツを変更することを可能にしました。

　これらの変化により、Webサーバとロードバランサには、より多くの負荷を処理するだけでなく、暗号化通信（SSL/TLS）、ますます大きくなるデータペイロード、および異なる優先度のリクエストをサポートするための新しい需要が発生しました。このため、F5 Networks、Citrix、Ciscoといった既存のネットワークソリューション企業による造語である**アプリケーションデリバリーコントローラ（ADC）**が登場することになりました。ADCは、ロードバランシングと組み合わせて、圧縮、キャッシング、接続の多重化、通信シェーピング、SSLオフロードをサポートしました。対象ユーザは、やはりインフラストラクチャエンジニア、ネットワークスペシャリスト、そしてシステム管理者でした。

　2000年代半ばには、最新のトラフィック管理のエッジスタックについて、ほぼすべてのコンポーネントが業界全体で広く採用されるようになりました。しかし、多くのコンポーネントの実装と運用は、チーム間でますますサイロ化されていました。開発者が大規模な組織内で新しいアプリケーションを公開しようとすると、通常、CDNベンダ、負荷分散チーム、情報セキュリティ、WAFチーム、Web／アプリケーションサーバチームと何度も個別に会議を行う必要がありました。DevOpsが登場した背景には、こうしたサイロによる摩擦をなくそうという動機がありました。エッジスタックに多数の機能があり、クラウドや新しいプラットフォームに移行しようとしているのなら、今こそ、複数の機能や専門チームとのトレードオフを考える時でしょう。

3.9.4　2010年代前半：第一世代のAPIゲートウェイ

　2000年代後半から2010年代前半にかけて、APIエコノミーとそれに関連する技術が出現しました。Twilioのようなサービスは電話業界を破壊し、創業者のJeff Lawson氏[10]は「私たちは面倒で複雑な電話・通信の世界を、5つのAPI呼び出しに集約した」と述べています。Google Ads APIはコンテンツ制作者がWebサイトを収益化することを可能にし、Stripeは大規模な組織がサービスへのアクセスに対して簡単に課金することを可能にしました。2007年末に設立されたMashapeは、開発者向けのAPIマーケットプレイスを作ろうとした初期のパイオニアの1つでした。この構想は実現しませんでしたが（「ノーコード」や「ローコード」のソリューションの台頭を見れば、時代を先取りしていたことは間違いありません）、Mashapeのビジネスモデルの副産物として、OpenResty[11]とオープンソースのNGINX実装をベースにしたKong API Gatewayが誕生しました。その他、WSO2

---

[10]　https://avc.com/2016/06/best-seed-pitch-ever/
[11]　https://openresty.org/en/

によるCloud Services Gateway、SonOASystemsによるApigee、Red Hatによる3Scale Connectなどの実装がありました。

これらは、基盤チームやシステム管理者に加え、開発者を対象にした最初のエッジ技術でした。APIのソフトウェア開発ライフサイクル（SDLC）を管理し、エンドポイントやプロトコルコネクタ、変換モジュールなどのシステム統合機能を提供することに大きな焦点が当てられていました。提供機能が多岐にわたるため、第一世代のAPIゲートウェイの大半はソフトウェアで実装されたものでした。多くの製品で開発者ポータルが登場し、エンジニアが構造化された方法でAPIを文書化し、共有することができるようになりました。これらのポータルは、アクセス制御、ユーザ／開発者アカウント管理、リリース制御と分析機能も提供しました。これにより、APIの収益化が容易になり、「製品としてのAPI管理」を可能にする基礎ができました。

エッジにおける開発者の通信がこのように進化する中、OSIネットワークモデルのアプリケーション層（レイヤ7）のHTTP部分への注目が高まりました。前世代のエッジ技術は、OSIモデルのトランスポート層（レイヤ4）で動作するIPアドレスとポートに焦点を当てることが一般的でした。パスベースルーティング（path-based routing）やヘッダベースルーティング（header-based routing）など、HTTPのメタデータに基づいてAPIゲートウェイでルーティングを決定できるようにすることで、より多様な機能を実現する機会を提供しました。

また、オリジナルのサービス指向アーキテクチャが持つアイデアの一部を取り入れつつ、より簡単な実装技術やプロトコルを利用して再構成した、より小さなサービス指向アーキテクチャを作成する傾向も現れました。組織は、既存のモノリシックアーキテクチャから独立した機能を抽出し、これらのモノリスの一部はAPIゲートウェイとして機能したり、ルーティングや認証といったAPIゲートウェイに似た機能を提供したりしていました。第一世代のAPIゲートウェイでは、ルーティング、セキュリティ、耐障害性といった機能的かつ機能横断的な懸念が、エッジとアプリケーションやサービス内の両方で議論されることがよくありました。

3.9.5　2015年以降：第二世代のAPIゲートウェイ

2010年代半ばには、次世代のモジュール型アーキテクチャやサービス指向アーキテクチャが台頭し、2015年にはマイクロサービスというコンセプトが時代の潮流になりました。これは、Netflix、AWS、Spotifyなどの「ユニコーン」組織が、これらのアーキテクチャパターンでの経験を共有したことが大きな理由です。バックエンドシステムが、より多くのより小さなサービスに分解されたことに加え、Linux LXCをベースとしたコンテナ技術を採用するようになりました。Dockerは2013年3月にリリースされ、Kubernetesは2015年7月にv1.0をリリースして後に続きました。このようなアーキテクチャの変化とランタイムの変化は、エッジに新しい要件の導入を推進しました。Netflixは、2013年半ばにJVMベースの特注APIゲートウェイ「Zuul」をリリースしました。Zuul（https://netflixtechblog.com/announcing-zuul-edge-service-in-the-cloud-ab3af5be08ee）は、動的なバックエン

ドサービスのサービス検知をサポートし、また、動的に動作を変更するため、実行時にGroovyスクリプトを挿入することを可能にしました。さらに、このゲートウェイは、認証、テスト、レート制限と負荷分散、オブザーバビリティなど、多くの機能横断的な課題を単一のエッジコンポーネントに統合しました。Zuulはマイクロサービス領域における革命的なAPIゲートウェイでしたが、その後、第二世代に進化し、Spring Cloud Gatewayはこの上に構築されています。

Kubernetesの採用が進み、2016年にLyftエンジニアリングチームがEnvoy Proxyをオープンソースで公開したことで、Ambassador Edge Stack（CNCF Emissary-ingressをベースに構築）、Contour、Gloo Edgeなど、この技術を中心に数多くのAPIゲートウェイが作られました。これにより、次世代ゲートウェイが提供するKongミラーリング機能や、Traefik、Tykなどのゲートウェイが登場し、APIゲートウェイ領域全体でさらなるイノベーションが起こりました。

クラウドにおける混乱：APIゲートウェイ・エッジプロキシ・イングレスコントローラ

Christian Posta氏が自身のブログ記事「API Gateways Are Going Through an Identity Crisis[*12]」で述べた通り、クラウドコンピューティング領域で採用されているプロキシ技術に関連し、APIゲートウェイとは何かという点で、さまざまな議論が生じています。一般的に言えば、APIゲートウェイは、アプリケーション層（OSIモデルのレイヤ7）で動作する単純なアダプタ型の機能のケースから、基本的な機能横断的なサービスを提供するケース、完全なAPIライフサイクル管理をサポートするケースに至るまで、管理できる範囲はさまざまです。エッジプロキシは、より汎用的なトラフィックプロキシまたはリバースプロキシとして機能し、ネットワーク層とトランスポート層（それぞれOSIモデルのレイヤ3および4）で動作するとともに、基本的な機能横断的なサービスを提供し、API固有の機能を提供しない傾向が見られます。イングレスコントローラ（Ingress Controllers）はKubernetes固有の技術で、クラスタに入るトラフィックとトラフィックの処理方法を制御します。

第二世代のAPIゲートウェイのユーザは、第一世代のユーザとほぼ同じでしたが、懸念事項がより明確に分離され、開発者のセルフサービスに強く焦点が当てられています。APIゲートウェイの第一世代から第二世代への移行では、ゲートウェイに実装される機能要件と機能横断的な要件の両方が統合されました。マイクロサービスは、James Lewis氏とMartin Fowler氏[*13]が提唱した「スマートエンドポイントとダムパイプ」（smart endpoints and dumb pipes）というアイデアに基づい

[*12] https://blog.christianposta.com/microservices/api-gateways-are-going-through-an-identity-crisis/
[*13] https://martinfowler.com/articles/microservices.html#SmartEndpointsAndDumbPipes

て構築されるべきであるという考えは広く受け入れられるようになりましたが、多言語スタック（polyglot language stack）の普及により、言語に依存しない方法で横断的機能を提供するマイクロサービスゲートウェイが出現してきました（詳細は次節で紹介します）。

3.10　APIゲートウェイの分類法

ソフトウェア開発業界における用語と同様に、APIゲートウェイの定義・分類方法は、技術者によって異なっています。この技術が提供すべき機能について、幅広い合意はありますが、業界によって異なる要求や見解を持っています。このため、APIゲートウェイには複数の種類が出現し、議論されるようになっています。本節では、APIゲートウェイの新たな分類法を探り、それぞれのユースケース、長所、短所について学んでいきます。

3.10.1　従来の商用APIゲートウェイ

従来の商用APIゲートウェイは、通常、ビジネスに特化したAPIを公開・管理するユースケースを対象としています。このゲートウェイはまた、APIライフサイクル管理ソリューションと統合されていることが多く、APIを大規模にリリースし、運用し、収益化する際に不可欠な要件となっています。この分野のゲートウェイの大半がオープンソース版を提供しているかもしれませんが、一般的には、商用製品を利用する傾向が強いでしょう。

これらのゲートウェイは、通常、データストアのように、外部サービスの展開・運用を必要とします。これらの外部サービスは、ゲートウェイの正しい動作を維持するため、高い可用性を確保して実行する必要があり、これはランニングコストやDR/BC計画に織り込まれなければなりません。

3.10.2　マイクロサービスAPIゲートウェイ

マイクロサービスAPIゲートウェイの主なユースケースは、バックエンドAPIやサービスへのインバウンド通信（外→内）をルーティングすることです。従来の商用APIゲートウェイと比較すると、APIライフサイクル管理機能は提供されていないことが一般的です。この種のゲートウェイは、オープンソースとして提供され、十分な機能を備えていることが多く、また、従来の商用APIゲートウェイの簡易版として提供されることもあります。

また、APIライフサイクルデータ、レート制限数、API利用者アカウント管理などの内部管理には、Kubernetesなどのプラットフォームを利用することが多くあります。マイクロサービスAPIゲートウェイは一般的にEnvoyのような最新のプロキシ技術を利用して構築されているため、サービスメッシュ（特に同じプロキシ技術を利用して構築されたサービス）との統合に優れています。

92 │ 3章 APIゲートウェイ：外部トラフィック管理

3.10.3 サービスメッシュ*14 ゲートウェイ

サービスメッシュに含まれるインバウンドゲートウェイやAPIゲートウェイは、通常、外部トラフィックをメッシュにルーティングするというコア機能のみを提供するように設計されています。このため、認証やIDプロバイダソリューションへの統合、WAFなどの他のセキュリティ機能への統合など、商用製品でよく提供される機能の一部が提供されないケースが多くあります。

サービスメッシュゲートウェイは、通常、独自の内部実装またはプラットフォーム（Kubernetesなど）が提供する実装を利用し、状態を管理します。この種のゲートウェイは、関連するサービスメッシュ（および運用要件）と暗黙のうちに結合しているため、サービスメッシュの導入をまだ計画していない場合、APIゲートウェイの最初の選択肢としては適していないことがほとんどです。

3.10.4 APIゲートウェイの比較

表3-3は、6種類の重要な基準を使い、最も広く展開されている3種類のAPIゲートウェイの違いを比較しています。

表3-3 APIゲートウェイの比較

ユースケース	従来の商用APIゲートウェイ	マイクロサービスAPIゲートウェイ	サービスメッシュゲートウェイ
主目的	内部ビジネスAPIと関連サービスを公開・構成・管理する。	内部ビジネスサービスを公開・構成・管理する。	内部サービスをメッシュ上に公開する。
公開機能	API管理チームまたはサービスチームは、管理APIを介してゲートウェイを登録・更新する（成熟した組織では、デリバリーパイプラインによって実現する）。	サービスチームは、デプロイメントプロセスの一環として、宣言型コードによってゲートウェイを登録・更新する。	サービスチームは、デプロイメントプロセスの一環として、宣言的コードによってメッシュとゲートウェイを登録・更新する。
モニタリング	管理者・運用担当者向け（例：利用者ごとのAPI呼び出しの計測、エラー報告〈Internal 500番台エラー〉）。	開発者向け（例：レイテンシ、トラフィック、エラー、飽和状態など）。	プラットフォーム管理向け（例：利用率、飽和状態、エラーなど）。
ハンドリングとデバッグ	L7エラー処理（例：カスタムエラーページ）。トラブルシューティングのため、ログを追加してゲートウェイ／APIを実行し、ステージング環境で問題のデバッグを行う。	L7エラー処理（例：カスタムエラーページ、フェイルオーバー、ペイロード）。問題をデバッグするため、より詳細なモニタリングを設定し、トラフィックシャドーイング*15 やカナリアリリースを有効にして、問題を再現する。	L7エラー処理（例：カスタムエラーページやペイロード）。トラブルシューティングのため、より詳細なモニタリングを設定し、特定のサービス間通信を表示・デバッグするため、トラフィックタッピング（Traffic Tapping）を利用する。

---

*14 https://www.idcf.jp/words/service-mesh.html

*15 訳注：トラフィックシャドーイング（Traffic Shadowing）とは、カナリアリリースとブルーグリーンデプロイメントに近い考え方です。本番環境への通信を、テストのためにステージング環境などのテスト環境へ複製し、問題点を洗い出すことが可能です。くわしくは、以下の記事（https://www.getambassador.io/docs/edge-stack/latest/topics/using/shadowing）を参照してください。また、5章でよりくわしく説明します。

ユースケース	従来の商用APIゲートウェイ	マイクロサービスAPIゲートウェイ	サービスメッシュゲートウェイ
テスト	QA環境、ステージング環境、本番環境など複数の環境を運用する。自動化された統合テストとゲーティングされたAPIデプロイメント。互換性・安定稼働のため、利用者主導のAPIバージョン管理を利用する（例：semver）。	動的テストのため、カナリアリリース[*16]とダークローンチ[*17]を利用する。アップグレード管理にコントラクトテストを利用する。	動的テストのため、カナリアリリースを利用する。
ローカル開発	ゲートウェイをローカルにデプロイし（インストールスクリプト、Vagrant、またはDocker経由）、本番環境とのインフラの違いを緩和する。言語固有のゲートウェイのモックやスタビングフレームワークを利用する。	サービス管理プラットフォーム（例：コンテナ、Kubernetesなど）を介してゲートウェイをローカルにデプロイする。	サービス管理プラットフォーム（例：Kubernetesなど）を介して、サービスメッシュをローカルにデプロイする。
ユーザエクスペリエンス	Webベースの管理UI、開発者ポータル、サービスカタログ	IaCまたはCLI駆動で、シンプルな開発者ポータルとサービスカタログ	IaCまたはCLI駆動で、サービスカタログは限定的

3.11　ケーススタディ：APIゲートウェイを利用したカンファレンスシステムの進化

　このセクションでは、モノリシックなカンファレンスシステムから抽出されたAttendeeサービスに直接通信をルーティングするAPIゲートウェイをインストールし、設定する方法を学びます。236ページで紹介する人気のクラウド設計パターンである「8.5.1　ストラングラーフィグ」（Strangler Fig）を適用し[*18]、既存のシステムの一部を、独立したデプロイ可能で実行可能なサービスとして徐々に抽出するアプローチを利用します。モノリスからマイクロサービスベースのアーキテクチャへ、時間をかけてシステムを進化させます。図3-9は、APIゲートウェイを追加したカンファレンスシステムアーキテクチャの概要を示しています。

[*16] 訳注：カナリアリリースについては、5章でくわしく説明します。

[*17] 訳注：ダークローンチについては、5章でくわしく説明します。

[*18] 訳注：一言でいえば、機能の特定部分を新しいアプリケーションやサービスに徐々に置き換えることで、レガシーシステムを段階的に移行するアプローチを意味します。8章でくわしく説明します。

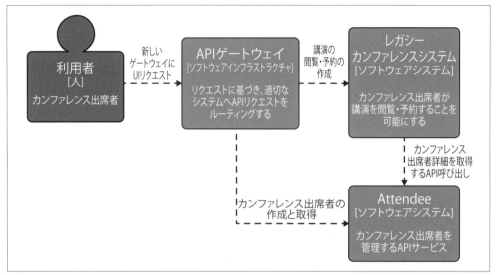

図3-9 モノリスから独立して実行されるAttendeeサービスへのルーティングにAPIゲートウェイを利用する

　多くの組織は、サービスを抽出することでこのような移行を開始しますが、モノリシックなアプリケーションに、外部で実行されるサービスのルーティングや、その他の機能横断的な懸念を実行させます。モノリスは内部機能のため、当該機能を提供しなければならないので、これ自体は簡単な選択です。しかし、この場合、モノリスとサービスが密結合し、すべての通信がモノリシックなアプリケーションを経由して流れ、モノリスの展開頻度によって構成頻度が決定されることになります。トラフィック管理の観点から、モノリシックなアプリケーションへの負荷増大と、失敗した場合の影響範囲[19]（blast radius）増大の両方が、運用コストを高くする可能性があります。また、遅いリリースサイクルやデプロイの失敗によって、ルーティング情報や機能横断的な設定の更新が制限されると、開発サイクルがスピード感をもって回らなくなります。このため、特に比較的短い時間スケールで多くのサービスを抽出する予定がある場合、モノリスを利用して通信をルーティングすることは一般的にお勧めしません。

　ゲートウェイが高可用性を確保しながらデプロイされ、開発者がルーティングと設定を管理するためにゲートウェイの設定画面へ直接アクセスできる限り、アプリケーションのルーティングと機能横断的な懸念をAPIゲートウェイに抽出・集中させれば、安全性とリリース速度の両方を得られます。それでは、カンファレンスシステム内にAPIゲートウェイを導入し、これを利用して新しいAttendeeサービスへルーティングする実践的な例を説明します。

---

[19] 訳注：blast radiusを直訳すると、爆発の発生時に、影響を受ける爆発源からの距離を意味する「爆発半径」を意味します。転じて、ITの世界では影響範囲や障害範囲の意味で利用されます。

3.11.1　KubernetesへのAmbassador Edge Stackのインストール

カンファレンスシステムはKubernetesクラスタにデプロイしているため、コマンドラインユーティリティの利用だけでなく、YAML configの適用やHelmの利用など、Kubernetesネイティブの標準的なアプローチでAPIゲートウェイを簡単にインストールすることができます。例えば、Ambassador Edge Stack APIゲートウェイ[20]は、Helmを利用してインストールすることができます。このAPIゲートウェイの導入と設定が完了したら、Host configuration tutorial[21]に従うことで、Let's EncryptのTLS認証を簡単に取得することができます。

APIゲートウェイが稼働し、HTTPS接続を提供することで、カンファレンスシステムアプリケーションは、TLS接続の終了や複数のポートのリッスンに気を配る必要がなくなります。同様に、認証やレート制限も、アプリケーションの再設定やデプロイをすることなく、簡単に設定することができます。

3.11.2　URLパスからバックエンドサービスへのマッピングを構成する

Ambassador Edge Stack Mapping Custom Resource[22]を利用して、Kubernetesクラスタ内の「legacy」ネームスペースで動作し、ポート8080で待ち受けするconferencesystemサービスにドメインのルートをマッピングできるようになります。このマッピングは、Webアプリケーションやリバースプロキシがユーザリクエストを受け付けるように設定したことがある人にはなじみがあるはずです。メタデータはマッピングの名前を提供し、プレフィックスはターゲットサービスにマッピングされるパス（この場合は「/」ルート）を決定します。（<サービス名>.<名前空間>:<ポート>の形式）。以下はその例です。

```
---
apiVersion: getambassador.io/v3alpha1
kind: Mapping
metadata:
  name: legacy-conference
spec:
  hostname: "*"
  prefix: /
  rewrite: /
  service: conferencesystem.legacy:8080
```

別のマッピングを追加して、「/attendees」パスに送られる通信を、モノリスから抽出された新しい（NextGen）Attendeesマイクロサービスにルーティングすることができます。マッピングに含ま

---

[20] https://www.getambassador.io/docs/edge-stack/latest/tutorials/getting-started
[21] https://www.getambassador.io/docs/edge-stack/latest/topics/running/host-crd
[22] https://www.getambassador.io/docs/emissary/latest/topics/using/intro-mappings

れる情報は、前例と同じように見えるはずです。ここでは、対象となるAttendeeサービスを呼び出す前に、URLメタデータ内で一致するprefixパスを「書き換える」マッチング処理が、rewriteによって指定されています。これにより、Attendeeサービスでは、リクエストは"/"パスから発生したとみなされ、パスの"/attendees"部分が効果的に取り除かれます。

```
---
apiVersion: getambassador.io/v3alpha1
kind: Mapping
metadata:
  name: legacy-conference
spec:
  hostname: "*"
  prefix: /attendees
  rewrite: /
  service: attendees.nextgen:8080
```

　新しいマイクロサービスが従来のアプリケーションから抽出されるたび、追加のマッピングを作成するこのパターンを継続することができます。マッチングする接頭辞（prefix）は、入れ子にしたり（例：/attendees/affiliation）、正規表現を使ったり（例：/attendees/^[a-z].*"）することができます。最終的に従来のアプリケーションは、ほんの一握りの機能を持つ小さなサービスとなり、その他の機能はすべてマイクロサービスによって処理され、それぞれ独自のマッピングを持つようになります。

3.11.3　ホストベースルーティングを利用したマッピング設定

　多くのAPIゲートウェイでは、ホストベースのルーティング（例：host: attendees.conferencesystem.com）を実行できます。これは、新しいサービスをホストするために新しいドメインまたはサブドメインを作成する必要がある場合に便利です。Ambassador Edge Stack Mappingsを利用した例を以下に示します：

```
---
apiVersion: getambassador.io/v3alpha1
kind:  Mapping
metadata:
  name:  attendees-host
spec:
  hostname: "attendees.conferencesystem.com"
  prefix: /
service: attendees.nextgen:8080
```

　最近のAPIゲートウェイの多くは、パスやクエリ文字列に基づくルーティングもサポートしています。どのような要件であれ、また現在のインフラストラクチャの制限でどうであれ、従来のアプリケーションと新しいサービスの両方へのルーティングを容易に行うことができるはずです。

リクエストのペイロードに基づくルーティングを避ける
APIゲートウェイの中には、リクエストのペイロードやボディに基づいたルーティングを可能にできるものもあります。しかし、2つの理由からこれは避けるべきです。第一に、ドメイン固有の情報をAPIゲートウェイに設定する必要があり、不要な情報漏洩につながります（例えば、アプリケーションごとに変化するスキーマ／コントラクトに適用するため、ゲートウェイとペイロードの同期を必要とする可能性があります）。第二に、ルーティングに必要な情報を抽出するため、大きなペイロードを解析するのは、計算リソースと時間的コストを多く消費するためです。

3.12　APIゲートウェイのデプロイ：失敗を理解し管理する

　システム内のゲートウェイの展開パターンや数にかかわらず、APIゲートウェイは通常、システムに入るユーザリクエストの多く（すべてではないにしても）のクリティカルパスにあります。エッジに配置されたゲートウェイが停止すると、通常、システム全体が利用できなくなります。また、さらに上流に配置されたゲートウェイが停止すると、一部のコアサブシステムが利用できなくなります。このため、APIゲートウェイの障害を理解し、管理することは、学ぶべき極めて重要なことです。

3.12.1　APIゲートウェイが単一障害点になる場合

　標準的なWebベースのシステムでは、最初に明らかになる単一障害点（Single Point of Failure）は、一般的にDNSです。DNSは外部で管理されていることが多いのですが、これが故障するとサイトが利用できなくなるという事実からは逃れられません。次の単一障害点は、通常、グローバルおよび地域に配置されたレイヤ4ロードバランサであり、導入場所や構成によっては、ファイアウォールやWAFなどのセキュリティコンポーネントになります。

　次の単一障害点になるレイヤは、通常、APIゲートウェイです。ゲートウェイに依存する機能が多ければ多いほど、リスクは大きくなり、停止した場合の影響も大きくなります。APIゲートウェイはソフトウェアのリリースに関わることが多いため、設定も常に更新されます。問題を検知して解決し、リスクを軽減できることが重要です。

セキュリティの単一障害点に関する想定を覆す
製品、導入、構成によっては、セキュリティ構成の一部が「フェイルオープン」（Fail Open）になることがあります。つまり、コンポーネントに障害が発生した場合、通信は単に上流のコンポーネントまたはバックエンドに渡されます。可用性が最も重要な目標であるシナリオでは、これが望ましいのですが、金融や政府のシステムなどでは、そうでない場合がほとんどです。現在のセキュリティ要件を踏まえ、こうした検討を行う必要があります。

3.12.2　問題の検知と認知

問題を検知するための最初の段階は、監視システムから適切なシグナル（例：メトリクス、ログ、トレースなどのデータ）を収集し、それにアクセスできることを確認することです。重要なシステムについては、そのシステムを所有し、問題に対して責任を持つチームを明確に定義すべきです。チームは、サービスレベル目標（SLO）を伝え、それを内外の利用者に対するサービスレベル合意書（SLA）として文書化する必要があります。

補足：オブザーバビリティ、アラート、SRE

オブザーバビリティの概念を初めて学ぶ場合は、Brendan Gregg氏のUSEメソッド（Utilization・Saturation・Errors）[23]、Tom Wilkie氏のREDメソッド（Rate・Errors・Duration）[24]、Googleのモニタリングの4つのゴールデンシグナル[25]についてくわしく学ぶことをお勧めします。関連する組織の目標やプロセスについてくわしく知りたい場合は、GoogleのSite Reliability Engineering（SRE）の書籍[26]をお勧めします。

3.12.3　インシデントと問題の解決

まず何よりも、システム内で動作する各APIゲートウェイには、そのコンポーネントに何か問題が発生した場合に責任を持つオーナーが必要です。小規模な組織では、それは基礎となるサービスにも責任を持つ開発者またはSREチームかもしれません。大規模な組織では、専門の基盤チームかもしれません。APIゲートウェイはリクエストのクリティカルパス上にあるため、このオーナーチームは適宜オンコール対応する必要があります（これは24時間365日かもしれません）。オンコールチームは、可能な限り迅速に問題を解決すると同時に、何が問題だったのかを知るために十分な情報を収集する（あるいはシステムや設定を分析して、隔離する）という負荷の高いタスクに直面することになります。

---

[23] 訳注：システムパフォーマンスを分析する方法論で、すべてのリソースについて、利用率（Utilization）、飽和状態（Saturation）、エラー（Error）を確認することを提唱したメソッド。よりくわしくは、以下のURLを参照してください。
https://www.brendangregg.com/usemethod.html

[24] 訳注：マイクロサービスアーキテクチャの重要な監視指標として、リクエストのレート（Rate）、エラー（Error）、継続時間（Duration）を測定する必要があるとする方法論。くわしくは、以下のURLを参照してください。
https://www.weave.works/blog/the-red-method-key-metrics-for-microservices-architecture/

[25] 訳注：Google SREチームが提唱。測定すべき監視指標として、レイテンシ（Latency）、通信（Traffic）、エラー（Error）、飽和状態（Saturation）を挙げています。よりくわしくは、以下のURLを参照してください。
https://sre.google/sre-book/monitoring-distributed-systems/#xref_monitoring_golden-signals

[26] 訳注：英語版は以下のURLで公開されています。また、日本語版は、『SRE サイトリライアビリティエンジニアリング―Googleの信頼性を支えるエンジニアリングチーム』（オライリー・ジャパン刊、2017年）を参照してください。
https://sre.google/sre-book/table-of-contents/

インシデントが発生した場合、組織は建設的な振り返り（postmortem analysis）を行い、すべての学びを文書化して共有するよう努めなければなりません。この情報は、問題の再発を防ぐために利用できるだけでなく、システムを学ぶ技術者や、同様の技術・課題に取り組む社外のチームにとって非常に有用です[*27]。

3.12.4 リスク低減

ユーザリクエストを処理するためにクリティカルパス上にあるコンポーネントは、コストと運用の複雑さを考慮して実用的な範囲で高可用性を確保する必要があります。ソフトウェアアーキテクトやテクニカルリーダーはトレードオフに対処しますが、この種のトレードオフは最も困難なものの1つです。APIゲートウェイの世界では、高可用性は通常、複数のインスタンスを実行することから始まります。オンプレミス、あるいは同じ場所にデプロイされたインスタンスでは、複数の（冗長な）ハードウェアアプライアンスを運用することになり、理想的には別々の場所に分散して配置します。クラウドでは、複数のアベイラビリティゾーン／データセンタ／リージョンでAPIゲートウェイのインスタンスを設計・運用することになります。APIゲートウェイインスタンスの前に（グローバルな）ロードバランサを配置する場合、ヘルスチェックとフェイルオーバー[*28]プロセスを適切に構成し、定期的にテストする必要があります。これは、APIゲートウェイがアクティブ／パッシブ構成[*29]や、リーダー／ノード構成[*30]で実行される場合に特に重要です。

ロードバランサからAPIゲートウェイへのフェイルオーバープロセスは、サービス継続に関連するすべての要件を満たしていることを確認しなければなりません。フェイルオーバーイベント中に経験する一般的な問題には、以下のようなものがあります。

- バックエンドの状態が正しく移行されず、スティッキーセッション[*31]の失敗を引き起こすなど、ユーザクライアントの状態管理の問題が発生します。
- 地理的な条件に基づいてクライアントがリダイレクトされないため、パフォーマンスが低下します（例えば、アメリカ東海岸のデータセンタが稼働しているのに、ヨーロッパのユーザが西海岸にリダイレクトされます）。

[*27] もしこの分野にくわしくなければ、「Learning from Incidents」を読むことから始めましょう。
https://www.learningfromincidents.io/
[*28] 訳注：稼働中のシステムで問題が生じてシステムやサーバが停止した際、自動的に待機システムに切り替える仕組み。
[*29] 訳注：アクティブ／パッシブ構成とは、高可用性を確保する冗長化構成の一つで、同じ機能を持つシステムを複数用意し、そのうちの一部を待機状態にしておく方式のこと。
[*30] 訳注：リーダー／ノード構成とは、リーダーノードと呼ばれるノードがタスクを受け付け、その配下に用意されたコンピューティングノード（Compute Node）にタスクを割り当てる方式のこと。
[*31] 訳注：スティッキーセッション（Sticky Session）とは、ロードバランサ（負荷分散装置）の機能の1つで、セッションが続いている間は同じクライアントを同じサーバへ誘導する機能を意味します。

100 | 3章　APIゲートウェイ：外部トラフィック管理

- リーダー選出コンポーネント[*32]の不具合によりデッドロックが発生し、すべてのバックエンドシステムが利用できなくなるなど、意図しないカスケード障害[*33]が発生します。

3.13　APIゲートウェイ実装で陥りがちな落とし穴

「どんな技術も銀の弾丸ではない」ことはすでにおわかりかと思いますが、技術に関する格言には、「技術のハンマーを持つと、すべてがくぎに見える」[*34]というものもあります。これはAPIゲートウェイの「ハンマー」にも言えることで、APIゲートウェイには落とし穴やアンチパターンがいくつかあり、常にこれらを回避することを目指さなければなりません。

3.13.1　APIゲートウェイのループバック

　一般的な落とし穴と同様に、このパターンの実装は「良かれと思って」始まることが多いです。組織がいくつかのサービスしか持っていない場合、サービスメッシュのインストールを正当化することは通常ありません。しかし、サービスメッシュ機能の一部、特にサービス検出が必要な場合があります。簡単な実装は、全サービス場所の公式ディレクトリを維持するエッジまたはAPIゲートウェイを経由して、すべての通信をルーティングすることです。この段階で、このパターンは「ハブとスポーク」のネットワーク図に似ています。この場合の課題は2つの形で現れます。第一に、すべてのサービス間通信がネットワークを離れてからゲートウェイを経由して再び入る場合、パフォーマンス、セキュリティ、コストに関する懸念が生じることです（クラウドベンダーは、内→外のアウトバウンド通信、およびアベイラビリティゾーン間の通信に課金することが多いためです）。第二に、ゲートウェイに負荷が集中してボトルネックとなり、単一障害点となってしまうため、このパターンは一定のサービス以上に拡張できないことです。また、このパターンは複数のサイクルによって、各コールで何が起こったかを理解することが困難になるため、オブザーバビリティに複雑さを与える可能性があります。

　2つのマッピングを設定したカンファレンスシステムの現状を見ると、この問題の発生を確認することができます。ユーザリクエストなどの外部トラフィックは、APIゲートウェイによって目的のサービスへ正しくルーティングされています。しかし、従来のアプリケーションは、どのように

[*32] 訳注：リーダー選出（Leader Election）とは、分散システム実装に一般的に適用されるパターンで、選定したリーダーシステム・ノードに特別な権限を与えるという考え方です。特別な権限には、作業を割り当てる機能、データの一部を変更する機能、またはシステム内のすべてのリクエストを処理する責任などが含まれます。

[*33] 訳注：カスケード障害（Cascading Failure）は、システムの一部に障害が発生したことで、時間の経過とともにシステムの他の部分にも障害が連鎖していく障害を意味します。

[*34] 訳注：この格言の元ネタは、欲求5段階説で有名な心理学者アブラハム・マズロー（Abraham Harold Maslow）が確証バイアスを示すために提唱した「道具の法則」（Law of the Instrument）です。これは、マズローのハンマー、ゴールデンハンマーとも呼ばれます。
https://en.wikipedia.org/wiki/Law_of_the_instrument

してAttendeeサービスを発見するのでしょうか？　多くの場合、最初に思いつくアプローチは、すべてのリクエストを公開アドレスでアクセス可能なゲートウェイを経由して戻すことです（例えば、従来のアプリケーションはwww.conferencesystems.com/attendeesを呼び出します）。その代わりに、従来のアプリケーションは、何らかの形で内部サービス発見メカニズムを利用し、内部リクエストのすべてを内部ネットワーク内に保持する必要があります。これを実装するためのサービスメッシュの利用方法については、次章でくわしく説明します。

3.13.2　ESB[*35]としてのAPIゲートウェイ

　APIゲートウェイの多くは、プラグインやモジュールを作成することで機能を拡張できます。NGINXはLuaモジュールをサポートしており、OpenRestyとKongはこれを利用しています。Envoy ProxyはもともとC言語の拡張機能をサポートしていましたが、現在はWebAssemblyもサポートしています。そして、NetflixのZuul APIゲートウェイのオリジナル実装がGroovyスクリプトによる拡張をサポートしていたことは、「3.9.5　2015年以降：第二世代のAPIゲートウェイ」（89ページ）で説明した通りです。これらのプラグインによって実現されるユースケースは、認証と認可、フィルタリング、ロギングなど、非常に多岐にわたります。しかし、これらのプラグインには、（その拡張性ゆえに）ビジネスロジックも入れたいという誘惑に駆られることがあります。しかし、これはゲートウェイとサービスやアプリケーションを密結合させてしまう悪手であり、潜在的に脆弱なシステムを構築してしまう可能性があります。なぜなら、1つのプラグインの変更が組織全体に波及したり、対象サービスとプラグインを同期してデプロイしなければならなくなり、リリース時にさらなる摩擦が生じたりするためです。

3.13.3　"ずっと下まで亀（APIゲートウェイ）が続いているのよ"[*36]

　1台のAPIゲートウェイが機能するのであれば、もっと多くのAPIゲートウェイがあればさらに便利ですよね？　大規模な組織では、複数のAPIゲートウェイが階層的に、あるいはネットワークや部門に基づいてセグメント化するために導入されているケースをよく見かけます。その考え方は一般的に良いものです。社内のビジネスラインにカプセル化を提供するため、あるいは各ゲートウェイへの責任・関心を分離するためです（例えば、「これはトランスポートセキュリティゲートウェイ、これは認証ゲートウェイ、これはロギングゲートウェイ……」という具合です）。よくある落

[*35]　訳注：ESBとは、エンタープライズサービスバス（Enterprise Service Bus）の略で、企業内のアプリケーションやシステム間におけるデータ交換やサービス提供をサポートするアーキテクチャ・統合技術です。

[*36]　訳注：原文は"Turtles (API Gateways) All the Way Down"というタイトルなのですが、これはスティーヴン・ホーキング博士の著書『ホーキング、宇宙を語る─ビッグバンからブラックホールまで』（早川書房刊）で有名になったフレーズです。もとは、世界は平らな背中を持つ亀に支えられており、その亀はさらに大きな亀の背中に乗っているという神話に基づきます。
https://en.wikipedia.org/wiki/Turtles_all_the_way_down

とし穴は、変更コストが高すぎる際に頭をもたげます。例えば、単純なサービスのアップグレードをリリースするために多数のゲートウェイチームと調整しなければならない、構成を把握しづらい（＝トレース機能はだれが管理しているか？）、ネットワークホップごとに当然コストが発生するためパフォーマンスに影響がある、などが挙げられます。

3.14　APIゲートウェイの選択

　APIゲートウェイが提供する機能、技術の歴史、そしてAPIゲートウェイがシステム全体のアーキテクチャにどのように適合するかについて学んだところで、次は予算に大きな影響がある質問を考えていきましょう。それは、「スタックに含めるAPIゲートウェイをどう選ぶのか？」という点です。

3.14.1　要求事項を特定する

　新しいソフトウェアデリバリーや基盤プロジェクトにおける最初のステップの1つは、関連する要件を特定することです。これは当たり前のことのように見えますが、ピカピカの技術や魔法のようなマーケティング、あるいは優れた販売パンフレットに惑わされることはよくあります！

　「3.8　なぜAPIゲートウェイを使うのか」（78ページ）を参照し、選択プロセスで考慮すべき要件をより詳細に調べてみてください。現在の問題点と将来のロードマップの両方に焦点を当てた検討をすることが重要です。

3.14.2　構築 vs. 購入

　APIゲートウェイを選択する際によく議論されるのが、「構築すべきか？　購入すべきか？」（Build vs. Buy?）というジレンマです。これはAPIゲートウェイに限った話ではありませんが、APIゲートウェイを通じて提供される機能性から、エンジニアの中には、既存のベンダよりも「うまく」構築できる、あるいは自分の組織は「特別」であり、カスタム実装によって利益を得ることができるといった考えに傾倒してしまう人がいます。一般的に、APIゲートウェイのコンポーネントは十分に確立されており、独自に構築するよりも、オープンソースの実装や商用ソリューションを採用するのが一般的です。ソフトウェアデリバリー技術における「構築すべきか？　購入すべきか？」についてケーススタディを紹介すると本が一冊書けてしまうため、本セクションでは、一般的な課題をいくつか取り上げるに留めたいと思います。

> **総所有コスト（TCO）の過小評価**
>
> 　多くのエンジニアは、ソリューションのエンジニアリングコスト、継続的なメンテナンスコスト、および継続的な運用コストを割り引いて考えています。

機会費用に関する考慮不足

クラウドやプラットフォームのベンダでない限り、カスタムAPIゲートウェイが競争上の優位性をもたらす可能性は極めて低いでしょう。自社の価値提案に近い機能を構築することで、顧客により多くの価値を提供することができます。

製品が持つ現在の技術的ソリューションの情報不足

オープンソースと商用のプラットフォームコンポーネントはどちらも変化が速く、最新の情報を入手するのは難しいかもしれません。しかし、これは技術リーダーとしての重要な役割です。

3.14.3　ADRガイドライン：APIゲートウェイの選択

表3-4に、現在の組織やプロジェクト内で、どのAPIゲートウェイを実装するかを決定するのに役立つ、一連のADRガイドラインを提供します。

104 | 3章　APIゲートウェイ：外部トラフィック管理

表3-4　ADRガイドライン：APIゲートウェイ選択チェックリスト

決定事項	自組織のAPIゲートウェイの選定に、どのようにアプローチを採用すべきでしょうか？
論点	APIゲートウェイの選定に関連するすべての要件を特定し、優先順位を付けましたか？ 組織内で、この分野で展開されている現在の技術ソリューションを確認しましたか？ チームや組織の制約をすべて把握していますか？ この決定に関連する将来のロードマップを検討したことがありますか？ 「構築 vs. 購入」のコストを計算・比較しましたか？ 現在の技術動向を調査し、利用可能なすべてのソリューションを把握しましたか？ 分析と意思決定において、関係するすべてのステークホルダーに相談し、情報を提供しましたか？
推奨事項	APIとシステムの結合を減らす、利用を単純化する、APIを過剰利用や悪用から守る、APIがどのように利用されるかを理解する、APIを製品として管理する、APIを収益化するといった要件に焦点を当てます。 主な質問は、以下の通りです。 ・既存の API ゲートウェイが利用されていますか？ ・似たような機能を提供する技術の集合体（例えば、認証やアプリケーションレベルのルーティングを行うモノリシックなアプリと組み合わせたハードウェアロードバランサなど）は存在しますか？ ・現在、エッジスタックを構成するコンポーネントはいくつありますか（例：WAF、LB、エッジキャッシュなど）？ チーム内の技術スキルレベル、APIゲートウェイのプロジェクトに携われる人材の有無、利用可能なリソースと予算などに着目します。 トラフィック管理やAPIゲートウェイが提供するその他の機能に影響を与える計画変更、新機能、現在の目標などをすべて確認することが重要です。 現在のAPIゲートウェイの実装、および将来の潜在的なソリューションのすべてについて、総所有コスト（TCO）を計算します。 著名なアナリスト、トレンドレポート、製品レビューなどを参考に、現在利用可能なソリューションの全容を理解します。 APIゲートウェイの選択と導入は、多くのチームや個人に影響を与えます。開発者、QA、アーキテクチャレビュー委員会、プラットフォームチーム、セキュリティチームなどと必ず相談する必要があります。

3.15　まとめ

　この章では、APIゲートウェイとは何かを学び、Webベースのソフトウェアスタックに不可欠なこのコンポーネントが現在提供する機能へと進化するに至った歴史的背景を探りました。

- APIゲートウェイがシステムの移行・進化に非常に役立つツールであることを学び、カンファレンスシステムのユースケースから抽出されたAttendeeサービスへのルーティングとして、APIゲートウェイを利用する方法を実際に経験しました。

- APIゲートウェイの現在の分類法とその展開モデルを検討し、すべてのユーザ通信がエッジゲートウェイを経由するアーキテクチャにおいて、潜在的な単一障害点の管理方法について検討しました。

- システムのエッジでインバウンド通信を管理する概念をもとに、サービス間通信について学び、APIゲートウェイを機能性の低い商用サービスバス（ESB）として展開するような、一

般的な落とし穴を回避する方法について学びました。

- これらの知識を組み合わせることで、現在のユースケースに対してAPIゲートウェイを選択する際に、効果的な選択をする上で重要な検討ポイント、制約、要件を学びました。
- ソフトウェアアーキテクトや技術リーダーが行わなければならない多くの決定と同様に、明確な正解はありませんが、避けるべき悪手が多数あることを示しました。

　APIゲートウェイが外部トラフィック（north-south）を管理するために提供する機能、および関連するAPIについて説明してきました。次の章では、サービス間通信（east-west）を管理するためのサービスメッシュの役割について説明します。

4章

サービスメッシュ：
サービス間トラフィック管理

　前章では、APIゲートウェイを利用してAPIを公開し、エンドユーザや他の外部システムからの外部トラフィックに対して信頼性を高める方法を説明しました。オブザーバビリティを確保し、安全に管理する方法について説明しました。4章では、内部API、すなわちサービス間通信を管理する方法を学びます。

　簡単に言えば、**サービスメッシュは、サービス間通信をルーティング、監視、保護する機能を提供**します。しかし、この技術の採用も検討すべきことが複数あります。すべてのアーキテクチャにはトレードオフがあります。アーキテクトの役割を果たす上で、フリーランチは存在しません。

　この章では、レガシーカンファレンスシステムから講演機能（セッション）を抽出し、新しい内部向けのSessionサービスにすることで、ケーススタディを発展させます。この際、既存のモノリシックアーキテクチャを採用したレガシーカンファレンスシステムとともにデプロイ・実行される新しいサービスと、APIを作成・抽出することによって発生するコミュニケーションの課題について学びます。前章で紹介したAPIとトラフィック管理のテクニックはすべてここで適用されますので、新しいSessionサービスを公開するためにAPIゲートウェイを利用するのが自然な流れかもしれません。しかし、要件を考えると、これは最適な解決策ではない可能性があります。そこで、サービスメッシュパターンと関連する技術が、最適なアプローチを提供できます。

4.1　サービスメッシュは唯一の解決策なのか？

　実際には、ほとんどのWebアプリケーションは、データベースと連動するモノリシックアプリケーションであっても、サービス間通信を行う必要があります。

　このため、この種の通信を管理する解決策は昔から存在しています。最も一般的なアプローチは、

ソフトウェア開発キット（SDK）ライブラリやデータベースドライバなど、言語固有のライブラリを利用することです。これらのライブラリは、アプリケーションベースの呼び出しをサービスAPIリクエストにマッピングし、通常はHTTPまたはTCP/IPプロトコルを利用して対応する通信を管理します。近年のアプリケーション設計はサービス指向アーキテクチャ（SOA）を採用しているため、サービス間通信の領域は拡大しています。ユーザのリクエストを満たすために、サービスが別のサービスAPIを呼び出すことは、非常に一般的な要件です。通信のルーティングメカニズムを提供するだけでなく、信頼性、オブザーバビリティ、およびセキュリティも常に必要とされます。

この章全体を通じて学ぶ通り、ライブラリやサービスメッシュはいずれも、サービス間通信要件を満たす解決策となります。特に企業のコンテキスト内でサービスメッシュの急速な普及が見られ、利用者とAPI提供者の数が増えるにつれて、サービスメッシュが最もスケーラブルで保守性があり、安全な選択肢になりつつあります。そのため、この章ではサービスメッシュパターンに焦点を当てます。

4.2　ガイドライン：サービスメッシュを導入すべきか？

表4-1は、組織内でサービスメッシュ技術を導入すべきかどうかを判断するのに役立つ、一連のADRガイドラインです。

表4-1　ADRガイドライン：サービスメッシュまたはライブラリのガイドライン

決定事項	サービス通信のルーティングにサービスメッシュまたはライブラリを利用すべきでしょうか？
論点	組織内で単一のプログラミング言語を利用していますか？ REST、あるいはRPCのようなシンプルなサービス間通信のために単純なサービス間ルーティングのみが必要ですか？ 認証、承認、レート制限などの高度な機能が必要とされる機能横断的な要件はありますか？ すでに解決策を導入しているか、組織全体でネットワーク内の特定のコンポーネントを介して全通信をルーティングする必要がある場合の対策はできていますか？
推奨	組織が単一のプログラミング言語またはフレームワークの利用を指示している場合、通常は言語固有のライブラリやサービス間通信のメカニズムを活用できます。 要件に対して常に最もシンプルな解決策を利用し、既知の要件と直近の将来を考慮します。 異なるプログラミング言語や技術スタックを利用するサービス間で高度な機能横断的な要件がある場合、サービスメッシュが最適な選択肢となる可能性があります。 組織内で既存の方針、解決策、およびコンポーネントに対する適切な調査を常に実施します。

4.3　ケーススタディ：講演機能のサービスへの抽出

　カンファレンスシステムの次の進化段階として、カンファレンス出席者からの要望に焦点を当て、新しいコア機能を作成します。それは、「モバイルアプリケーションを介して利用者のカンファレンスの講演を表示および管理すること」です。

　これは大きな変更であり、ADRの作成を必要とするでしょう。表4-2は、カンファレンスシステムを所有するエンジニアリングチームによって提案されるADRの例です。

表4-2　ADR501 レガシーカンファレンスシステムからSessionサービスの分離

ステータス	提案済み
コンテキスト	カンファレンス出席者は、現行のカンファレンスシステムに新しい機能を追加するよう希望しています。マーケティングチームは、カンファレンス出席者がモバイルアプリケーションを介して講演の詳細を表示し、興味を引くきっかけを作れれば、カンファレンス出席者の参加率が増加すると考えています。マーケティングチームはまた、各講演に興味を示すカンファレンス出席者の数を知りたいと考えています。
決定事項	Sessionサービスを独立したサービスに分離する進化的ステップを踏みます。これにより、Sessionサービスに対するAPI開発が可能になり、APIをレガシーカンファレンスサービスから呼び出すことができます。また、AttendeeサービスはSessionサービスのAPIを直接呼び出すことで、モバイルアプリケーションに講演情報を提供できるようになります。
結果	既存および新機能の講演関連のクエリを処理する際、従来のアプリケーションは新しいSessionサービスを呼び出すことになります。カンファレンス出席者がカンファレンスで興味を持つ講演を表示、追加、削除したい場合、AttendeeサービスはSessionサービスを呼び出す必要があります。カンファレンス管理者が各講演に参加している人を見たい場合、Sessionサービスは各講演に参加している人を特定するためにAttendeeサービスを呼び出す必要があります。Sessionサービスはアーキテクチャ内で単一障害点になる可能性があり、Sessionサービスを実行する潜在的影響を緩和するため対策を講じる必要があります。利用者による講演の表示・管理は、カンファレンスイベント中に急増するため、大規模な通信増加を考慮する必要があり、Sessionサービスが過負荷になるか、サービスレベルを落とした状態で動作する可能性もあります。

　提案されたアーキテクチャ変更を示すC4モデルを図4-1に示します。

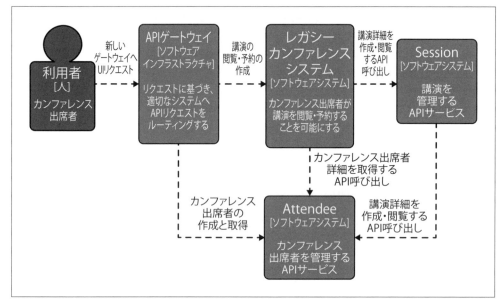

図4-1 カンファレンスシステムからSessionサービスを抽出したC4モデル

　新しいSessionサービスは外部に公開する必要はありません。ただし、ADRに記載した通り、本サービスをAPIゲートウェイ経由で公開し、レガシーカンファレンスシステムとAttendeeサービスの両方がゲートウェイの外部アドレスを介してこの新しいサービスを呼び出すように構成すれば、通信トラフィックと信頼性の要件を簡単に満たすことができます。ただし、これは「APIゲートウェイループバック」のアンチパターンの例であり、「3.13　APIゲートウェイ実装で陥りがちな落とし穴」(100ページ)で学んだ内容です。このアンチパターンは内部トラフィックがネットワークを離れる可能性があるため、パフォーマンス、セキュリティ、クラウドの利用コストに影響を及ぼすことがあります。次に、サービスメッシュがこのアンチパターンを回避しながら、新しい要件を満たすのにどのように役立つかを探りましょう。

4.4　サービスメッシュとは何か？

　基本的に、「サービスメッシュ」は分散ソフトウェアシステム内のすべてのサービス間通信(またはアプリケーション間の通信)を管理するソリューションです。サービスメッシュとAPIゲートウェイの機能には多くの類似点がありますが、主な違いは2つあります。第一に、サービスメッシュの実装は、クラスタやデータセンタ内でのサービス間、あるいは内部トラフィックを処理するために最適化されています。第二に、通信の送信側は通常、既知の内部サービスであり、ユーザのデバイスや、アプリケーションの外部で実行されないことが一般的です。

サービスメッシュ ≠ メッシュネットワーキング

サービスメッシュは、低レベルのネットワーキングトポロジーであるメッシュネットワーキング（https://en.wikipedia.org/wiki/Mesh_networking）とは異なります。メッシュネットワーキングは、IoTの文脈や災害救助など、リモートまたは通信課題があるシナリオでのモバイル通信インフラストラクチャを実装する場合に一般的になっています。サービスメッシュの実装は、既存のネットワーキングプロトコルとトポロジに基づいて構築されます。

サービスメッシュは、サービス間通信のトラフィック管理（ルーティング）、耐障害性、オブザーバビリティ、セキュリティを提供することに焦点を当てています。サービスメッシュについて聞いたことがなくても心配しないでください。本技術は、Buoyant社（https://buoyant.io）が2016年にLinkerd技術[*1]の機能を説明するために作り出した比較的新しい概念だからです。これに加えて、GoogleがスポンサーとなったIstioなどの関連技術の導入と相まって、クラウドコンピューティング、DevOps、アーキテクチャの領域で「サービスメッシュ」という用語が急速な受け入れられるようになりました。

APIゲートウェイと同様に、サービスメッシュも2つの基本要素で実装されています。それが、コントロールプレーン（Control Plane）とデータプレーン（Data Plane）です。サービスメッシュでは、これらの要素は常に別々に展開されます。コントロールプレーンは、運用担当者がサービスメッシュとやり取りし、ルート、ポリシー、必要なテレメトリを定義する場所です。データプレーンは、コントロールプレーンで指定されたすべての作業が実行され、ネットワークパケットがルーティングされ、ポリシーが適用され、テレメトリが生成される場所です。

Kubernetesクラスタ内でサービス間通信を設定する例を考えてみましょう。運用担当者は、最初にカスタムリソース構成を利用してルーティングとポリシーを定義します。例えば、ケーススタディでは、AttendeeサービスがSessionサービスを呼び出すことを指定します。この設定を、kubectlなどのコマンドラインツールや継続的デリバリーパイプラインを介してクラスタに適用します。Kubernetesクラスタ内で実行されているサービスメッシュコントローラアプリケーションがコントロールプレーンとして機能し、この構成を解析し、データプレーンを指示します。通常、データプレーンはAttendeeサービスおよびSessionサービスと一緒に実行される「サイドカー」プロキシが該当します。

[*1] Linkerdプロジェクトは、Twitter社のFinagle技術から生まれ、Twitterの分散アプリケーション構築を行う開発者向けのコミュニケーションフレームワークを提供するために構築されました。Linkerdは現在、Cloud Native Computing Foundation（CNCF）プロジェクトに進化しています。

> ## サービスメッシュのサイドカーとプロキシ
>
> サービスメッシュの文脈では、「サイドカー」と「プロキシ」という用語が同じ意味で使われている記事をよく見かけます。しかし、これは技術的に正しくありません。「サイドカー」は一般的にサービスメッシュ内でプロキシを利用して実装される汎用パターンです。したがって、「サイドカー」という言葉を使う場合は、(例えば、「サイドカープロキシ」のように)「プロキシ」という接尾辞も含めるべきでしょう。サイドカーは、オートバイのサイドカーから着想を得たもので、アプリケーションやサービスの機能を、同じネットワークとプロセス名前空間内で実行される一連の別々のプロセスに分離します。ソフトウェアアーキテクチャでは、サイドカーは親アプリケーションに取り付けられ、疎結合でその機能を拡張・強化しました。このパターンによって、言語固有のライブラリやその他のテクニックを使わず、アプリケーションに多くの機能を追加することができます。サービスメッシュ実装におけるこのパターンの進化については「4.9　サービスメッシュの進化」(124ページ) でくわしく説明します。

Kubernetesクラスタ内のすべてのサービス間通信は、通常、透過的（基盤となるアプリケーションがプロキシの関与を認識しない状態で）サイドカープロキシを介してルーティングされ、必要に応じてこの通信に対してルーティング・監視を行い、セキュリティを確保できるようにします。サービスとサービスメッシュのコントロールプレーンおよびデータプレーンのトポロジ例を、図4-2に示します。

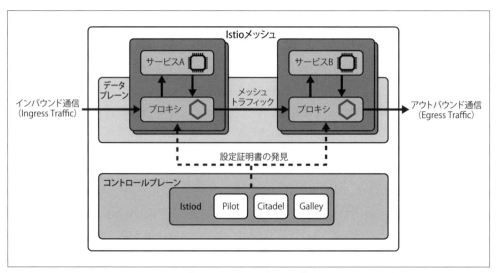

図4-2　サービスメッシュのコントロールプレーンとデータプレーン（例としてIstioを利用）

4.5　サービスメッシュはどのような機能を提供するか？

　ネットワークレベルでは、サービスメッシュプロキシはフルプロキシとして機能し、他のサービスからのすべてのインバウンド通信を受け入れ、他のサービスへのすべてのアウトバウンド通信も行います。これにはすべてのAPI呼び出しやその他のリクエストとレスポンスが含まれます。APIゲートウェイとは異なり、サービスメッシュデータプレーンからサービスへのマッピングは通常、1対1です。つまり、サービスメッシュプロキシは複数のサービスにまたがる呼び出しを集約しません。サービスメッシュは、ユーザ検証、リクエストレート制限、タイムアウト／リトライなどの横断的な機能を提供し、システム内でのオブザーバビリティの実装をサポートするためにメトリクス、ログ、トレースデータを提供できます。これこそ、Sessionサービスを抽出し、レガシーカンファレンスシステムとAttendeeサービスの両方から呼び出すことによってケーススタディを発展させるために必要な機能です。

サービスメッシュはすべてのサービス通信を傍受するためにフルプロキシを利用する

　メッシュに流入する全通信を観察し、必要な操作を実行する必要があるため、すべてのサービスメッシュプロキシは「フルプロキシ」として動作するのが一般的です。ハーフプロキシとは対照的に、フルプロキシはクライアントとサーバ間のすべての通信を操作します。基本的な違いは、フルプロキシは2つの異なるネットワークスタック（1つはクライアント側、もう1つはサーバ側）を維持し、両者をプロキシすることです。プロキシがすべての通信の中心にあることで、双方向通信を操作し、遮断し、監視し、各通信に必要なことを行えるようになります。この柔軟性のため、フルプロキシはより多くのリソースを必要とし、潜在的に通信にオーバーヘッドや遅延をもたらすというトレードオフを伴います。

　APIゲートウェイに比べて一般的ではないものの、一部のサービスメッシュはAPIライフサイクル管理を行うための追加機能を提供しています。例えば、関連するサービスカタログは、サービスAPIを利用する開発者のオンボーディングと管理を支援したり、開発者ポータルはアカウント管理とアクセス制御を提供したりします。一部のサービスメッシュは、商用のガバナンス要件を満たすため、ポリシーとトラフィック管理の監査機能も提供しています。

4.6 サービスメッシュはどこに展開されるか？

サービスメッシュは内部ネットワークまたはクラスタ内に展開されます。大規模なシステムやネットワークは通常、複数のサービスメッシュのインスタンスを展開・管理し、各メッシュは通常はネットワークセグメントまたはビジネスドメインをまたいでいます。

サービスメッシュはエッジに配置されるべきか？

サービスメッシュはクラスタ内に展開されますが、エンドポイントをDMZ内、外部システム、あるいは追加のネットワークやクラスタに公開することがあります。これらは、メッシュゲートウェイ（Mesh Gateway）、ターミネーションゲートウェイ（Terminating Gateway）、トランジットゲートウェイ（Transit Gateway）と呼ばれるプロキシを利用し、実装されることがよくあります。この種の外部ゲートウェイは通常、外部公開されているAPIゲートウェイで一般的に見られるレベルの機能を提供しません。これらのサービスメッシュゲートウェイを含むトラフィック管理が、外部トラフィック（North - South）か内部トラフィック（East - West）かについては議論があり、これは要件や必要なセキュリティポリシーなどに影響を与える可能性があります。

図4-3に、サービスメッシュネットワーキングの典型的なトポロジを示します。

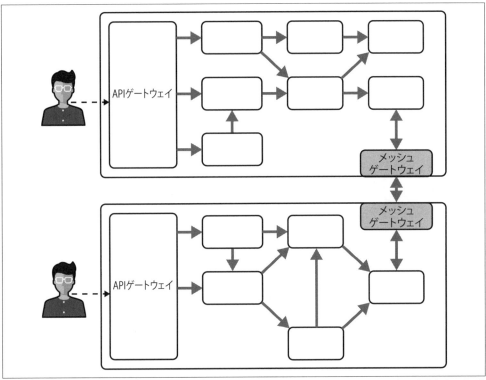

図4-3 2つのクラスタにまたがる典型的なサービスメッシュトポロジ（サービスメッシュ通信は実線矢印で示す）

4.7 サービスメッシュは他のネットワーキング技術とどのように統合されるか?

　現代のネットワーキングスタックは、特にクラウド技術を利用する場合、仮想化とサンドボックス化が複数のレイヤで実装されます。サービスメッシュは他のネットワーキングレイヤと連携して動作する必要がありますが、開発者と運用担当者は、潜在的なやり取りにも注意する必要もあります。図4-4に物理的（および仮想化された）ネットワーキングインフラストラクチャ、典型的なネットワーキングスタック、およびサービスメッシュの通信を示します。

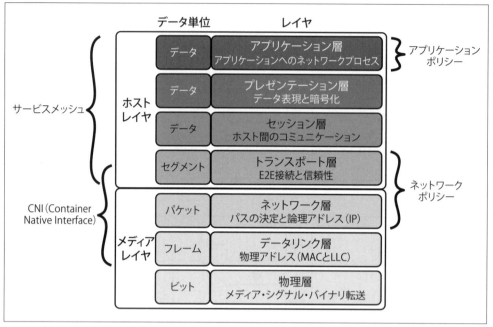

図4-4 サービスメッシュがレイヤ3とレイヤ7の間で動作することを示すOSIモデル

例として、Kubernetesクラスタにアプリケーションを展開する際、ServiceはIPアドレスにマップされた指定名を使い、同じクラスタ内の別のServiceを検出し、アドレス指定できます。基本的な通信制御セキュリティポリシーはNetworkPoliciesを利用して実装でき、これはIPアドレスとポートレベル（OSIレイヤ3または4）で通信を制御し、さらなるポリシーコントロールはクラスタのContainer Networking Interface（CNI）プラグインによって提供されます[*2]。

サービスメッシュは、デフォルトのCNIサービスからIPアドレスの解決とルーティングを上書きし、追加機能も提供します。これにはクラスタ間を透過的にルーティングすること、レイヤ3/4および7のセキュリティの施行（ユーザのアイデンティティと認可など）、レイヤ7のロードバランシング（gRPCやHTTP/2のような多重化Keepaliveプロトコルを利用している場合に便利）、およびサービス間およびネットワーキングスタック全体の可視化が含まれます。

[*2] Kubernetesのネットワーキング概念についてくわしく学ぶためには、公式ドキュメントのService、NetworkPolicies、およびContainer Networking Interface（CNI）を参照してください。
Service：https://kubernetes.io/docs/concepts/services-networking/service/
NetworkPolicies：https://kubernetes.io/docs/concepts/services-networking/network-policies/
CNI：https://github.com/containernetworking/cni

4.8　なぜサービスメッシュを利用するのか？

　APIゲートウェイを既存のアーキテクチャに展開すべき理由を検討する場合と同様、サービスメッシュを採用する理由を決めるには多面的な議論が必要です。短期的な実装の利益・コストと長期的な保守要件との間でバランスを取る必要があります。内部サービスの一部あるいは全体に対して、多くのAPI関連の機能横断的な懸念事項があります。それには、製品ライフサイクル管理（サービスの新しいバージョンを段階的にリリースする）、信頼性、多言語コミュニケーションのサポート、可視性、セキュリティ、保守性、拡張性が含まれます。サービスメッシュはこれらすべてに対応するのに役立ちます。

　本節では、サービスメッシュが対処できる主要な問題の概要を提供します。これには次のようなものがあります。

- サービスルーティング、信頼性、トラフィック管理の細かい制御を可能にする
- サービス間呼び出しの可視性を向上させる
- トランスポートの暗号化、認証、認可などを含むセキュリティを実装する
- 多言語にわたる機能横断的な通信要件をサポートする
- 外部トラフィックとサービス間のトラフィック管理を分離する

4.8.1　ルーティング、信頼性、およびトラフィック管理の細かな制御

　分散型マイクロサービスで通信をルーティングすることは、当初の想定より難しい場合があります。通常、パフォーマンス（サービス間の負荷分散）と信頼性（冗長性の提供）を向上させることを目的として、サービスの複数のインスタンスが環境に展開されます。さらに、多くの現代的なインフラストラクチャプラットフォームは、瞬時にシャットダウン、再起動、または消滅することがある「コモディティハードウェア」を利用して構築されており、これはサービスの場所が日々（または分ごとに！）変更される可能性を意味します。

　もちろん、3章で学んだルーティング技術と関連技術を利用できます。ここでの課題は、通常、アプリケーションによって公開される外部APIの数と比較して、内部サービスやAPIの数がはるかに多く、内部システムと対応するAPIおよび機能の変更頻度がより高いことです。したがって、各内部サービスの前にAPIゲートウェイを展開する場合、必要な計算リソースと人的保守コストの両方が増加することになり、結果として運用コストが大幅に上がります。

4.8.1.1　透明性のあるルーティングとサービス名の正規化

　基本的に、ルーティングはネットワーク内または複数のネットワーク間で通信パスを選択するプロセスです。Webアプリケーション内では、ネットワークレベルのルーティングは通常、TCP/IPスタックと関連するネットワーキングインフラストラクチャ（OSIモデルのレイヤ3/4）で処理されて

118 | 4章　サービスメッシュ：サービス間トラフィック管理

います。これは、接続先と送信元のIPアドレスとポートだけが必要であることを意味します。クラウド以前、およびオンプレミスのデータセンタでも、内部サービスのIPアドレスは通常固定されており、広く知られていました。ドメイン名をIPアドレスにマッピングするためにDNSが広く利用されているにもかかわらず、古典的なアプリケーションとサービスではハードコードされたIPアドレスが利用されることがあります。これは、サービスに対する任意の変更が、このサービスを呼び出すすべてのサービスの再展開を必要とすることを意味します。

　クラウドの採用と、これに伴うインフラストラクチャの性質のため、インスタンスのIPアドレスとそれに対応するサービスIPアドレスは定期的に変更されます。これは、IPアドレスとポートアドレスをハードコードする場合、これらを頻繁に変更する必要があることを意味します。マイクロサービスアーキテクチャがより一般的になるにつれて、アプリケーション内のサービスの数に比例して再展開の手間が増加しました。初期のマイクロサービスでは、サービス名をIPアドレス（複数可）およびポートに動的にマッピングする外部の「サービスディスカバリ」ディレクトリまたはレジストリを実装することで、この問題を克服しました[*3]。

　サービスメッシュは、サービス名からロケーションへの動的な検索を処理でき、サービス外でコードの変更、再展開、再起動が必要なく、透過的に行えます。サービスメッシュのもう1つの利点は、アプリケーション外に保存された設定と組み合わせて、「environment awareness」を利用し、環境を横断した名前の正規化を行えることです。例えば、「production」に展開されたサービスメッシュは、自身がこの環境で実行されていることを認識します。そして、サービスメッシュはコードレベルのサービス名sessions-serviceを、環境固有の場所AWS-us-east-1a/prod/sessions/v2に透過的にマップします。この場所は、（メッシュと統合されているか、外部で実行されている）サービスレジストリからの場所を検索することによって特定されます。同じコードが適切に設定されたサービスメッシュでステージング環境に展開された場合、sessions-serviceはinternal-staging-server-a/stage/sessions/v3にルーティングされます。

4.8.1.2　信頼性

　現代のコンピューティングとクラスタ環境の性質は、場所の変更に加えて信頼性に関連する課題をもたらします。例えば、各サービスは他のサービスとの通信に関する問題を正しく処理しなければなりません。この後、「分散コンピューティングの8つの誤謬」（125ページ）について学びますが、サービス接続が中断されたり、一時的に利用できなくなったり、サービスレスポンスが遅くなったりする可能性など、注意すべき問題があります。これらの課題は、再試行、タイムアウト、

[*3]　AirbnbのSmartStackは、外部マイクロサービスサービスディスカバリの初期の実装例として知られています。
https://medium.com/airbnb-engineering/smartstack-service-discovery-in-the-cloud-4b8a080de619

サーキットブレーカー、バルクヘッド、フォールバックなど、よく知られた信頼性パターン[*4]を利用してコードで処理することができます。Michael Nygard氏の『Release It! Design and Deploy Production-Ready Software 2nd Edition[*5]』は、包括的な探求と実装ガイドを提供しています。ただし、「4.8.4　異なる言語間での機能横断的なコミュニケーションのサポート」（122ページ）でくわしく探求するように、この機能をコードで実装しようとすると、通常は一貫性のない動作につながります。特に異なる言語やプラットフォーム間ではその傾向が顕著です。

　サービスメッシュは、すべてのサービス間通信の開始と管理に関与しているため、これらの信頼性パターンを一貫して実装し、耐障害性（fault tolerance）とグレースフル・デグラデーション[*6]を提供します。実装に応じて、サービスメッシュは問題を検知し、この情報をメッシュ全体で共有することもできます。またメッシュ内の各サービスが通信のルーティング方法を適切に決定できるようにします。例えば、あるサービスのレスポンス遅延が増加している場合、対象サービスを呼び出すすべてのサービスに対して代わりにフォールバックを開始するよう指示することができます。

　ケーススタディの場合、サービスメッシュを利用することで、Sessionサービスとの通信時の新しい障害処理を定義できます。イベントで数千人の利用者が午前のカンファレンスの基調講演を視聴した直後、その日のスケジュールを表示したいと思う場面を想像してみてください。このSessionサービスへの急激な通信増加は、性能の低下を引き起こす可能性があります。ほとんどのユースケースでは適切なタイムアウトと再試行を定義しますが、アプリケーションの動作を発動させる

[*4]　訳注：信頼性パターンについて、簡単に各パターンの概要を説明します。詳細は、各種文献などを参考にしてください。
・再試行（Retry）とは、接続先からのレスポンスが返せない場合、すぐに、あるいは少し時間をおいてから失敗したアクティビティを再度実行します。
・タイムアウト（Timeouts）とは、設定により処理の完了を待ち続けることを防ぐポリシーです。設定することで、ネットワーク障害や、接続先が高負荷でレスポンスを返せない場合、呼び出し元にも負荷をかけてしまう可能性を低減します。
・サーキットブレーカー（Circuit breakers）とは、障害が発生したサービスを検知した場合、3種類の状態（Closed、Open、Half-Open）で管理することで、一定時間切り離し、その後サービスの復旧を検知すると通信を復旧させる設計パターンです。
https://learn.microsoft.com/ja-jp/azure/architecture/patterns/circuit-breaker
・バルクヘッド（Bulkheads）とは、船体の区分された区画（bulkhead：隔壁）を意味します。船体が傷つけられた場合、浸水を破損した部分に限定し、これによって船全体が沈むのを防ぎます。これと同様に、各要素（例：ワークロード）の独立性を高めることで、システムの一部の障害が、システム全体に伝播し、システム全体がダウンするのを防ぐことを目的としたアーキテクチャです。
https://learn.microsoft.com/ja-jp/azure/architecture/patterns/bulkhead
・フォールバック（Fallbacks）は「縮退運転」と訳され、性能や機能を制限したり、別のメカニズムを利用したりするなどして、不完全ながらも処理や稼働を継続させるアーキテクチャです。例えば最新のデータが使えない場合、キャッシュされたデータを使うなどが該当します。
[*5]　訳注：本書は、2007年に発売された第1版は邦訳『Release It! 本番用ソフトウェア製品の設計とデプロイのために』が出ていますが、2018年に発売された第2版はまだ邦訳が出ていないため、原書を読むことをお勧めします。
[*6]　訳注：グレースフル・デグラデーション（Graceful Degradation）とは、「上品な劣化」と訳される設計哲学の1つで、サービスが十分満足に動かない際、機能を制限することによって壊滅的な障害を防ぐ思想（影響を限定的にする思想）です。

120 | 4章　サービスメッシュ：サービス間トラフィック管理

サーキットブレーカーも定義できます。例えば、AttendeeサービスからSessionサービスへのAPI
コールが繰り返し失敗する場合、サービスメッシュ内でサーキットブレーカーを発動し、（サービス
の回復が確認できるまで）サービスへの全呼び出しを迅速に失敗させることができます。おそらく
モバイルアプリケーション内では、フォールバックして個人のスケジュールではなく、カンファレ
ンスの講演スケジュール全体を表示して全体への影響を防ぎ、その間に障害をハンドリングするこ
とが現実的でしょう。

4.8.1.3　高度な通信ルーティング：シェーピング、ポリシング、分割、ミラーリング

　90年代末のドットコムブーム以来、消費者向けのWebアプリケーションは、より多くのユーザと
の通信を処理してきました。パフォーマンスと提供される機能の両方に関して、ユーザの要求もま
すます高まっています。したがって、セキュリティ、パフォーマンス、機能リリースのニーズに対
応するため、通信を管理する必要性も高まっています。「3.7　APIゲートウェイをエッジで他の技術
と統合させる方法」（77ページ）で学んだように、ネットワークのエッジでは、これらの要件を満
たすための専用アプライアンスが登場しましたが、このインフラストラクチャはすべての内部サー
ビスの前に展開するのには適していませんでした。このセクションでは、内部トラフィックの通信
シェーピングとポリシングに関して、マイクロサービスベースのアプリケーションで典型的になっ
ている要件についてくわしく学びます。

通信シェーピング

　通信シェーピング（Traffic Shaping）は、望ましい通信プロファイルに合わせるために、ネット
ワーク通信の一部またはすべてを遅延させる帯域幅管理技術です。通信シェーピングは、パフォー
マンスの最適化と保証を行い、レイテンシを改善し、他の種類の通信を遅延させることによって一
部の通信の利用可能帯域幅を増やすために利用されます。最も一般的な通信シェーピングは、アプ
リケーションベースの通信シェーピングです。まず、注目すべきアプリケーションを識別するため
にフィンガープリントツールが利用され、その後通信シェーピングポリシーを適用します。内部ト
ラフィックの場合、サービスメッシュは、サービスの識別情報やこれに代わるプロキシ、または関
連するメタデータを含むリクエストヘッダなどのフィンガープリントを生成・監視できます。例え
ば、リクエストがカンファレンスアプリケーションの無料ユーザから発信されたのか、有料ユーザ
から発信されたのかなどが該当します。

通信ポリシング

　通信ポリシングは、通信ポリシーまたはコントラクトに従うネットワーク通信を監視し、そのコ
ントラクトを強制するプロセスです。ポリシーに違反する通信は、管理ポリシーに応じて、即座に
破棄されたり、非準拠としてマークされたり、そのまま放置されることもあります。この技術は、正
常に機能しない内部サービスがサービス拒否（DoS）攻撃を行わないようにするため、あるいは重

要な、（例えば、データストアなど）影響を受けやすい内部リソースが通信で過度に飽和しないように制御する上で役立ちます。クラウド技術とサービスメッシュが登場する以前、内部ネットワーク内での通信ポリシングは、商用サービスバス（ESB）など専用のハードウェアやソフトウェアアプライアンスを利用して実装されていました。クラウドコンピューティングとソフトウェア定義ネットワーク（SDN）は、セキュリティグループ（SG）やネットワークアクセス制御リスト（NACL）の利用を通じて、通信ポリシング技術を採用しやすくしました。

内部トラフィックを管理する際、ネットワークまたはクラスタの境界内サービスは通信コントラクトに注意し、出力がコントラクト内に収まるように内部で通信シェーピングを適用する場合があります。例えば、Attendeeサービスは、特定の時間枠内でSessionサービスAPIへの過剰な呼び出しを防ぐための内部のレート制限を実装しているかもしれません。

サービスメッシュは通信シェーピング、分割、ミラーリングの細かい制御を可能にし、対象サービスのバージョン間で通信を徐々に移行または切り替えることが可能です。「5.3　リリース戦略」（156ページ）では、通信のリリース戦略のため、このアプローチでビルドとリリースの分離を促進する方法についてくわしく見ていきます。

4.8.2　透過的なオブザーバビリティを提供する

マイクロサービスのアプリケーションなど、分散システムを運用する場合、エンドユーザエクスペリエンスと内部コンポーネントの両方を観測できることは、障害の特定、関連する問題のデバッグにとって非常に重要です。歴史的には、システム全体の監視を採用するには、高度に連携したランタイムエージェントやアプリケーション内のライブラリの統合が必要で、初回の展開時や将来のアップグレード時にすべてのアプリケーションを展開する必要がありました。

サービスメッシュは、特にアプリケーション（L7）およびネットワーク（L4）のメトリクスに必要な一部のオブザーバビリティを提供し、透過的にそれを行うことができます。テレメトリ収集コンポーネントまたはサービスメッシュ自体に対応する更新は、すべてのアプリケーションの再展開を必要とすべきではありません。もちろん、サービスメッシュが提供できるオブザーバビリティには制限があり、言語固有のメトリクスやログを生成するライブラリを利用してサービスを計測する必要もあります。例えば、現在のケーススタディでは、サービスメッシュはSessionサービスAPI呼び出しの数、レイテンシ、エラー率に関するメトリクスを提供し、通常、API呼び出しのビジネス固有のメトリクスやKPIを記録することになるでしょう。

4.8.3　セキュリティの強制：トランスポート層のセキュリティ、認証・認可

オブザーバビリティと同様に、サービス間通信のセキュリティも歴史的に言語固有のライブラリを利用して実装されてきました。こうした密結合型のアプローチには、さまざまな課題が存在します。例えば、内部ネットワーク内でトランスポート層の暗号化を実装することは比較的一般的な要

件ですが、異なる言語ライブラリは証明書管理を異なる方法で処理する必要があり、証明書の展開とローテーションの運用負担が増加しました。また、認証・認可のためにサービス（マシン）とユーザ（人間）の両方のアイデンティティを管理することは、異なる言語間では難しい実装となります。また、必要なライブラリを含めないことで、セキュリティ実装を意図的、あるいは偶然に回避することも容易であるため、セキュリティを全体に強制することが困難です。

　サービスメッシュのデータプレーンはシステム内のすべての通信経路に含まれているため、必要なセキュリティプロファイルを強制するのは比較的簡単です。例えば、サービスメッシュのデータプレーンは、SPIFFE（https://spiffe.io/）を利用するなどしてサービスのアイデンティティと暗号証明書を管理し、mTLS（相互認証TLS）およびサービスレベルの認証・認可を可能にします。これにより、ケーススタディ内でmTLSを簡単に実装でき、コードの変更が不要になります。

4.8.4　異なる言語間での機能横断的なコミュニケーションのサポート

　マイクロサービスのアプリケーション内でサービスを作成・抽出し、プロセス内からプロセス外の通信に移行する際には、ルーティング、信頼性、オブザーバビリティ、セキュリティの変更について考える必要があります。これを処理するために必要な機能は、アプリケーションコード内に、例えばライブラリとして実装することができます。しかし、アプリケーションまたはシステムが複数のプログラミング言語を利用している場合（そしてマイクロサービスでは多言語アプローチ〈Polyglot Approach〉が一般的です）、これは利用する言語ごとに各ライブラリを実装する必要があることを意味します。サービスメッシュは通常、サイドカーパターンを利用して実装されるため、すべてのサービス通信はサービス外部のネットワークプロキシを介してルーティングされますが、同じネットワーク名前空間内で実行されます。したがって、必要な機能はプロキシ内で一度実装し、すべてのサービスで再利用することができます。これは「インフラストラクチャ依存性のインジェクション」と考えることができます。ケーススタディ内では、これにより、Attendeeサービスを異なる言語で書き直すことが可能になり（例えば、新しいパフォーマンス要件を満たすため）、サービス間の機能横断的なコミュニケーションの一貫性を保ちながら利用できます。

4.8.5　外部トラフィックと内部トラフィック管理の分離

　「0.3.4　ケーススタディ：進化的アーキテクチャに向けたステップ」（7ページ）で、外部トラフィック（North-South Traffic）と内部トラフィック（East-West Traffic）の主要な概念を簡単に紹介しました。一般的に、外部トラフィックは外部からシステムに入る通信です。内部トラフィックは、システム間またはサービス間の内部トラフィックです。しかし、「内部」の定義をさらに掘り下げると、少し複雑なことになります。例えば、それはあなたのチームが運用するシステムのみを指すのか、それとも部門、組織、信頼できる第三者などが設計・運用するシステムにまで及ぶのかを考えれば、外部トラフィックと内部トラフィックの分離は少し複雑になります。

4.8　なぜサービスメッシュを利用するのか？　| **123**

　Kong社のMarco Palladino氏[7]など、API専門家は、外部トラフィックと内部トラフィックの区別にはあまり意味がなく、前世代のコンピュータネットワーキングの遺物であり、システム間の境界線がより明確であった時代の話だと主張しています。この議論については、9章で詳細に解説します。これは（APIライフサイクル管理を含む）APIを製品として扱うアイデア、およびOSIネットワーキングモデルのレイヤ7とレイヤ4のサービス接続に関連します。外部トラフィックと内部トラフィックの特性・特徴の違いを、表4-3に示します。

表4-3　外部トラフィックと内部トラフィックの特性の違い

	外部トラフィック	内部トラフィック
送信元	外部（ユーザ、第三者、インターネット）	内部（信頼境界内）
送信先	公開、ビジネス向けAPI、Webサイト	サービスまたはドメインのAPI
認証	「ユーザ」（現実のエンティティ）に焦点を当てた認証	認証「サービス」（マシンエンティティ）および「ユーザ」（現実のエンティティ）に焦点を当てた認証
認可	「ユーザ」のロール・与えた権限に応じた認可	「サービス」のアイデンティティ、ネットワークセグメントに焦点を当てた認可、「ユーザ」のロール、与えた権限に応じた認可
TLS	片方向、しばしば強制（例：プロトコルのアップグレード）	相互認証、強制可能（strict mTLS）
主要な実装	APIゲートウェイ、リバースプロキシ	サービスメッシュ、アプリケーションライブラリ
主要な所有者	ゲートウェイ／ネットワーキング／運用チーム	プラットフォーム／クラスタ／運用チーム
組織内のユーザ	アーキテクト、APIマネージャー、開発者	開発者

　表に示したように、2種類の通信を管理する要件は、大きく異なります。例えば、外部ユーザからのAPI通信を処理することと、内部のビジネス、ドメイン、APIへの内部サービス間通信を処理することとは基本的に異なる要件があります。実際には、APIゲートウェイとサービスメッシュのコントロールプレーンは、それぞれのデータプレーンの構成をサポートするために異なる機能を提供しなければなりません。ケーススタディの例として、Sessionサービスの開発チームは、サービスがレガシーカンファレンスアプリケーションとAttendeeサービスからのみ呼び出すことができるように指定したいと考えます。しかし、Attendeeサービスチームは通常、どの外部システムが公開APIを呼び出すか考える必要はありません。これはゲートウェイまたはネットワーキングチームの責任で管理すべき内容です。

　外部トラフィックと内部トラフィックにおけるAPI呼び出しの管理の違いは、「3.9　APIゲートウェイの近現代史」（86ページ）で説明したAPIゲートウェイ技術の進化と利用法を、以下のセクションで説明するサービスメッシュ技術の進化と比較することでよりよく理解できます。

---

[7]　https://konghq.com/blog/enterprise/the-difference-between-api-gateways-and-service-mesh

4.9　サービスメッシュの進化

「サービスメッシュ」という用語は2016年に生まれましたが、Twitter、Netflix、Google、Amazonなど、初期のユニコーン組織のいくつかは、2000年代後半から2010年代初頭にかけて、関連技術を内部プラットフォームで作成し、利用していました。例えば、Twitterは2011年にオープンソースとして公開されたScalaをベースに、Finagle RPCフレームワークを作成しました。Netflixは2012年に、Ribbon、Eureka、Hystrixを含むJavaベースのマイクロサービス共有ライブラリを作成し、OSSとしてリリースしました[*8]。その後、NetflixチームはJVMベースのサービスでもこれらのライブラリを活用できるPranaサイドカーをリリースしました。Finagleライブラリの作成とサイドカーの採用は、最初のサイドカー方式のサービスメッシュであるLinkerdを生み出し、これはCNCFが設立されたときの最初のプロジェクトでもありました。その後、GoogleはLyftエンジニアリングチームから生まれたEnvoy ProxyプロジェクトをもとにIstioサービスメッシュをリリースしました。

現在、サービスメッシュ機能は、gRPCのように共有ライブラリに戻されたり、OSカーネルに追加されたりする動きも見られますが、この進化は図4-5で確認できます。これらの早期のコンポーネントやプラットフォームの多くが、今では開発と利用が非推奨となっていますが、サービスメッシュパターンを利用する際の課題と制限を浮き彫りにしてくれるため、その進化について簡単に紹介することは有益でしょう。

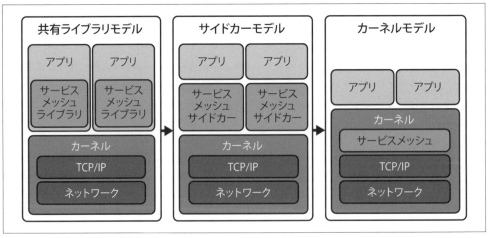

図4-5　サービスメッシュ技術の進化

[*8] Finagle RPCフレームワーク（https://twitter.github.io/finagle/）とNetflix OSSライブラリ（https://netflix.github.io/）は現在非推奨であり、現代の本番システムでの利用は推奨されていません。

4.9.1　初期の歴史と動機

1990年代、Sun Microsystems社のPeter Deutsch氏らは、以下に挙げた「分散コンピューティングの8つの誤謬*9」を提唱し、エンジニアが分散システムを扱う際、しばしば陥りがちな仮定をリストアップしました。彼らは、これらの仮定はより原始的なネットワーキングアーキテクチャや理論モデルでは真実でしたが、現代のネットワークには当てはまらないと指摘しました。

- ネットワークは信頼性がある
- レイテンシはゼロ
- 帯域幅は無限
- ネットワークは安全
- トポロジは変わらない
- 管理者は1人だけ
- 転送コストはゼロ
- ネットワークは均質

Peter氏と彼のチームは、これらの誤謬は「長期的にはすべて間違いであり、大きなトラブルとつらい学習経験をもたらす」と述べています。エンジニアはこれらの問題を無視することはできず、それらに明確に対処する必要があります。

「分散コンピューティングの8つの誤謬」はまだ有効な概念です！
「分散コンピューティングの8つの誤謬」は1990年代に生まれたものであるため、遺物と考えてしまうかもしれません。しかし、それは誤りです！　1970年代や1980年代に導かれた多くの法則やパターン同様に、技術が変わっても問題は変わりません。アーキテクトとして作業する際には、チームに、これらの誤謬に含まれる多くのネットワーキングの課題が今日でも有効であることを常に思い出させ、それに応じてシステムを設計する必要があります！

2010年代に分散システムとマイクロサービスアーキテクチャが人気を博するにつれて、James Lewis氏、Sam Newman氏、Phil Calado氏など、この分野の多くのイノベーターは、標準的なネットワーキングスタックで提供される機能を超えて、これらの誤謬を認識し、補完するシステム構築が重要であると説明しています。Martin Fowler氏の最初の「Microservice Prerequisites」（マイクロサービスの前提条件）をもとに、Philは「Calçado's Microservices Prerequisites」（Calçado版マイクロサービスの前提条件）を作成し、「標準化されたRPC」を定義しました。これは、分散コンピューティングの誤謬から学んだ実践的な教訓の多くを包括しています。Philは後の2017年のブログ投稿

---

*9　https://nighthacks.com/jag/res/Fallacies.html

で、「TCP/IPスタックと一般的なネットワーキングモデルが数十年前に開発され、コンピュータで通信する上で有用なツールですが、より洗練された（マイクロサービス）アーキテクチャでは、そのようなアーキテクチャで働くエンジニアによって補完されなければいけない要件が、追加レイヤで導入されました」と述べています[*10]。

4.9.2　実装パターン

現在、サービスメッシュの最も広く採用されている実装は、プロキシベースの「サイドカー」モデルですが、将来は違う技術が登場するかもしれません。このセクションでは、サービスメッシュがこれまでのどのように進化してきたかを学び、将来登場する技術について考えてみたいと思います。

4.9.2.1　ライブラリ

多くの技術リーダーは、マイクロサービスベースのシステム内に新しいネットワーキング機能レイヤが必要なことを認識していましたが、これらの技術を実装するのは容易ではないことを理解していました。また、多くの組織やオープンソースコミュニティがこの問題の解決に取り組んでいることも認識していました。これが、後にオープンソース化されてより広範に利用されるようになった、マイクロサービスに焦点を当てたネットワーキングフレームワークと共有ライブラリの出現につながりました。

前述のブログ投稿で、Phil Calçado氏は、サービスディスカバリやサーキットブレーカーなどのコアネットワーキング機能でさえ、正しく実装することは難しいとコメントしました。これが、TwitterのFinagleやNetflix OSSスタックのような大規模で高度なライブラリの作成につながりました。これらのライブラリは、すべてのサービスで同じロジックを書き直す手間を避ける手段として非常に人気があり、正確性を確保するため、共有すべき取り組みを集約させるプロジェクトとしても機能しました。一部の小規模な組織は、必要なネットワーキングライブラリとツール作成を自ら行っていましたが、通常はコストが高く、特に長期的には高くつきました。このコストは、（例えば、ツール構築に専念するチームに割り当てられたエンジニアコストなど）明示的で明確に可視化されることもあるかもしれません。しかし、真の費用は完全に数量化するのが難しく、新しい開発者が独自ソリューションを学ぶためにかかる時間、運用保守に必要なリソース、顧客向け製品の開発から時間とエネルギーを奪う、他の形態として表れます。

Philは、言語の束縛やSDKを介して機能を公開するライブラリの利用は、マイクロサービスに利用できるツール、ランタイム、言語を制限すると指摘しました。マイクロサービス向けライブラリは通常、（プログラミング言語やJVMのようなランタイムなど）特定のプラットフォーム用に書か

[*10] 詳細は、以下のサイトから学ぶことが可能です。
Martin Fowlerの「Microservice Prerequisites」（https://martinfowler.com/bliki/MicroservicePrerequisites.html）
Philの「Calçado's Microservices Prerequisites」（https://philcalcado.com/2017/06/11/calcados_microservices_prerequisites.html）、「Pattern: Service Mesh」（https://philcalcado.com/2017/08/03/pattern_service_mesh.html）

れています。ライブラリがサポートしていないプラットフォームを利用する場合、おそらくコードを新しいプラットフォームに移植する必要があり、言語の数に応じてコストが増加するでしょう。

サービスメッシュライブラリと多言語アプローチにかかるコスト
多くの組織は、アプリケーションのコーディングに対して多言語アプローチを採用し、要件を達成するために最適なものを選んでさまざまな言語を利用しています。例えば、長時間実行されるビジネスサービスにはJava、インフラストラクチャサービスにはGo、データサイエンス作業にはPythonを利用するといった具合です。サービスメッシュを実装するためにライブラリベースのアプローチを採用する場合、すべてのライブラリを一斉にビルド、保守、アップグレードする必要があることに注意してください。これにより、互換性の問題を回避したり、一部の言語に最適とは言いづらい開発者体験を提供したりしないようにするためです。また、言語プラットフォーム間で実装の微妙な違いがあったり、特定のランタイムに影響を与えるバグがあるかもしれません。

4.9.2.2　サイドカー

　2010年代初頭には、多くのエンジニアが多言語プログラミングのアプローチを受け入れ、1つの組織がさまざまな言語で書かれたサービスを本番環境に展開していることが一般的でした。必要なネットワーキング抽象化をすべて処理する1つのライブラリを作成・維持するニーズから、サービスから独立したプロセスとして実行されるライブラリが生まれました。こうして、マイクロサービス用の「サイドカー」が誕生しました。2013年、AirbnbはSynapse & Nerveという、サービスディスカバリ用のサイドカーを開発し、オープンソースとして公開しました。1年後、NetflixはPranaというサイドカーの提供を開始しました。これは、サービスディスカバリ、サーキットブレーカーなどのために、非JVMアプリケーションを他のNetflix OSSエコシステムと統合するため、HTTPインターフェースを公開するサイドカーです。このコンセプトの中核は、すべての通信が、必要なネットワーク抽象化と機能を透過的に追加するPranaサイドカーを経由するというものでした。

　マイクロサービスアーキテクチャスタイルの利用が増えるにつれて、さまざまなインフラストラクチャコンポーネントと通信要件に適応できる柔軟な新しいプロキシが登場しました。この領域で最初に広く知られるようになったのはLinkerdで、Twitterのマイクロサービスプラットフォームでのエンジニアリング経験に基づいて、Buoyantによって作成されました。そのすぐ後に、LyftのエンジニアリングチームがEnvoy Proxyを発表しました。同様の原則に従ったもので、すぐにGoogleのIstioサービスメッシュに採用されました。サイドカーを利用する場合、各サービスにはアプリケーションの隣で独立して実行されるプロキシプロセスがあります。通常、このサイドカーは同じプロセス、ファイル、ネットワーキング名前空間を共有し、特定のセキュリティ保証が提供されます（例えば、「ローカル」ネットワークとの通信が外部ネットワークから分離されるなど）。サービ

スがサイドカープロキシを介してのみ互いに通信するため、図4-6に示すような展開になります。

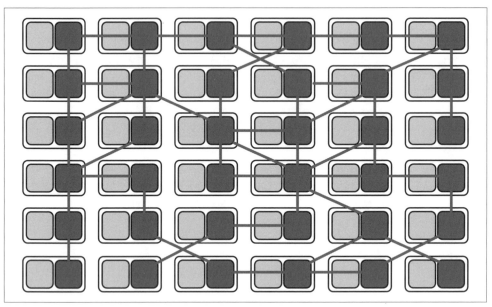

図4-6 サービスメッシュプロキシが高次のネットワーキング抽象化を形成する

　Phil Calçado氏やBuoyant社のWilliam Morgan氏などが指摘しているように、サイドカープロキシの統合の最も強力な側面は、プロキシを独立したコンポーネントとして考えるのではなく、それらが形成するネットワーク自体を重要なものとして、機能する点です。

　2010年代中盤、組織はマイクロサービスの展開をApache Mesos（Marathonを利用）、Docker Swarm、Kubernetesなどの高度なランタイムに移行し、当該のプラットフォームで提供されるツールを利用してサービスメッシュを実装し始めました。これにより、SynapseやNerveのような独立したプロキシ群の利用から、集中型のコントロールプレーンの利用に移行しました。このデプロイメントパターンを俯瞰的に見ると、サービス通信はまだプロキシからプロキシへ直接流れていますが、コントロールプレーンは各プロキシインスタンスを把握しており、それぞれのプロキシインスタンスに影響を与えることができます。図4-7に示すように、コントロールプレーンは、プロキシがサービス間で協力・調整が必要なアクセス制御やメトリクス収集などの機能を実装することを可能にします。

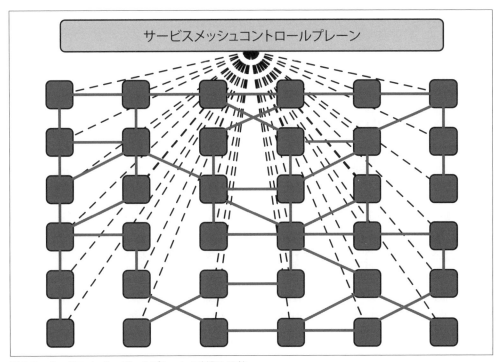

図4-7 サービスメッシュデータプレーンの制御と調整

　サイドカーは、現在最も一般的に利用されている設計パターンであり、おそらく私たちのカンファレンスシステムに適した選択肢です。サイドカーを利用したサービスメッシュを展開する主なコストは、初期のインストールと継続的な運用保守、およびサイドカーを実行するために必要なリソースに関連しています。現在、拡張可用性のニーズはそこまでないため、サイドカープロキシを実行するために大量の計算リソースが必要ではないはずです。

大規模にサイドカーを実行するコスト
今日、ポピュラーなサービスメッシュソリューションの多くでは、クラスタ内で実行されているサービスやアプリケーションにEnvoy、Linkerd-proxy、NGINXなどのプロキシサイドカーコンテナを追加して実行する必要があります。例えば、20のサービスが実行され、それぞれが3つのノードに広がる5つのポッドで実行されている比較的小規模な環境でも、100のプロキシコンテナが実行されます。プロキシ実装がどれだけ小さく効率的であるかに関係なく、プロキシの純粋な複製はリソースに影響を与えます。
サービスメッシュの構成によっては、各プロキシが通信する必要があるサービスの数に応じて、各プロキシが利用するメモリ量が増加する場合があります。Pranay Singhal

氏[*11]は、Istioの構成を調整して、プロキシごとの利用量を約1GBから合理的な60〜70MBに削減するプロジェクトについて述べています。ただし、3つのノードに100のプロキシがある小規模な架空の環境でも、この最適化された構成はノード当たり約2GBのメモリを必要とします。

4.9.2.3　プロキシレスgRPCライブラリ

　2021年初頭、Google Cloudはproxyless gRPC[*12]を推進し始め、ネットワーキング抽象化は再び言語固有のライブラリにて実装するという進化が見られました（ただし、Googleと大規模なOSSコミュニティによって維持されているライブラリを採用することが一般的でした）。これらのgRPCライブラリは各サービスに含まれ、サービスメッシュ内のデータプレーンとして機能します。ライブラリは、Google Traffic Directorサービスなどの調整用の外部コントロールプレーンへのアクセスを必要とします。Google Traffic Directorはオープンソースの「xDS API」を利用して、アプリケーション内のgRPCライブラリを設定します[*13]。これらのgRPCアプリケーションはxDSクライアントとして機能し、サービスメッシュと負荷分散のユースケースのためのグローバルなルーティング、ロードバランシング、リージョン切り替えを可能にするGoogle Traffic Directorのグローバルコントロールプレーンに接続します。Google Traffic Directorは、図4-8に示した通り、サイドカープロキシベースのサービスとプロキシレスサービスの両方を組み合わせたデプロイを含む「ハイブリッド」モードもサポートしています。

[*11] https://medium.com/geekculture/watch-out-for-this-istio-proxy-sidecar-memory-pitfall-8dbd99ea7e9d

[*12] https://cloud.google.com/traffic-director/docs/proxyless-overview?hl=ja

[*13] Traffic Director（https://cloud.google.com/traffic-director?hl=ja）とEnvoy Proxyから生まれたxDSプロトコル（https://www.envoyproxy.io/docs/envoy/latest/api-docs/xds_protocol）に関する詳細情報は、それぞれのドキュメンテーションWebサイトを参照してください。

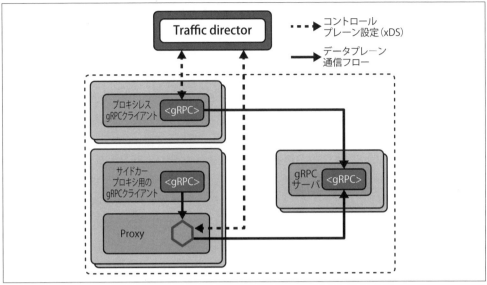

図4-8 サイドカーとプロキシレス通信の両方を利用するサービスのネットワークダイヤグラムの例

　現在、私たちのカンファレンスシステムはgRPC APIに加えてREST APIを利用しています。このため、現時点ではこのサービスメッシュの実装方式は選択肢から除外されます。ただし、内部でのREST APIの利用が廃止された場合、またはgRPCライブラリが非gRPCベースの通信をサポートするように拡張された場合、このアプローチを再評価することができます。

サービスメッシュの未来はプロキシレスか？

　「歴史は繰り返さないが、しばしば韻を踏む」ともいわれる通り、プロキシレスアプローチの利点と限界の多くは、言語固有のライブラリを利用する場合と似ています。Google Cloudチームは、サービスのプロキシレスのデプロイが有益な場合の例として、以下のユースケースを挙げています。

- 大規模なサービスメッシュにおけるリソース効率：追加のサイドカープロセスを実行しないことにより、リソースを節約できる
- 高パフォーマンスのgRPCアプリケーション：ネットワークホップとレイテンシの削減が可能
- サイドカープロキシがデプロイできない環境におけるサービスメッシュ：例えば、2つ目のプロセスが実行できない、サイドカーが必要なネットワークスタックを操作できないなど
- プロキシありのサービスメッシュからプロキシなしのメッシュへの移行

4.9.2.4　サイドカーレス：OSカーネル（eBPF）の実装

　新たな代替サービスメッシュの実装方法は、必要なネットワーキング抽象化をOS（オペレーティングシステム）カーネル自体に戻すアイデアに基づいています。これは、eBPF（https://ebpf.io/）というカーネル技術の台頭と広範な採用により可能になりました。eBPFは、カーネル内のサンドボックスでカスタムプログラムを実行できるようにする技術です。eBPFプログラムはOSレベルのイベントに対応して実行され、数千ものイベントがアタッチできます。これらのイベントには、カーネルまたはユーザスペース内の任意関数への入出力、「トレースポイント」と「プローブポイント」、そしてサービスメッシュにとって重要なネットワークパケットの到着などが含まれます。1つのノードにつき1つのカーネルしかないため、ノード上で実行されているすべてのコンテナとプロセスが同じカーネルを共有します。カーネルのイベントにeBPFプログラムを追加すると、そのイベントを引き起こしたプロセスがどれであるかに関係なく呼び出されます。それがアプリケーションコンテナ内で実行されているか、ホスト上で直接実行されているかにかかわらずです。これにより、偶発的であろうとなかろうと、サービスメッシュを迂回しようとする潜在的な試みを排除できます。

　eBPFベースのCiliumプロジェクトは、コンテナワークロード間のネットワーク接続をセキュリティで保護し、監視する機能を提供します。Ciliumはこの「サイドカーレス」モデルをサービスメッシュの世界にもたらしています。Ciliumの利用により、サービス呼び出し間の遅延が削減でき、カーネルによって一部の機能が提供されるため、サイドカープロキシへのネットワークホップを実行する必要がありません[14]。また、従来のサイドカーモデル同様に、Ciliumはノードごとに1つのEnvoy Proxyインスタンスを実行してサービスメッシュデータプレーンをサポートし、リソース利用量を削減します。図4-9は、Ciliumとノードごとに1つのEnvoy Proxyを利用して2つのサービスが通信する方法を示しています。

---

[14] これについてくわしくは「How eBPF will solve Service Mesh - Goodbye Sidecars」（https://isovalent.com/blog/post/2021-12-08-ebpf-servicemesh/）を参照してください。

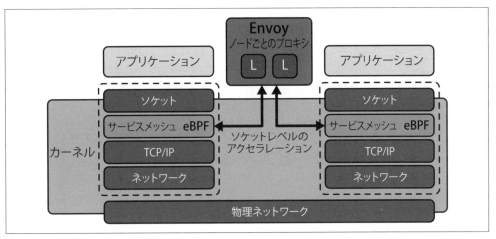

図4-9 Cilium、eBPF、ノードごとに1つのEnvoy Proxyを利用してサービスメッシュ機能を実装する

4.10　サービスメッシュの分類

　表4-4は、前のセクションで議論した3つのサービスメッシュの実装スタイルの違いを表したものです。

表4-4 ライブラリ、プロキシ、およびOS／カーネルベースのサービスメッシュの比較

ユースケース	ライブラリ型 （プロキシレス型）	サイドカープロキシ型	OS・カーネル型
言語・プラットフォームサポート	単一言語ライブラリ、プラットフォーム依存ではない	言語依存ではない、幅広いプラットフォームのサポート	言語依存ではない、OSレベルのサポート
ランタイム機構	パッケージ化され、アプリケーション内にて実行される	アプリケーションと並行した別プロセス	（ユーザ空間およびカーネル空間への完全なアクセス可能な）OSカーネルの一部として実行
サービスメッシュコンポーネントのアップグレード	アプリケーション全体の再構築と再デプロイが必要	サイドカーコンポーネントの再デプロイが必要（ダウンタイムがゼロになることも多い）	カーネルプログラムの更新／パッチ適用が必要
オブザーバビリティ	アプリケーションと通信を完全に把握し、コンテキストを踏まえて把握可能	通信のみへのインサイト、コンテキストの共有には言語サポートまたはShim[15]が必要	通信のみへのインサイト、コンテキストの共有には言語サポートまたはShimが必要

＊15　訳注：シム（Shim）とは、既に存在するコードの動作を修正するために利用されるコードの一部を意味します。

ユースケース	ライブラリ型 （プロキシレス型）	サイドカープロキシ型	OS・カーネル型
セキュリティ脅威モデル	ライブラリコードがアプリケーションの一部として実行される	サイドカーは通常、プロセスやネットワークの名前空間をアプリケーションと共有する	アプリケーションはシステムコールを介してOSと直接やり取りする

4.11　ケーススタディ：ルーティング、オブザーバビリティ、セキュリティのためのサービスメッシュの利用

本節では、サービスメッシュを利用して、ルーティング、監視、および（認可に基づく）サービス間通信のセキュアなセグメンテーションについて、一般的要件を実装する具体的な例をいくつか探究します。すべての例で、サービスメッシュが展開される最も一般的なプラットフォームであるKubernetesを利用しますが、紹介するコンセプトは、各サービスメッシュがサポートするすべてのプラットフォームおよびインフラストラクチャに適用されます。アプリケーションの技術スタック内でサービスメッシュ実装を1つだけ選択・採用することを推奨しますが、ここでは紹介目的から、3つの異なるサービスメッシュを利用したカンファレンスシステムの設定事例を解説します。

4.11.1　Istioを利用したルーティング

Istioはistioctlツール（https://istio.io/latest/docs/setup/getting-started/）を利用してKubernetesクラスタにインストールできます。Istioを利用するための主要な前提条件は、クラスタ内で実行されているすべてのサービスに対してプロキシサイドカーの自動インジェクションを有効にすることです。これは以下で行えます。

```
$ kubectl label namespace default istio-injection=enabled
```

自動インジェクションが設定されている場合、作業する主要なカスタムリソースはVirtualServicesとDestinationRules[16]の2つです。VirtualServiceは、ホストがアドレス化されたときに適用される通信ルーティングのルールセットを定義します。例えば、*http://sessions*などです。DestinationRuleは、ルーティングが行われた後のサービスへの通信に適用されるポリシーを定義します。これらのルールは、ロードバランシングの設定、サイドカーからの接続プールサイズ、ロードバランシングプールから問題のあるホストを検知・排除する異常検知設定などの構成を指定します。

---

[16] VirtualServicesとDestinationRulesについては、Istioのドキュメントを参照してください。
https://istio.io/latest/docs/reference/config/networking/virtual-service/
https://istio.io/latest/docs/reference/config/networking/destination-rule/

4.11 ケーススタディ：ルーティング、オブザーバビリティ、セキュリティのためのサービスメッシュの利用 | **135**

例えば、ケーススタディ内でSessionサービスとAttendeeサービスへのルーティングを有効にするには、次のようなVirtualServicesを作成できます。

```
---
apiVersion: networking.istio.io/v1alpha3
kind: VirtualService
metadata:
  name: sessions
spec:
  hosts:
  - sessions
  http:
  - route:
    - destination:
        host: sessions
        subset: v1
---
apiVersion: networking.istio.io/v1alpha3
kind: VirtualService
metadata:
  name: attendees
spec:
  hosts:
  - attendees
  http:
  - route:
    - destination:
        host: attendees
        subset: v1
```

以下のDestinationRulesも作成できます。AttendeeサービスのDestinationRuleは、サービスの2種類のバージョンを指定している点に注意してください。これは、新しいv2バージョンのサービスに対し、カナリアリリース（カナリアルーティング）を有効にするための基盤です。

```
---
apiVersion: networking.istio.io/v1alpha3
kind: DestinationRule
metadata:
  name: sessions
spec:
  host: sessions
  subsets:
  - name: v1
    labels:
      version: v1
---
apiVersion: networking.istio.io/v1alpha3
kind: DestinationRule
metadata:
  name: attendees
spec:
```

```
host: attendees
subsets:
- name: v1
  labels:
    version: v1
- name: v2
  labels:
    version: v2
```

Istioがインストールされ、前述のVirtualServicesとDestinationRulesが設定されたら、Attendee
サービスとSessionサービス間の通信とAPI呼び出しをルーティングすることができます。本番環
境でのIstioの設定と保守は大変ですが、利用し始めるのは簡単です。Istioはルーティングを処理
し、各接続に関連するテレメトリを生成します。次に、Linkerdサービスメッシュを利用したオブ
ザーバビリティについてくわしく学びましょう。

4.11.2　Linkerdを利用した通信のオブザーバビリティ

「Getting Started[*17]」の手順に従って、KubernetesクラスタにLinkerdをインストールします。
Linkerdのテレメトリと監視機能は、デフォルトのインストール時に構成変更を必要とせず、自動
的に有効化されます。これらのオブザーバビリティ機能には、以下が含まれます。

- HTTP、HTTP/2、およびgRPC通信のゴールデンメトリクス（リクエスト量、成功率、レイ
  テンシ分布）の記録
- 他のTCP通信に対するTCPレベルのメトリクス（入出力バイトなど）の記録
- サービスごと、呼び出し元／呼び出し先の組み合わせごと、あるいはルート／パスごとのメ
  トリクスの報告（Service Profilesを利用）
- サービス間のランタイム関係を表示するトポロジーグラフの生成
- ライブ、かつオンデマンドのリクエストサンプリング

このデータは、いくつかの方法で利用できます。

- Linkerd CLIを介して、例えばlinkerd viz statとlinkerd viz routesを利用することができます。
- Linkerdダッシュボードと事前に作成されたGrafanaダッシュボードを介してアクセスできま
  す。
- Linkerdの組み込みPrometheusインスタンスから直接取得できます。

Linkerdのオブザーバビリティにアクセスするには、viz拡張をインストールし、ローカルブラウ
ザを利用してダッシュボードを開くだけです。

[*17] https://linkerd.io/2.11/getting-started/

```
linkerd viz install | kubectl apply -f -
linkerd viz dashboard
```

ダッシュボードは、サービスグラフへのアクセスを提供し、通信の流れを示します。図4-10では、webappからbooksおよびauthorsサービスに向かう通信がメッシュ全体で流れていることを確認できます。

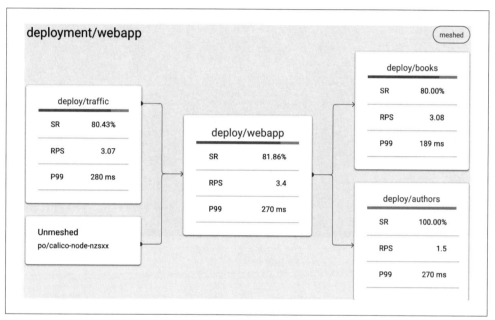

図4-10 Linkerd vizを利用してサービス間通信フローを観測する

また、図4-11に示した通り、事前に作成されたGrafanaダッシュボードを利用して、トップラインの通信メトリクスを表示することもできます。

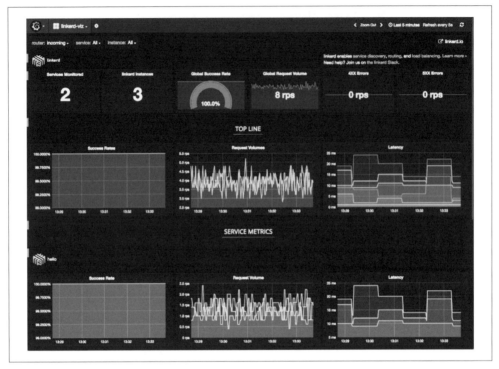

図4-11 Linkerd viz Grafanaダッシュボードを表示

　サービスメッシュを利用して、アプリケーションに対するオブザーバビリティを提供することは、開発と本番環境の両方で役立ちます。本番環境では、サービス間通信で発生した問題の検知を常に自動化するべきですが、このサービスメッシュのオブザーバビリティツールを利用して、内部APIやサービスが誤って呼び出されたイベントを特定することもできます。それでは、HashiCorpのConsulを利用して、サービスメッシュ内で正確にどのサービスが互いに通信できるかを指定するポリシーの利用方法を探りましょう。

4.11.3　Consulを利用したネットワークセグメンテーション

　Kubernetesクラスタ内でConsulをサービスメッシュとしてインストールおよび構成するには、「Deploy Consul on Kubernetes」ガイド[18]に従います。マイクロサービスが普及する以前、サービス間通信の認証は主にファイアウォールルールとルーティングテーブルを利用して行われていました。Consulは、サービス名によるサービス間通信許可を定義できるIntentions（意図）を利用して、サービス間認証の管理を簡素化します。

---

[18] https://developer.hashicorp.com/consul/tutorials/get-started-kubernetes/kubernetes-gs-deploy

Intentionsは、どのサービスが互いに通信できるかを制御し、インバウンド接続時にサイドカープロキシによって実行されます。インバウンド接続のアイデンティティはそのTLSクライアント証明書によって確認され、Consulは各サービスにTLS証明書としてエンコードされたアイデンティティを提供します。この証明書は、接続の確立と受け入れに利用されます[19]。サイドカープロキシはその後、インバウンドサービスが他のサービスと通信することを認可するIntentionsが存在するかどうかを確認します。インバウンドサービスの接続が認可されていない場合、接続は終了されます。

Intention（意図）には4つの部分があります。

送信元サービス（Source service）

通信を開始するサービスを指定します。これはサービスの完全な名前であるか、すべてのサービスを指すために"*"とすることができます。

宛先サービス（Destination service）

通信を受信するサービスを指定します。これは、サービス定義で構成した「上流」サービス（upstream service）になります。これもサービスの完全な名前であるか、すべてのサービスを指すために"*"とすることができます。

許可設定（Permission）

送信元と送信先の通信が許可されるかどうかを定義します。これは「許可」または「拒否」のいずれかに設定できます。

説明（Description）

Intentionsに説明を関連付けるためのオプションのメタデータフィールドです。

最初に作成するIntentionsは、「すべてを許可する」ポリシー（allow all）を変更し、特定のルールで拒否されない限りすべての通信が許可されるポリシーから、「すべてを拒否する」ポリシー（deny all）に変更します。このポリシーでは、特定の接続のみが有効になります。

```
apiVersion: consul.hashicorp.com/v1alpha1
  kind: ServiceIntentions
  metadata:
    name: deny-all
  spec:
    destination:
      name: '*'
    sources:
      - name: '*'
        action: deny
```

---

[19] このアイデンティティは、SPIFFE X.509 Identity Documentに準拠し、TLS証明書にエンコードされており、これによりConnectサービスは他のSPIFFE準拠システムと接続を確立し、受け入れることができます。

宛先サービス（destination）のフィールドにワイルドカード文字（*）を指定することで、この
Intentionsはすべてのサービス間通信を防止します。デフォルトポリシーを「すべてを拒否する」ポ
リシーと定義した後、必要なサービス間の通信ごとにServiceIntentions CRDを定義することで、カ
ンファレンスシステムのレガシーサービス、Attendeeサービス、およびSessionサービス間の通信
を許可できます。以下はその例です。

```
---
apiVersion: consul.hashicorp.com/v1alpha1
kind: ServiceIntentions
metadata:
  name: legacy-app-to-attendee
spec:
  destination:
    name: attendee
  sources:
    - name: legacy-conf-app
      action: allow
---
apiVersion: consul.hashicorp.com/v1alpha1
kind: ServiceIntentions
metadata:
  name: legacy-app-to-sessions
spec:
  destination:
    name: sessions
  sources:
    - name: legacy-conf-app
      action: allow
---
apiVersion: consul.hashicorp.com/v1alpha1
kind: ServiceIntentions
metadata:
  name: attendee-to-sessions
spec:
  destination:
    name: sessions
  sources:
    - name: attendee
      action: allow
---
apiVersion: consul.hashicorp.com/v1alpha1
kind: ServiceIntentions
metadata:
  name: sessions-to-attendee
spec:
  destination:
    name: attendee
  sources:
    - name: sessions
      action: allow
```

この設定をKubernetesクラスタに適用すると、上記で定義した通信（かつ、サービス間通信のみ）が必要に応じて処理されます。その他のやり取りは防止され、APIが呼び出されたり、リクエストは破棄されたりします。

Consulの Intentions に加え、Open Policy Agent（OPA）プロジェクトは、サービスメッシュ内で同様の機能を実装するためのよくある選択肢です。Istio内でサービス間ポリシーを設定するためにOPAを利用する例は、「OPAチュートリアルドキュメント」（OPA Tutorial documentation）[20]で見つけることができます。

カンファレンスシステムの進化に適用する設定例を紹介しましたので、次にサービスメッシュの実装を実行・管理する手法を分析していきましょう。

4.12　サービスメッシュの展開：障害の理解と管理

システムまたはネットワーク内で実行されているインスタンスの展開パターンや数に関係なく、サービスメッシュは通常、多数のシステムへ向かうユーザリクエストのクリティカルパスに位置しています。クラスタまたはネットワーク内のサービスメッシュインスタンスの障害は、通常、そのネットワークの影響範囲（blast radius）内で、システム全体を利用不能にします。そのため、障害を理解し管理するためのトピックを学ぶのは非常に重要です。

4.12.1　サービスメッシュが単一障害点になる場合

サービスメッシュは通常、すべての通信のホットパス上に存在するため、信頼性とフェイルオーバーに対する課題となります。言うまでもなく、サービスメッシュ内で依存している機能が多いほど、リスクも大きく、障害の影響も大きくなります。サービスメッシュは、アプリケーションサービスのリリースを管理するためによく利用されるため、設定も常に更新されています。問題を検知・解決し、リスクを軽減することが非常に重要です。「3.12.1　APIゲートウェイが単一障害点になる場合」（97ページ）で議論した多くのポイントは、サービスメッシュの障害の理解と管理に適用できます。

4.13　サービスメッシュ実装時における一般的課題

サービスメッシュ技術はAPIゲートウェイ技術よりも新しいため、一般的な実装の課題すべては分析・共有されていないかもしれません。ただし、避けるべきアンチパターンは存在します。

4.13.1　サービスメッシュをESBとして利用する

サービスメッシュプラグインや通信フィルター、およびWeb Assembly（Wasm）などのサポート

---

[20] https://www.openpolicyagent.org/docs/latest/envoy-tutorial-istio/

技術が登場すると、サービスメッシュを、ペイロード変換や翻訳など、ESBのような機能を提供できるものだと考えたくなります。しかし、すでに述べた通り、ビジネス機能を追加したり、プラットフォームやインフラストラクチャに多くの機能を結び付けることは、推奨できません。

4.13.2　サービスメッシュをゲートウェイとして利用する

多くのサービスメッシュはインバウンドゲートウェイ機能を提供するため、APIゲートウェイの代わりにサービスメッシュを展開し、ゲートウェイ機能のみを利用したいと考える組織もあります。この発想は合理的で、サービスメッシュのような機能を採用したいと考えますが、最大の課題はインバウンド通信管理である場合がほとんどです。ただし、サービスメッシュゲートウェイは、完全なAPIゲートウェイほど機能が豊富でないことが多々あります。おそらく、サービスメッシュを実行するためのインストール、および運用コストを勘案すると、その利点を得られない場合が多いでしょう。

4.13.3　多すぎるネットワークレイヤ

一部の組織は、現在のサービス間通信要件を満たす豊富なネットワークの抽象化と機能を提供していますが、開発チームはこれについて知らないか、何らかの理由で採用を見送ることがあります。開発チームが既存のネットワーク技術上にサービスメッシュを実装しようとすると、互換性の問題（例：既存のネットワーク技術がヘッダを削除する）やレイテンシの増加（複数のプロキシホップに起因する）など、追加の問題が発生します。また、ネットワークスタック内で機能が複数回実装されることもあります（例：サービスメッシュと下位のネットワークスタックの両方でサーキットブレーカーが発動してしまう）。そのため、関連するすべてのチームがサービスメッシュのソリューションと連携し、調整・協力することをお勧めします。

4.14　サービスメッシュの選択

サービスメッシュが提供する機能、パターン、技術の進化、およびサービスメッシュが全体のシステムアーキテクチャにどのように適用するかについて学んできました。次の質問は、「アプリケーションの技術スタックに含めるサービスメッシュをどのように選択するか？」です。

4.14.1　要件の特定

APIゲートウェイの選択に関連して説明したように、新しいインフラストラクチャプロジェクトで最も重要なステップの1つは、関連する要件を特定することです。当たり前のことのように思えますが、輝かしく見える技術、魅力的なマーケティング宣伝、または優れた営業資料に気を取られた経験を皆さんもお持ちでしょう！

プロセス中に検討すべき要件については、この章の「4.8　なぜサービスメッシュを利用するの

4.14 サービスメッシュの選択 | **143**

か？」（117ページ）を参照して、サービスメッシュを選択する過程で検討すべきハイレベルな要件
について、より詳細に調べてください。現在の課題に焦点を当てた質問と、将来のロードマップに
関連する質問の両方をすることが重要です。

4.14.2 構築 vs. 購入

APIゲートウェイの「構築 vs. 購入」（102ページ）と比較して、サービスメッシュの議論は、特
にレガシーシステム、あるいは既存システムを持つ組織では、前もって行われることはないでしょ
う。これは、サービスメッシュが比較的新しい技術カテゴリであることにも関係しています。私た
ちの経験では、ある程度分散された（例：LAMPスタック以上）多くの従来システムでは、サービ
スメッシュの部分的な実装が組織内に散在しています。例えば、ある部門は言語固有のライブラリ
を利用し、他の部門はESBを利用し、別のある部門は単純なAPIゲートウェイや内部トラフィック
を管理するための単純なプロキシを利用している可能性があります。

一般的に、サービスメッシュパターンを採用することを決定した場合、自社開発する代わりに
オープンソースの実装または商用ソリューションを採用し、標準化するのがベストだと考えます。
ソフトウェアデリバリー技術の「構築 vs. 購入」という議論は、一冊の本を執筆できる大きなトピッ
クです。本書では、一般的な課題を紹介することに留めたいと思います。

総所有コスト（TCO：Total Cost of Ownership）を過小評価する

多くのエンジニアは、ソリューションの設計コスト、継続的な保守コスト、および継続的な運
用コストなど、総所有コストを割り引いて考えてしまいます。

機会費用（Opportunity Cost）について考えない

クラウドまたはプラットフォームベンダでない限り、カスタムサービスメッシュが競争上の優
位性を提供する可能性は非常に低いです。代わりに、コアとなる価値提案に合致する機能を
構築することで、顧客により多くの価値を提供できます。

運用コスト（Operational Cost）

複数の異なる製品・サービスを維持しているため、実装コストと運用コストを正しく把握し
ていないケースが存在します。

技術的な解決ソリューションの認識

技術的ソリューションは、オープンソース、商用プラットフォームともに迅速に進化してお
り、最新情報に追いつくのは難しい場合があります。しかし、積極的に情報を得ることは、技
術リーダーの役割の中核の1つです。

4.14.3　チェックリスト：サービスメッシュの選択

表4-5のチェックリストに、サービスメッシュパターンを実装するか否か決定し、関連技術を選択する際に、チームが考慮すべき重要な決定を示します。

表4-5　ADRガイドライン：サービスメッシュの選択チェックリスト

決定事項	組織は、サービスメッシュの選択をどのように行うべきでしょうか？
論点	サービスメッシュの選択に関連するすべての要件を特定し、優先順位を付けましたか？ 組織内でこの分野に展開された現在の技術ソリューションを特定しましたか？ すべてのチームと組織の制約事項を知っていますか？ この決定に関連する将来のロードマップを探求しましたか？ 「構築 vs. 購入」のコストを正しく計算しましたか？ 現在の技術動向を調査し、利用可能なすべてのソリューションを整理していますか？ 分析と意思決定に関与するすべての関係者と協議し、情報提供を行いましたか？
推奨事項	内部API／システムを疎結合にすることで、利用を単純化し、APIを過度の利用や悪用から保護し、APIの利用方法を理解し、APIを製品として管理する要件に焦点を当てます。 聞くべき質問：現在、利用中のサービスメッシュはありますか？　類似の機能を提供するため、技術構成を検討しましたか？　例えば、開発者がサービス間通信ライブラリを作成したり、プラットフォーム／SREチームがサイドカープロキシを展開したりしましたか？ チーム内の技術スキルレベル、サービスメッシュプロジェクトに取り組む人材の利用可能性、リソースと予算などに焦点を当てます。 内部トラフィック管理やサービスメッシュが提供する他の機能に影響を及ぼす可能性のあるすべての計画された変更、新機能、現在の目標の特定が重要です。 現在のサービスメッシュのような実装と将来の潜在的なソリューションの総所有コスト（TCO）を計算します。 豊富な知識を持つアナリスト、トレンドレポート、製品レビューを参考に、現在利用可能なすべてのソリューションを理解します。 サービスメッシュの選択と展開は多くのチームと個人に影響を与える。開発チーム、QA、アーキテクチャレビューボード、プラットフォームチーム、情報セキュリティチームなどと協議します。

4.15　まとめ

この章では、サービスメッシュとは何かを学び、このパターンと関連技術が提供する機能、利点、課題について説明してきました。

- 基本的に、「サービスメッシュ」は、分散型ソフトウェアシステム内のすべてのサービス間通信を管理します。
- ネットワークレベルでは、サービスメッシュプロキシはフルプロキシとして機能し、他のサービスからのすべてのインバウンド通信を受け入れ、また他のサービスへのすべてのアウトバウンド通信を行います。
- サービスメッシュは内部ネットワークやクラスタ内に展開されます。大規模なシステムやネットワークは通常、サービスメッシュの複数のインスタンスを展開して管理され、各メッ

シュはしばしば、ネットワークセグメントまたはビジネスドメインを横断します。

- サービスメッシュは、ネットワークのDMZ内、または外部システム、または追加のネットワークやクラスタにエンドポイントを公開することがあります。これはしばしばメッシュゲートウェイ（Mesh Gateway）、ターミネーションゲートウェイ（Terminating Gateway）、トランジットゲートウェイ（Transit Gateway）を利用して実装されます。

- 各内部サービスに対し、製品ライフサイクル管理（サービスの新バージョンの段階的リリース）、信頼性、多言語通信サポート、オブザーバビリティ、セキュリティ、保守性、拡張性など、多くのAPIに関連する機能横断的な懸念があるかもしれません。サービスメッシュはこれらすべてに対応できます。

- サービスメッシュは、言語固有のライブラリ、サイドカープロキシ、プロキシレス通信フレームワーク（gRPC）、またはeBPFなどのカーネルベースの技術を利用して実装できます。

- サービスメッシュの最も脆弱なコンポーネントは通常、コントロールプレーンです。これはセキュリティを確保し、監視し、高可用性のサービスとして実行する必要があります。

- サービスメッシュの利用法のアンチパターンには、サービスメッシュをESBとして利用する、サービスメッシュをゲートウェイとして利用する、およびネットワークレイヤを多用することが含まれます。

- サービスメッシュを実装すること、実装する技術を選択することは、Type 1の決定[*21]です。研究、要件分析、適切な設計が行われる必要があります。

- サービスメッシュパターンを採用することを決定した場合、独自の開発ではなく、オープンソースの実装または商用ソリューションを採用し、標準化するのがベストな選択肢だと考えています。

サービスメッシュを採用するかどうかに関係なく、APIの外部および内部の運用とセキュリティを考慮することが重要ですので、次の章で検討していきます。

[*21] 訳注：これは、Amazon.comのCEOであるジェフ・ベゾス氏が紹介したことで知られるようになった概念です。具体的には、Type1の決定とは、取り消しできない一方通行のドア（one-way doors）のようなものであり、綿密な検討と協議を経て、組織的かつ慎重に下されるべき決定です。一方、Type2の決定とは、普通のドアのようなもので、変更可能で元に戻すことができる決定です。ジェフ・ベゾス氏の書簡は、以下で確認できます。
https://www.sec.gov/Archives/edgar/data/1018724/000119312516530910/d168744dex991.htm

第3部

APIの運用とセキュリティ

第3部では、APIを活用したシステムを運用し、セキュリティを確保する際の課題について説明していきます。

5章では、APIライフサイクルを利用してAPIを展開する方法およびリリースする方法について説明します。また、オブザーバビリティに関するトピックと、提供価値を体現したフレームワーク（opinionated platforms）が分散アーキテクチャにまつわる課題をどのように軽減できるかも解説します。

6章では、APIの脅威モデリングと、APIに対して悪意を持って行動しようとする攻撃者の考え方について解説していきます。

7章では、APIセキュリティを確保するための認証と認可の利用に焦点を当てていきます。

5章
APIの展開とリリース

　この章では、設計、構築、テストから対象環境での実行へ移行する方法を検討します。

　「イントロダクション」で紹介したカンファレンスシステムのケーススタディを考えてみましょう。当該システムは単一のユーザインターフェースとサーバサイドアプリケーションを持っていました。サーバやユーザインターフェースのアップグレードを展開する場合、一部のダウンタイムが発生する可能性が高いでしょう。デプロイメントとリリースは密接に結びついており、分離不可能です。また、デプロイメントに問題が発生した場合、変更をロールバックするのに時間がかかるかもしれません。ユーザインターフェースとサーバコンポーネント間を疎結合にすることで、デプロイメントとリリースの方法論に加え、レガシーカンファレンスシステムが考慮すべき選択肢を検討します。

　トラフィック管理を導入すれば、デプロイメントとリリースを分離するオプションが提供されます。この章では、これについて詳細に分析し、変更内容を展開するための選択肢を検討します。APIのバージョン管理がカンファレンスシステム内のリリースサイクルにどのように影響を与えるかを考慮する必要があります。

　展開における重要な検討事項の1つは、変更が成功したかどうかを把握することです。APIアーキテクチャは本質的に疎結合であり、正常なリリースを実行するために適切なメトリクス、ログ、トレースを利用することが重要です。メトリクスに関する考慮事項と、リリースおよびインシデント管理／トラブルシューティングに役立つ方法について見ていきます。

　最後に、最終的な整合性が変更にどのように影響を与え、アプリケーションレベルでどのような問題が発生するかについて触れます。プロキシなどの追加のインフラストラクチャレイヤの導入には、キャッシュとヘッダの取り扱いについて考える必要があります。これらの考慮事項と、提供価値を体現したプラットフォーム（opinionated platforms）を選択する理由について検討していきます。

5.1　デプロイメントとリリースの分離

デプロイメントとリリースの違いを理解することは、この章を最大限に理解するために重要です。デプロイメントとは新機能を本番環境に導入するプロセスです。システム内には実行中のプロセスがあります。デプロイメントされても、本番システムにおいて新機能が有効化されたり、実行されたりすることはありません。この分離を達成するアプローチは、この後説明します。リリースは、新機能を有効化し、導入するリスクを管理できる手法です。Thoughtworks Technology Radarには、デプロイメントとリリースの違いについて、以下のような優れた説明があります。

> 「継続的なデリバリーの実装は、多くの組織にとって依然として課題であり、デプロイメントとリリースの分離など、有用なテクニックに注目することが重要です。アプリケーションコンポーネントやインフラストラクチャに変更を反映する場合は、厳密に「デプロイメント」という用語を使うことをお勧めします。新機能の変更がエンドユーザにリリースされ、ビジネスへの影響がある場合には、「リリース」という用語を使うべきです。フィーチャーフラグ[*1]やダークローンチ（dark launch）[*2]などのテクニックを利用することで、新機能をリリースせず、本番システムへの変更をより頻繁に反映できます。より頻繁なデプロイは変更に伴うリスクを減少させ、ビジネスステークホルダーが新機能をエンドユーザにリリースするタイミングをコントロールできるようにします」

Thoughtworks Technology Radar 2016

APIアーキテクチャへ移行する利点の1つは、疎結合という性質により、チームが迅速に変更をリリースできることです。この利点を実現するためには、システム間を疎結合に保ち、リリースが失敗につながるリスクを最小限に抑える仕組みを考慮することです。

　私たちは、デプロイメントとリリースを分離せずにAPIアーキテクチャに移行するチームを見てきました。これは、密結合のサービスに対しては機能するかもしれませんが、多くのチーム間でリリースを調整する必要がある場合、複数のサービスにプレッシャーとダウンタイムをもたらします。この章では、APIのバージョン管理とライフサイクルを利用して、これを防ぐ方法についてさらに説明していきます。

[*1] 訳注：フィーチャーフラグ（Feature Flag）とは、特定の機能が「動作する」か「動作しない」かを切り替えられる機構で、コードを書き換えずにシステムの振る舞いを変更できる手法です。この機能は、フィーチャートグル（Feature Toggle）などと呼ばれることもあります。よりくわしくは、本章で説明します。

[*2] 訳注：ダークローンチ（dark launch）とは、リリースを公開せず、少数のユーザに新機能を段階的にリリースしてテストしていき、ユーザやシステムの反応や影響を評価する手法です。くわしくは、以下を参照してください。
https://tech.co/news/the-dark-launch-how-googlefacebook-release-new-features-2016-04

5.1.1 ケーススタディ：フィーチャーフラグ

デプロイメントとリリースを効果的に分離する方法を考えるため、まずはレガシーカンファレンスシステムのケーススタディに立ち返りましょう。これは、進化的アーキテクチャをモデル化し、新しいインフラストラクチャへの変更を加える準備が整ったため、有用な出発点です。図5-1は、利用者とデータベースで構成されたレガシーカンファレンスシステムが、モダンなAPIサービスとどのように共存するかを示しています。フィーチャーフラグを利用することで、コントローラはクエリを内部APIサービスに対して実行するか、外部APIサービスに対して実行するかをコードレベルで判断できるようになります。

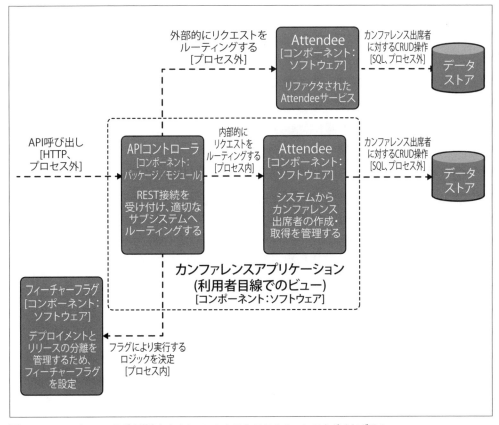

図5-1 フィーチャーフラグを導入したカンファレンスシステムのコンテナダイヤグラム

フィーチャーフラグは通常、実行中のアプリケーションの外部に配置された設定ストアに準備され、機能（フィーチャー）をオフにしたままコードをデプロイできるようにします。チーム（またはプロダクトオーナー）が機能を有効にする準備ができたら、フィーチャーフラグを有効化しま

す。これによってアプリケーションは異なるコードブランチを実行します。粒度はユーザレベルである場合もあれば、特定のオプションを全体で有効化にする場合もあります。以下は、Javaフィーチャーフラグツールとして知られるLaunchDarklyからの擬似サンプルコードで、ユーザの詳細情報が新しい環境にある場合の例です。

```
LDUser user = new LDUser("jim@masteringapi.com");
boolean newAttendeesService =
        launchDarklyClient.boolVariation("user.enabled.modern", user, false);
if (newAttendeesService) {
        // 新しい環境から利用者情報を取得する
}
else {
        // レガシー環境から利用者情報を取得する
}
```

このアプローチに従うことで、新しいシステムに少数のユーザを移行させ、そのユーザ群に対して機能が引き続き動作するかテストすることができます。移行中に何か問題が発生した場合はフラグを簡単に戻すことができますし、移行率が100%に達するまで展開を続けることもできます。アプリケーションを横断する他のサービスと同様、フィーチャーフラグサービスに障害が発生した場合、適切に管理されていない場合は壊滅的な影響を及ぼし、潜在的な単一障害点となります。キャッシュ内の最後の既知の値を利用してグレースフル・デグラデーションを実施したり、デフォルトの値を提供したりすることで、この影響を軽減できます。

フィーチャーフラグは、コードの展開とリリースの分離を容易にします。フィーチャーフラグを整理し、常にユニークな名前でフィーチャーフラグを作成する必要があります。移行が完了したら、フィーチャーフラグのコードは完全に削除する必要があります。フィーチャーフラグを放置したため問題が発生した例として、Knight Capitalの事例[3]が挙げられます。そこでは、フィーチャーフラグを再利用してデプロイメントに失敗した結果、1秒当たり数千ドル、最終的には4億6千万ドルの損失につながりました。

5.1.2　トラフィック管理

　APIアーキテクチャに移行する利点の1つは、Attendeeサービスへの新しい変更を、迅速に繰り返して展開できることです。また、モダンアーキテクチャの中では、通信とルーティングの概念を確立しています。これにより、APIゲートウェイへのアクセス（インバウンド）と、通信シェーピングを行うため、サービスメッシュ内で定義された2種類のポイントで、通信を管理することが可能となります。

　Kubernetesとサービスメッシュ型システムの場合、デプロイメントはおおよそ以下のステップに

---

[3] https://blog.statsig.com/how-to-lose-half-a-billion-dollars-with-bad-feature-flags-ccebb26adeec

なります。

1. アプリケーションに必要な変更のプルリクエストを作成し、プルリクエストが承認されてマージされると、デプロイのビルドが自動的に実行されます。
2. ビルドパイプラインは、Docker または Open Container Initiative を使って新しいイメージを作成します。
3. 新しいイメージをコンテナレジストリにプッシュします。
4. 対象環境へのイメージの新規デプロイをトリガーします。

デフォルトでは、Kubernetes は実行中のデプロイメントを新しいデプロイメントに置き換えます。この章の後半では、デプロイとリリースを積極的に分離するために、新しいポッドのリリースを段階的に行うテクニックについて見ていきます。デプロイが完了すると、コードを配置した状態となり、実行中のシステムに対しても、リリースに関する一連のコマンドが続きます。構成は複数のステージを持つこともでき、これはさまざまなリリース戦略を設定する上で利用可能なメカニズムです。トラフィック管理のためにリリースをどのように構成するかを検討する前に、API システム内でどのような種類のリリースが可能か、探る価値があります。

5.2　ケーススタディ：カンファレンスシステムにおけるリリースのモデリング

「1.8.1　セマンティックバージョン管理」（semver、31 ページ）では、API に関連するさまざまなバージョン戦略のアイデアについて説明しました。リリースを考える際、semver のアイデアを API ライフサイクルと組み合わせると便利です。

5.2.1　API ライフサイクル

API の分野は大きく変化していますが、バージョンライフサイクルの最も明確な表現の 1 つは、現在アーカイブされている PayPal API 標準[*4]から来ています。ライフサイクルをモデル化するアプローチを表 5-1 に示します。

表 5-1　API ライフサイクル（PayPal API 標準からの引用）

計画段階（Planned）	技術的な観点からは、API を公開することは非常に簡単ですが、一旦公開され、本番環境で稼働すると、複数の API 利用者を管理する必要があります。計画段階は、API を構築していることを案内し、利用者から API の設計と形式に関する初期フィードバックを収集することを目的としています。これにより、API とその範囲についての議論が可能になり、初期の設計上の決定に組み込むことができます。

---

*4　https://www.infoq.com/news/2017/09/paypal-api-guide/

ベータ版（Beta）	ユーザが統合を開始するためにAPIのベータバージョンをリリースします。ただし、これは一般的にはフィードバックを受けてAPIを改善するためです。この段階では、バージョン管理されたAPIではないため、API提供者は互換性を担保する責任はありません。これは、構造を確定する前にAPI設計について利用者からの迅速なフィードバックを得るのに役立ちます。フィードバックと変更の過程を経て、API提供者はAPIのライフサイクル開始時に、多くのメジャーバージョンを持つことを避けることができます。
本番稼働（Live）	APIはバージョンが付けられ、本番環境で稼働しています。この時点からの変更は、バージョン管理された変更である必要があります。本番稼働APIは常に1つであるべきであり、最新のメジャー／マイナーバージョンの組み合わせで表現します。新しいバージョンがリリースされるたびに、現行のAPIは非推奨に移行します。
非推奨（Deprecated）	APIが非推奨になっても、まだ利用可能ですが、そのAPIに対して重要な新しい開発は実施すべきではありません。 新しいAPIのマイナーバージョンがリリースされると、本番環境における検証が完了するまで、そのAPIは一時的に非推奨となります。新しいバージョンが正常に検証された後、マイナーバージョンは非推奨に移行します。なぜなら、新しいバージョンは後方互換性があり、前のAPIと同じ機能を提供できるためです。 APIのメジャーバージョンがリリースされると、古いバージョンは非推奨となります。これは、利用者が新しいバージョンに移行する機会を与える必要があるため、数週間または数カ月間にわたる可能性があります。APIを非推奨にすると、利用者とのコミュニケーション、移行ガイド、および非推奨APIのメトリクスと利用状況の追跡などを行います。
廃止（Retired）	APIは本番環境から引退し、アクセスできなくなります。

このライフサイクルは、利用者がAPIの変更から何を期待できるかを完全に理解するのに役立ちます。セマンティックバージョン管理とAPIライフサイクルを組み合わせれば、利用者はAPIのメジャーバージョンのみを意識すればよくなります。マイナーおよびパッチバージョンは、利用者側による更新は必要なく、互換性に影響を与えません。APIライフサイクルとトラフィック管理を通じて制御できるコンポーネントを考慮することで、APIの新バージョンをリリースする最適な方法を検討できるようになります。

5.2.2　リリース戦略をライフサイクルにマッピングする

メジャーチェンジ（メジャーバージョンのリリース）はAPIの利用者にとって最も影響が大きいものです。新しいソフトウェアバージョンを利用するために、利用者はAPIと連携するソフトウェアをアップグレードする必要があります。ライフサイクルで定義されているように、利用者がアップグレードと移行を行う時間を確保するため、本番稼働バージョンと非推奨バージョンのAPIを長い間、同時に実行する必要があります。これにより、利用者はアップグレードをいつ行うかを明確に選択できるようになります。これを行う方法の1つは、URLに以下のようにバージョンを追加することです。

```
GET /v1/Attendees
```

バージョンを含めることは実用的で、利用者の目につきやすい特徴があります。ただし、これは

リソースの一部ではなく、一部のグループではRESTfulではないと考えられています。代替案として、以下のように、クラスタへの入り口でルーティングに影響を与える主要なバージョンを表現するヘッダを持つ方法があります。

```
GET /Attendees
Version: v1
```

マイナーチェンジはメジャーチェンジに課される制約を受けません。そのため、新しいAPIのマイナーバージョンをデプロイし、その後、新しいバージョンを導入するためにリリース戦略を変更することも可能です。この種の変更には、利用者からのコード変更は必要ありません。パッチ変更も同様のパターンに従いますが、これらはAPI仕様を全く変更しません。透明性のあるリリースのため、影響がある変更が誤って導入されないように、ビルドプロセスに追加制御を行うことを検討することを推奨します。

「1.8.2　OpenAPI Specificationとバージョン管理」（31ページ）では、仕様間の変更を強調するためにopenapi-diffを利用する方法について説明しました。仕様が後方互換性を持たない場合、ビルドが失敗し、影響がある変更がアーキテクチャに入らないようにすべきです。ただし、APIにおけるリリースの大部分はマイナーチェンジやパッチチェンジであり、疎結合が確保されていれば大きな問題にはならないはずです。

もし利用者とAPI提供者が密結合し、同じチームに所属し、常に一緒に移行する場合、APIのバージョン管理とライフサイクルは重要ではありません。この状況では、両方のコンポーネントを一緒にリリースし、通信を入り口で制御するリリース戦略を考慮することが重要です。通常、このシナリオに対してはブルーグリーンモデルが適しており、これについては「5.3　リリース戦略」（156ページ）でさらにくわしく説明します。

5.2.3　ADRガイドライン：トラフィック管理とフィーチャーフラグを利用してリリースとデプロイメントを分離する

表5-2のADRガイドラインは、リリースとデプロイメントを分離するADRを作成する際に役立ちます。

表5-2　ADRガイドライン：トラフィック管理とフィーチャーフラグを利用してリリースとデプロイメントを分離する

決定事項	リリースとデプロイメントを分離する方法はどのように進めるべきでしょうか？
論点	今日、実際に稼働している既存システムでデプロイメントとリリースを分離することは可能でしょうか？ システム内で利用者とAPI提供者の結合度はどれくらいでしょうか？ トラフィック管理されたAPIの疎結合を担保でき、互換性を確実にテストしたビルドパイプラインを持っていますか？

推奨事項	既存のソフトウェアのデプロイとリリースを分離する作業を開始してください。これは進化的アーキテクチャを可能にし、既存のシステムを単純化するのに役立ちます。 フィーチャーフラグは、この分離を実現する良い方法です。企業が以前にフィーチャーフラグを利用していない場合、フラグに関連する落とし穴を避けるため、推奨されるプラクティスを確認してください。注意深く検討しないと、フィーチャーフラグは単一障害点になる可能性があります。アーキテクチャ内のAPI間の結合の種類を確認し、状況に適した正しいリリース戦略を決定してください。

次節では、利用可能ないくつかのリリース戦略を検討します。

5.3　リリース戦略

デプロイメントとリリースを十分に分離できたら、機能の段階的なリリースを制御するメカニズムを検討することができます。本番環境でのリスクを減少させるため、リリース戦略の選択は重要です。リスク低減は、通信の一部を利用してテスト・実験を実施し、その結果を検証することによって実現されます。結果が成功だと確認できれば、すべての通信へのリリースが実行されます。状況により最適なリリース戦略は異なり、追加サービスやインフラストラクチャを必要とする度合いもさまざまです。APIサービスで利用可能な主要なリリース戦略について、解説していきましょう。

5.3.1　カナリアリリース

カナリアリリース（Canary Releases）[*5]は、ソフトウェアの新しいバージョンを導入し、通信の一部をカナリアに流します。図5-2では、前段階ではゲートウェイ、バージョン1.0のレガシーカンファレンスシステム、バージョン1.0のAttendeeサービスが示されています。レガシーカンファレンスシステムとAttendeeサービス間のトラフィック分割を行うことができますが、これは対象プラットフォームに応じて異なります。デプロイメント段階では、Attendeeサービスの新しいバージョン1.1が展開され、リリース時には一部の通信をバージョン1.1のサービスに流すことができます。

[*5] 「カナリアリリース」という言葉は、炭鉱に最初に入って危険なガスの存在を検知するために使われたカナリアにちなんで付けられました。

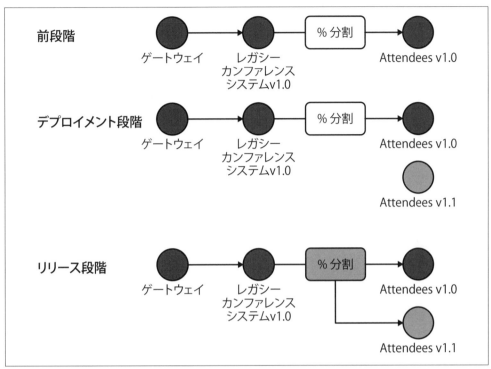

図5-2 カナリアアプローチを利用したAttendeeサービスの展開

　Kubernetesでは、新しいポッドをサービスに導入することで通信の分割を実現できます。このアイデアについては、「5.4　ケーススタディ：Argo Rolloutsを利用したリリース」（161ページ）でくわしく分析しますが、小規模な割合を制御するのはかなり難しいと言えるでしょう。つまり、1%を利用したい場合、99個のv1ポッドと1個のv2ポッドを実行する必要がありますが、ほとんどの場合、これは実用的ではありません。

　サービスメッシュとAPIゲートウェイでは、トラフィックシフト（Traffic Shift）という手法により、対象サービスのバージョンを徐々に切り替えたり移行したりできます[*6]。例えば、サービスの新しいバージョンであるv1.1が、元のバージョンであるv1.0と並行して展開されることがあります。通信シフトによって、最初はユーザ通信のわずかな割合、例えば1%だけをv1.1にルーティングし、その後時間をかけてすべての通信を新しいサービスにシフトさせるカナリアテストあるいはカナリアリリースを行えます。これにより、新しいサービスを監視し、レイテンシやエラー率の増加などの技術的な問題、顧客転換率（Customer Conversion Ratio）や平均ショッピングチェックアウト値などのKPI（Key Performance Indicator）の増加など、望ましいビジネスインパクトを分析すること

[*6] 訳注：ルーティングを切り替えてカナリアリリースを行う場合、カナリアルーティングと呼ぶことがあります。

ができます。トラフィック分割により、対象サービスへの通信を複数のバージョン間で分割し、A/Bテストや多変量テストを実行できます。例えば、対象サービスのv1.0とv1.1に対する通信を半々に分割し、一定期間内でどちらのパフォーマンスが優れているかを確認できます。

サービスメッシュはすべてのサービス間通信に関与しているため、アプリケーション内の任意のサービスで実験的リリースを実装できます。例えば、利用者の会議講演スケジュールの内部キャッシュを実装した新しいバージョンのSessionサービスをカナリアリリースすることができます。これにより、ユーザがスケジュールを表示し、やり取りする頻度に関するビジネスKPIと、サービス内のCPU利用率の減少などの運用SLIの両方を監視できます。

デプロイとリリースの分離：あらゆるところへカナリアを配置する
プログレッシブデリバリー（Progressive Delivery）[7]の台頭と、それ以前から存在した継続的デリバリーにおける高度要件によって、サービス（および対応するAPI）のデプロイメントとリリースを分離できる能力は強力なテクニックと位置づけられています。サービスをカナリアリリースしたりA/Bテストを実行したりする能力は、不備のあるリリースのリスクを軽減し、顧客要件を明確化し、ビジネス競争上の優位性を提供可能です。これについては9章でくわしく学びます。

カナリアリリースは優れたオプションで、カナリア環境へ露出する通信割合を制御可能です。トレードオフは、迅速にシステムの問題を特定し、必要に応じて（自動化可能な）ロールバックできるように、十分なモニタリングが必要である点です。ブルーグリーン戦略などの場合、完全な2つ目のサービス環境を用意しておく必要がありますが、カナリアリリースでは、新しいインスタンスを1つだけ起動すればよいという利点もあります[8]。これにより、コストに加えて、2つの環境を並行して運用する操作の複雑さを低減できます。

5.3.2　トラフィックミラーリング

実験をするためにトラフィック分割を利用するだけでなく、トラフィックミラーリング（Traffic Mirroring）を利用して通信をコピーまたは複製し、特定の場所に送信することもできます。トラフィックミラーリングでは、複製されたリクエストの結果は、通常、呼び出し元のサービスやエンドユーザに返されません。代わりに、レスポンスは正確性のために帯域外で評価されます。評価には、例えば、リファクタされたサービスと既存サービスによって生成された結果の比較、あるい

---

[7] https://redmonk.com/jgovernor/2018/08/06/towards-progressive-delivery/
[8] 訳注：ブルーグリーン戦略とカナリアリリースの違いを一言で言えば、ブルーグリーン戦略は、2種類の環境（現環境と新環境）を並行稼働して全ユーザに公開する（＝トラフィックを一度に切り替える）ことでダウンタイムやリリース時のシステムトラブルを防ぐ方法です。一方、カナリアリリースとは、一部のユーザに絞って新環境を限定公開してテストを行い、テストが完了した場合に全ユーザへの公開を行います。

は、レスポンスの遅延や必要なCPUなど、新しいサービスバージョンがリクエストを処理する様子を観察するなどが挙げられます。

トラフィックミラーリングを利用すると、ユーザに新しいリリースについては通知せず、内部で必要な効果を観察できるダークローンチ（Dark Launch）を実行できます。主な違いは、実験／リリースフェーズ中にAttendeeサービスv1.1へのリクエストを複製するトラフィックミラーリング能力です。図5-3では、前段階とデプロイメント段階はカナリアリリースと同じです。通常、ダークローンチは特殊なカナリアリリースと言えるでしょう。

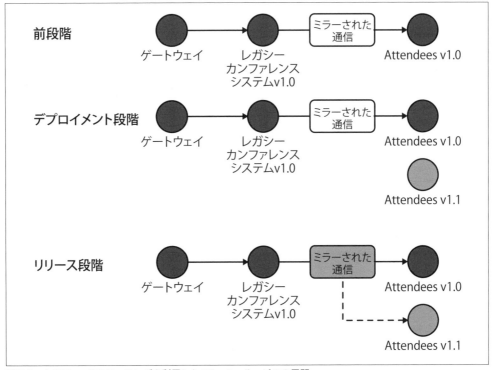

図5-3　トラフィックミラーリングを利用したAttendeeサービスの展開

トラフィックミラーリングを利用することは、ここ数年でますます一般的になってきています。今ではサービスメッシュを利用することで、内部サービス全体に効果的かつ一貫してこれを実装できます。内部キャッシュを実装した新しいバージョンのAttendeeサービスをリリースすると、リリースの運用パフォーマンスを評価できますが、ビジネスへの影響は評価できません。

5.3.3　ブルーグリーン戦略

ブルーグリーン戦略は、通常、ルータ、ゲートウェイ、ロードバランサを利用するアーキテクチャ

内の特定のポイントで実装され、その後ろに完全なブルー環境とグリーン環境が配置されます。ブルー環境を現在の本番環境とし、グリーン環境は次にリリースする環境となります。グリーン環境は、本番通信への切り替え前に検証を行い、本番環境への切り替え時に通信はブルーからグリーンに切り替えられます。ブルー環境は「オフ」になりますが、問題が発生した場合は迅速にロールバック可能です。次の変更ではグリーンからブルーに移行し、最初のリリースから入れ替えられ続けます。

図5-4では、レガシーカンファレンスシステムとAttendeeサービスがいずれもv1.0で、ブルーモデルを表しています。デプロイメント中に、レガシーカンファレンスサービスサービスv1.1とAttendee v1.1を一緒に展開し、グリーン環境を作成しようとしています。リリースステップ中、ゲートウェイがグリーン環境を指すように構成が更新されます。

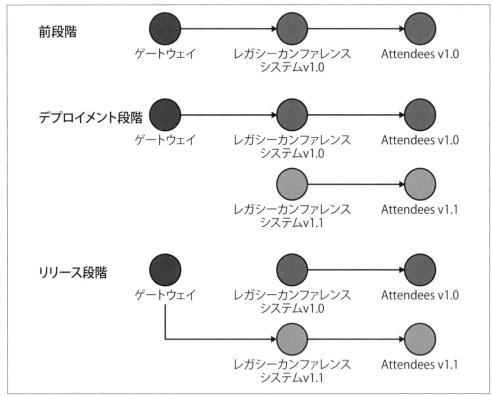

図5-4　ブルーグリーン戦略を利用したAttendeeサービスの展開

ブルーグリーン戦略は、その単純さからうまく機能し、連携したサービスにとってはより優れたリリース手法の1つです。また、持続的なサービスを管理しやすくなりますが、ロールバックする場合には注意が必要です。加えて、現在アクティブな環境と並行してコールド環境を維持する必要

5.4 ケーススタディ：Argo Rolloutsを利用したリリース

があるため、リソース数を2倍にする必要があります。

5.4 ケーススタディ：Argo Rolloutsを利用したリリース

ここで議論されている戦略は多くの価値を提供してくれますが、リリース自体は手動で管理したくないタスクです。Argo Rollouts（https://argoproj.github.io/rollouts/）は、そのタスクを自動化してくれるツールです。Argoを利用すると、Attendee API v1.2の新しいカナリアをリリースする戦略を表現するRollout CRDを定義できます。カスタムリソース定義（CRD：Custom Resource Definition）を利用することで、ArgoはKubernetes APIを拡張してリリースをサポートできます。CRDはKubernetesでよく使われるパターンであり、ユーザは複数の機能をサポートするAPIとやり取りできます。

Rollout CRDは、新機能のロールアウト戦略と標準のKubernetes Deployment CRDを組み合わせたものです。次の設定用YAMLでは、Attendee APIのポッドを5つ実行し、新機能を展開するためのカナリアアプローチを指定しています。展開をトリガーすると、ポッドの20%が新しいバージョンに切り替えられます。pauseパートに記載された中括弧 {} 構文は、ユーザからの確認を待つようにArgoに指示します。

```
apiVersion: argoproj.io/v1alpha1
kind: Rollout
metadata:
  name: Attendees spec:
replicas: 5
strategy:
  canary:
    steps:
      - setWeight: 20
      - pause: {}
      - setWeight: 40
      - pause: {duration: 10}
      - setWeight: 60
      - pause: {duration: 10}
      - setWeight: 80
      - pause: {duration: 10}
  revisionHistoryLimit: 2
selector:
  matchLabels:
    app: Attendees-api
template:
  metadata:
    labels:
      app: Attendees-api
  spec:
    containers:
      - name: Attendees
        image: jpgough/Attendees:v1
```

Argoをクラスタにインストールし、前述の設定を適用すると、クラスタではバージョン1のAttendeeサービスのポッドが5つ実行されます。Argoの非常に便利な機能の1つはダッシュボードで、現在の展開ステータスを視覚化できます。図5-5はリリースの初期ステータスを示しており、Attendees v1サービスのポッドを5つ実行しています。

図5-5 Argo Rolloutsのポータル画面

次のコマンドを実行すると、v1.2のカナリアがプラットフォームに導入されます。

kubectl argo rollouts set image Attendees Attendees=jpgough/Attendees:v1.2

図5-6では、リリースが初期段階にあり、Attendees v1.2のカナリアに20%のウェイトが設定されています。ユーザインターフェースが示すように、リリースは現在一時停止段階（Pause）にあり、ユーザインターフェースまたはコマンドラインから、リリースを継続させる指示がトリガーされる

のを待っています。また、問題が発生した場合には、カナリアリリースを迅速にロールバックすることも可能です。

図5-6 Argo Rolloutsによるカナリアリリース

　この単純な例では、Kubernetesレベルのみを探索しましたが、サービスメッシュ機能と完全に統合してリリースを制御することも可能です。また、NGINXやAmbassadorなどのインバウンドゲートウェイと統合して、リリースとトラフィック管理を調整することもできます。Argoのようなツールは、トラフィック管理を含めたリリース管理を行うのに非常に役立ちます。

　手動リリースに加え、メトリクス分析に基づいたリリースも可能です。以下は、Prometheusメトリクスを利用してカナリアのリリース成功率を分析する`AnalysisTemplate`の例です。この分析ステージは`Rollout`定義で表現でき、成功基準が満たされた場合にリリースを進行させることができます。

```
apiVersion: argoproj.io/v1alpha1
kind: AnalysisTemplate
metadata:
  name: success-rate
spec:
  args:
  - name: service-name
  - name: prometheus-port
    value: 9090
  metrics:
  - name: success-rate
    successCondition: result[0] >= 0.95
    provider:
      prometheus:
        address: "http://prometheus.example.com:{{args.prometheus-port}}"
```

　成功率（Success Rate）は非常に単純なメトリクスです。しかし、APIが失敗する原因の多くは、インフラストラクチャの障害ではなく、API利用者からのリクエスト通信によるものです。APIの観点から重要な原則のいくつかを探ってみましょう。この原則は、基盤運用のみならず、リリース戦略にも利用可能です。

5.5　成功の監視と失敗の特定

　「イントロダクション」で紹介したレガシーカンファレンスシステムのケーススタディで、モノリシックアプリケーションの問題を調査するアプローチを考えてみてください。モノリシックアプリケーションでは、リクエストとアプリケーション処理を追跡可能なログファイルしかありません。サーバ上のプロセス全体の健全性（ヘルスチェック）を把握する際、調べるべきアプリケーションは1つだけです。Attendeeサービスなどの複数サービスに分離すると、運用上の複雑さが増加します。サービス間のやり取りが増えると、障害の可能性が増加し、何が問題なのかを検出することが困難になります。

5.5.1　オブザーバビリティの三本柱

　APIアーキテクチャは疎結合であり、適切なサポートがない場合、理解とトラブルシューティングが複雑になります。オブザーバビリティはシステムに透明性を提供し、何が起こっているかを常に完全に理解できるようにします。オブザーバビリティは、分散アーキテクチャの理解に最低限必要な運用コンポーネントを示す三本の柱で説明可能です。

- メトリクス（Metrics）は定期的に取得されるべき重要なコンポーネントの状態を表現する測定値で、プラットフォーム全体の健全性を示しています。メトリクスはプラットフォーム全体で異なるレベルにすることができます。メトリクスの内容は自由であるため、プラットフォームが取得すべき重要なメトリクスを決定できます。例えばJavaプラットフォームは

CPU利用率、現在のヒープサイズ、ガベージコレクションの一時停止時間などを取得することを選択するかもしれません。
- **ログ（Log）**は特定のコンポーネントからの処理の詳細を示します。ログの品質は通常、ログを送信するアプリケーションやインフラストラクチャに密接に関連しています。ログ形式はログデータの検索と処理の有用性に大きな影響を与え、構造化されたログはより良い検索と取得を容易にします。分散システムでは、通常、ログ単体では不十分であり、トレースとメトリクスが提供するコンテキストの追加によって、より良い調査が可能になる場合が多数あります。
- **トレース（Trace）**は分散アーキテクチャに移行する際に不可欠なものであり、アーキテクチャ内でやり取りするすべてのコンポーネントを介して各リクエストの追跡を可能にします。例えば、リクエストが失敗した場合、トレースによって、失敗しているアーキテクチャコンポーネントを素早く特定することができます。トレースは、リクエストの送信元にできるだけ近いところにユニークなヘッダを追加することで機能します。このヘッダは、以後全てのリクエストに含まれ拡散されていきます。リクエストが異なるインフラストラクチャ（例：キュー）に移動した場合、一意なヘッダはメッセージエンベロープに記録されます。

詳細は、Cindy Sridharan氏の著書『Distributed Systems Observability』（O'Reilly、https://oreil.ly/ZVDL0）に記載されています。

プラットフォーム全体で三本柱を実装するだけでは十分ではありません。「5.5.3　シグナルの読み取り」（166ページ）では、APIプラットフォームに関わるインフラストラクチャを運用するため、オブザーバビリティの三本柱をどのように活用するかを取り上げます。

　オブザーバビリティの三本柱に関しては、OpenTelemetryプロジェクト[*9]が最適なスタート地点です。このプロジェクトは、Cloud Native Computing Foundation（CNCF）においてオープンスタンダードを提供しており、ベンダーロックインを防ぎ、最も広範な互換性を実現します。メトリクスとトレースの標準はすでに作成されて安定しています。（候補となる送信元が非常に多岐にわたるため）ログはより複雑な問題ですが、OpenTelemetryプロジェクトでも取り扱われています。

5.5.2　APIにとって重要なメトリクス

　APIプラットフォームにとってどのメトリクスが重要かを考えることは、障害を早期に発見し、場合によってはそれを防ぐのに役立つ重要な決定です。さまざまなメトリクスを測定・収集することができますが、いくつかのメトリクスはプラットフォームにも依存します。REDメソッド

[*9] https://opentelemetry.io/

（Rate・Errors・Duration）は、通信に基づくサービスアーキテクチャを測定する1つのアプローチとして、しばしば注目されています。その魅力の1つは、これらのメトリクスが、ある時点で何が起こっているのかについて、優れた概要を提供することです。Rateはサービスが1秒間に処理するリクエスト数（またはスループット）、Errorsはどんなエラーが返されたか、Durationは各リクエストの継続時間または待ち時間を示します。サイト信頼性エンジニアリング（SRE）の世界では、これらのメトリクスは「4つのゴールデンシグナル」（レイテンシ、通信、エラー、飽和）を導き出すのに役立ちます。

　おそらくRED／ゴールデンシグナルの最大の欠点の1つは、ルールに注視してしまいがちで、システムのより広いコンテキストを見逃してしまう点です。例えば、APIからのすべてのエラーは、一連のリクエスト群に関連するサービスが原因と言えるでしょうか？ APIにとって、エラーのコンテキストは本当に重要です。例えば、500番台のエラーは、インフラストラクチャやサービスに起因する障害を意味するものとして重要です。400番台のエラーはサービスの問題ではなく、クライアント側の問題ですが、このエラーコードを無視してもいいのでしょうか？ 連続した403 Forbiddenエラーは、悪意のある攻撃者が、閲覧権限がないデータにアクセスしようと試みている可能性があります。これらは、コンテキストが重要である理由の一例であり、どのメトリクスが重要であるかを調査するために費やした時間は、REDメトリクスの枠を超えてAPIを理解する上で需要です。

　重要なメトリクスは、問題に迅速に対処できるようにするために、アラートに結び付けられるべきです。アラートを設定する際には、誤検知を避けるために注意する必要があります。例えば、アクティビティが少ない、または全くない場合にアラートが生成されるロジックの場合、銀行の休業日や週末にトリガーされる可能性があります。この種のアラートは、コア業務時間帯にのみスケジューリングするか、あるいはWebサイトの現在のログイン数に関連付けるとよいでしょう。

　カンファレンスシステムのケーススタディでは、次の項目が重要なメトリクス例と考えられます。

- 利用者ごとの1分間当たりのリクエスト数。
- 利用者用のサービスレベル目標（SLO）は、レスポンスの平均レイテンシです。レイテンシが著しく逸脱し始めたら、それは障害の初期兆候かもしれません。
- 外部CFPシステムからの401エラーの数は、侵害やトークンの盗難を示す可能性があります。
- Attendeeサービスの可用性と稼働時間の測定。
- アプリケーションのメモリとCPUの利用状況。
- システム内の利用者の総数。

5.5.3　シグナルの読み取り

　ここまで、オブザーバビリティとその重要性、および各項目の目的について説明してきました。APIの主要なメトリクスについても説明しましたが、コンテキストなきメトリクスだけでは不十分

であることについても言及しました。また、実行中のアプリケーションからガベージコレクションに費やす時間など、収集すべきメトリクスのアイデアを紹介しました。ガベージコレクションに費やす時間が増えると、アプリケーションが障害を起こす兆候になるためです。通常、ガベージコレクションにはアプリケーションを一時停止させる時間が発生し、それによりリクエストが遅延し、レイテンシに影響を及ぼす可能性があります。こうした兆候を早期に見つけることは、車のエンジンが異音を発しているのと同様に、動作はしているが何かがうまくいっていないことに気付くヒントとなります。

　シグナルを読み取るためには、期待値またはベースラインを確立することが本当に役立ちます。その範囲内で測定し、範囲外の場合にアラートを出せば、問題を発見するのに役立ちます。次のステップは、影響を受けているAPIレイテンシの実際のメトリクスを観察することです。これはエンジン警告灯が点灯したのに相当します。潜在的な問題の兆候をより早く読み取ることができれば、クライアントに影響を及ぼす問題の発生確率を低減できます。これらの両方の対策が無視されると、最終的にアプリケーションが停止し、チームは修復作業に追われることになります。

　ソフトウェアと主要なメトリクスの関連を理解することは、問題を早期識別し、できれば解決できる成熟した運用プラットフォームにつながります。分散アーキテクチャでは障害は避けられないものであり、障害のシナリオにおいて、トレースは根本原因の絞り込みを行う調査の起点となります。トレースのようなツールがなく、問題の原因を突き止めるために開発者がログを調査し、だれがそれを引き起こしたのか「犯人」の手がかりを見つけようとすれば、数時間かかることがありました。もう1つの重要な考慮事項は、チームがさまざまなイベントにどれくらい迅速に対応するかです。初めての対応が、すべてのAPIトラフィックが機能しない場合だったら、ストレスを感じるはずです（そして、おそらくビジネスへの影響も考えられます）。

5.6　アプリケーションレイヤの考慮事項

　分散アーキテクチャでは、ソフトウェアをリリースする際に新たな課題と考慮事項が発生します。アプリケーションレベルでの変更が必要になります。このセクションでは、分散アーキテクチャでのソフトウェアリリース時の注意点と、問題解決方法を説明します。

5.6.1　レスポンスキャッシュ

　特にゲートウェイやプロキシなどのアプリケーションコンポーネントに関しては、レスポンスキャッシング（Response Caching）が現実的な問題になることがあります。以下のシナリオを考えてみましょう。Attendeeサービスのカナリアリリースを試み、すべてがうまく進捗しているように見えたため、すべての新しいサービスの展開を進めます。しかし、GET /Attendeesを呼び出すサービスはプロキシを利用しており、現在、いたるところでエラー500を起こしています。調査した結果、新しく展開したコードに不具合があったのですが、キャッシュによりその事実が表面化し

ていなかったことが判明しました。

結果をキャッシュしないようにするため、GETリクエストを行うクライアントにヘッダを設定することが重要です。例えば、*Cache-Control: no-cache, no-store*のように設定します。最終的にはキャッシュが期限切れになり、最新の状態を取得できるようになります。

5.6.2 アプリケーションレベルのヘッダ伝播

APIリクエストを終了し、別のサービスにリクエストを作成するAPIサービスは、終了したリクエストから新しいリクエストにヘッダをコピーする必要があります。例えば、トレースやオブザーバビリティに関連するヘッダは、ダウンストリームリクエストに追加する必要があります。

認証ヘッダおよび認可ヘッダは、ダウンストリームに安全に送信可能か検討する必要があります。例えば、認証ヘッダを転送すると、あるサービスが別のサービスまたはユーザになりすませる可能性があるため、注意が必要です。ただし、OAuth2ベアラートークンは（トランスポート層が安全である限り）ダウンストリームに送信しても安全です。

5.6.3 デバッグを支援するためのログ記録

分散アーキテクチャでは、何かしらの問題が発生することがあります！ 特にキャッシュを考慮しない場合、リクエストがサービスに届いたことを確認できることには非常に価値があります。ログは、ジャーナル（journal）と診断ログ（diagnostics）という2種類に分けて考えると便利です。**ジャーナル**はシステム内の重要なトランザクションやイベント取得に利用され、慎重に取得することが一般的です。ジャーナルの例として、新しいメッセージの受信とそのイベントの結果が挙げられます。**診断ログ**では、ジャーナル外において、処理の失敗や予期しないエラーを分析するために利用します。構造化されたログの一部として、ログの種類を表すフィールドを追加することができ、ジャーナルや完全な診断ログに素早くアクセスできるようになります。

5.6.4 提供価値を体現したプラットフォームの実現

このセクションで取り上げた決定事項については、どのようなアプローチを取るか、意識的な決定をしていないため、作業を繰り返したり、一貫性のないアプローチを取ることがよくあります。この問題を解決する選択肢の1つは、プラットフォームチームを構築し、提供価値を体現したプラットフォーム（opinionated platform）を開発することです。提供価値を体現したプラットフォームは、技術プラットフォームの一部として問題の解決方法に関する主要な決定を行い、すべての開発者が同じプラットフォーム機能を実装する「車輪の再発明」を回避します。

提供価値を体現したプラットフォームが成功するためには、本番環境にリリースするまでのステップを強化する必要があり、プラットフォームで運用するために必要なDevOpsやその他の主要要因を考慮する必要があります。これは、本番環境への「舗装された道」（paved path）または「黄

金の道」（golden path）と呼ばれます。開発チームが利用したいと思い、ビジネス上の問題解決を容易にするプラットフォームは、採用の可能性がはるかに高くなります。提供価値を体現したプラットフォームの構築は制約を生むため、開発者の自由と、アプリケーションが期待通りに動作する事実との間にトレードオフが存在することを覚えておいてください。

5.6.5 ADRガイドライン：提供価値を体現したプラットフォーム

提供価値を体現したプラットフォームを構築するという選択は、プラットフォームの開発者が設計プロセスに参加することで最も成功します。表5-3のガイドラインでは、提供価値を体現したプラットフォームを成功させるために、どのような点を考慮すべきか、開発者を巻き込むことの重要性を探ります。

表5-3 ADRガイドライン：提供価値を体現したプラットフォーム

意思決定	デプロイメントとリリースにおいて、提供価値を体現したプラットフォームを採用すべきですか？
論点	組織内でソフトウェアを開発するための利用言語は何ですか？ 提供価値を体現したプラットフォーム内で統一することは可能でしょうか？ 組織は、開発者を顧客とみなして権限を与え、提供価値を体現したプラットフォームを内部プロダクトとして運用できる体制になっていますか？ プラットフォームを導入する際、どのような制約または機能が価値をもたらすでしょうか？ 例えば、モニタリングとオブザーバビリティは開発者にデフォルトで提供されるべき機能ですか？ プラットフォームの推奨事項をどのように更新し、既存のプラットフォームを利用しているチームに移行手順を提供しますか？
推奨事項	開発者をプラットフォーム製品の顧客と考え、開発者からのフィードバックを受け入れる仕組みを作成します。 主要な機能は、開発者にとってできるだけ透明性があるべきです（例えば、オープンテレメトリを導入するライブラリの設定など）。 新しいアプリケーションは常にスタック内の最新機能を取得します。ただし、既存のプラットフォームユーザが最新機能に簡単にアクセスできる方法をどのように確保しますか？

5.7 まとめ

この章では、APIアーキテクチャでのソフトウェアのデプロイとリリースについて紹介しました。

- 有意義な出発点は、デプロイメントとリリースを分離することの重要性を理解することです。既存のアプリケーションでは、フィーチャーフラグは、コードレベルで新しい機能を構成・有効化する方法の1つです。
- トラフィック管理は、通信のルーティングを利用してリリースを管理する手法を提供します。
- メジャー、マイナー、パッチリリースは、リリースオプションを分けるのに役立ちます。密結合したAPIを持つアプリケーションでは、異なる戦略が必要かもしれません。
- リリース戦略と適用される状況について検討し、Argoのようなツールを活用し、効果的な展開をサポートする方法を紹介しました。

- モニタリングとメトリクスは、APIプラットフォームでの成功の重要な指標です。なぜ一部のメトリクスが落とし穴となり、誤った解釈を生むか、説明しました。また、オブザーバビリティの基本と、これらの技術を適用することがAPIプラットフォームの運用に成功する上で決定的に重要である理由を学びました。
- 最後に、効果的な展開をサポートするためのアプリケーションの考慮事項と、全体の一貫性を目指す際にプラットフォーム開発者が考慮すべき点について検討しました。

APIを効果的にデプロイおよびリリースすることは、成功するAPIアーキテクチャを構築するために不可欠です。ただし、APIシステムが直面するセキュリティの脅威について考え、リスクを効果的に緩和する方法を検討することも重要です。これが6章の焦点になります。

6章
セキュリティ運用：脅威モデリング

　ここまで、デザイン、テスト、デプロイメント、APIのリリース戦略と、APIライフサイクル全体を解説してきました。Attendee APIは、外部システムに公開する準備ができているように見えるかもしれません。APIは素早く構築できますが、将来の互換性を考慮して設計するのは難しく、セキュリティを確保するのはさらに難しい課題です。実際のところ、開発者やアーキテクトは機能を提供することに焦点を当てており、セキュリティはプロジェクトの終盤になるまで考慮されないことがしばしばあります。

　この章では、セキュリティが重要である理由と、適切なセキュリティを確保しないと、金銭的被害と風評被害があるか説明します。システムアーキテクチャにおけるセキュリティ上の脆弱性を調査し、本番環境で遭遇する可能性のある脅威を判断する方法を学びます。もちろん、すべての脅威を特定できるわけではありません。攻撃者は巧妙で、脅威の状況は常に変化しています。しかし、アーキテクトにとっての重要なスキルは、セキュリティの設計と実装を「シフトレフト」（Shift Left）することです[*1]。ソフトウェア開発ライフサイクル内でセキュリティを考慮する時期が早ければ早いほど（つまり、これをどれだけ前倒しできるか）、一般的には脅威の状況変化に対応するのが

[*1] 理想的には「スタートレフト」、つまり開発の最初からセキュリティを前提として取り入れるべきでしょう。
　　訳注：また、類似した概念として、セキュリティバイデザイン（Security by Design）が知られています。デジタル庁が2022年に発表したガイドラインでは「情報システムの企画工程から設計工程、開発工程、運用工程まで含めた全てのシステムライフサイクルにおいて、一貫したセキュリティを確保する方策」と定義しています。また、当該ガイドラインでは、セキュリティバイデザインを導入するメリットとして、一貫したセキュリティ対策の実装が可能となり、致命的なセキュリティ対策の漏れなどによる上流工程への手戻りを防止でき、納期確保やセキュリティコスト低減が可能になることを挙げています。
　　https://www.digital.go.jp/resources/standard_guidelines

容易となり、費用対効果が高くなります[*2]。これは、APIのセキュリティ設計に携わる際に、十分な情報に基づいた意思決定を行うのに役立ちます。

「4.8.3 セキュリティの強制：トランスポート層のセキュリティ、認証・認可」（121ページ）では、mTLSを利用してコントロールプレーンまたはシステム内での通信をセキュアにする方法を説明しました。しかし、通信のセキュリティや認証・認可以外にも考慮すべき内容が存在します。また、コントロールプレーンの範囲外にある外部システムが導入されれば、新たな脅威に対するアプローチが必要になります。

6.1　ケーススタディ：Attendee APIにOWASPを適用する

安全なシステム設計に向けた試みを始めるにあたり、脅威モデリングの導入から始めます。図6-1に示すように、AttendeeサービスとAPIを利用して脅威モデルを検討します。

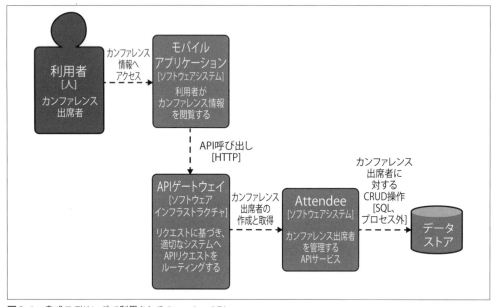

図6-1　脅威モデリングで利用されるAttendee API

脅威モデリングの目的は、潜在的なセキュリティの弱点を探し出すことです。そこで、問題を見

[*2] 訳注：NIST（米国標準技術研究所）の調査研究は、ソフトウェア開発のさまざまな段階で発見された脆弱性の修復にかかる相対的なコストは、バグを発見するまでの時間が長いほど大きくなると分析しています。具体的には、要件定義フェーズで作り込まれた脆弱性を要件定義フェーズで修正した際のコストを1とした場合、当該脆弱性をリリース後に修正すると30倍のコストがかかると指摘しています。イギリスのことわざに「1オンスの予防は1ポンドの治療に匹敵する」とあるように、まさに各フェーズで対策することが重要だと言えます。
https://www.nist.gov/system/files/documents/director/planning/report02-3.pdf

つける際のインスピレーションの源として、あるいは発見された脅威に対処する際の緩和策として活用可能な OWASP API Security Top 10[3] を紹介します。この章の終わりまでに、脅威モデリングとはどのようなものか、そして自分のプロジェクトにどのように適用できるかを理解できることでしょう[4]。

Open Worldwide Application Security Project（OWASP）は、ソフトウェアのセキュリティ向上のために活動している非営利団体です。OWASPによる最もよく知られたプロジェクトは OWASP Top 10 で、これは Web アプリケーションが直面する最も重要なセキュリティリスクのリストです。2019年に、OWASP は新しい Top 10 リストである API Security Top 10 を発表しました（2023年に更新版が公開されています）。このリストは、セキュリティ専門家がセキュリティ侵害とバグ報奨プログラムを調査し、またペネトレーションテスターがトップ10に含まれるべき脆弱性について意見した結果に基づいています。注意すべきは、これは直面するすべての脅威について書かれた包括的なリストではないという点です。ただし、APIがどのように悪用される可能性があるかを考える際、こうした脆弱性を心に留めておくべきです。これらのリストは定期的に更新されるため、トップ10の変更・更新情報を押さえておくことは重要です。

6.2　外部APIを保護しないリスク

セキュリティは魅力的なトピック[5]ですが、機械学習、ビッグデータ、量子コンピューティングなどの技術ほど人気はありません。ほとんどのソフトウェア専門家にとって、セキュリティは優先事項ではありません。開発者はビジネスソリューションのコーディングに集中し、SREチームはシステムの稼働を確保し、プロダクトオーナーは新しい価値ある機能の計画に注力します。セキュリティはしばしば後回しにされ、セキュリティチームに理解がある場合でも、彼らに全てが委任されてしまうこともあります。顧客が認知する付加価値（perceived value）は、通常は、実装されたセキュリティコントロールではなく、システムが提供するサービス自体にあります。

一方で、セキュリティ侵害は壊滅的な影響を与える可能性があります。通常、組織の評判に重大なリスクが生じます。財政的には、影響は莫大です。「上場企業のサイバー侵害の平均コストは1億1600万ドル[6]」であり、2021年の（非上場企業を含めた）組織のデータ侵害の平均コストは前年から10%増の424万ドル[7]でした。

---

[3]　https://owasp.org/www-project-api-security/
[4]　脅威モデリング実施に関する包括的な参考文献として、Izar Tarandach 氏と Matthew J. Coles 氏による『Threat Modeling』（O'Reilly）を参照してください。
　　https://learning.oreilly.com/library/view/threat-modeling/9781492056546/
[5]　エドワード・スノーデン氏のような有名人や「ミスター・ロボット」のようなテレビドラマが、一般の人々のセキュリティに関する会話を増やしたことは間違いありません。
[6]　https://www.complianceweek.com/cybersecurity/report-average-data-breach-costs-public-companies-116m/29037.article
[7]　https://securityintelligence.com/posts/whats-new-2021-cost-of-a-data-breach-report/

以下に、金銭的にも社会的にも莫大な犠牲を払ったセキュリティ侵害の例をいくつか示します。

- Facebook社：データベースから4億1900万人分のデータが流出[8]
- Equifax社：データ流出は1億4300万人の米国人に影響[9]
- T-Mobile社：セキュリティ侵害で4700万人の個人情報が流出[10]
- Home Depot社：データ漏洩で1750万ドルの和解金[11]
- Capital One社：1億600万件の顧客記録が盗まれ、8000万ドルの罰金を科される[12]
- Tesco Bank社：サイバー攻撃をめぐる不手際で罰金1640万ポンド[13]

最後の2つの記事は、規制に違反したり、適切な対応を行わなかった場合に規制当局が罰則を科したもので、興味深い事例と言えるでしょう。顧客データのガバナンスにどのような要件があるのか、自社の運用環境を確認することが重要です。ユーザからすれば、プライバシーとデータを保護するために適切な措置が取られていることは当然だと考えるでしょう。もし適切な措置が講じられていなければ、あなたの組織は説明責任を果たす必要があります。そのような規制要件の1つがEU一般データ保護規則（GDPR）であり、個人情報管理を強化するものです。違反すれば、重大な罰金が科される可能性があります。現在、GDPRに違反した場合に科せられた最大の罰金としては、7億4600万ユーロの罰金を科せられたAmazon[14]や2億2500万ユーロの罰金を科せられたWhatsApp[15]の例が挙げられます。

組織の説明責任は、組織自体によって開発されたAPIやシステムだけに留まりません。ベンダ製品やオープンソースソフトウェアは、注意深く管理しなければ深刻な課題をもたらします。ベンダ製品が、自社のソフトウェア開発基準と同じ基準に従っていることを確認してください。オープンソースソフトウェアの脆弱性は、広範囲に及ぶ可能性があります。組織がCVE（共通脆弱性識別子）を追跡し、影響を受けたソフトウェアを把握できるようにすることが重要です[16]。

---

[8] https://www.forbes.com/sites/daveywinder/2019/09/05/facebook-security-snafu-exposes-419-million-user-phone-numbers/?sh=3c1082e1ab7f

[9] https://www.forbes.com/sites/leemathews/2017/09/07/equifax-data-breach-impacts-143-million-americans/?sh=23e10a60356f

[10] https://www.theverge.com/2021/8/18/22630446/t-mobile-47-million-data-breach-ssn-pin-pii

[11] https://www.reuters.com/article/us-home-depot-cyber-settlement-idUSKBN2842W5/

[12] https://www.theregister.com/2020/08/07/capital_one_fine/

[13] https://www.bbc.com/news/business-45704273

[14] https://www.wired.co.uk/article/amazon-gdpr-fine

[15] https://www.bbc.com/news/technology-58422565

[16] 訳注：影響を受けたソフトウェアを把握する手法として、SBOM（Software Bill of Materials）が提唱されています。くわしくは、経済産業省の『ソフトウェア管理に向けたSBOM（Software Bill of Materials）の導入に関する手引ver2.0』を参照してください。
https://www.meti.go.jp/press/2024/04/20240426001/20240426001.html

6.3 脅威モデリングの基礎

脅威モデリング（Threat Modeling）は、「アプリケーションに影響を与える脅威、攻撃、脆弱性、対策を特定する技術[17]」です。現実世界にたとえれば、自宅やアパートメントに対して脅威モデリングを適用するなら、出入り口（ドア、窓）のような侵入できるポイントを特定し、鍵の管理方法を特定します。脅威が明確に特定されて初めてセキュリティリスクを低減する方法を考えることができるため、やるべき対策に注力できるメリットもあります。また、セキュリティ向上に向けた取り組みを優先し、無意味な努力や「見せかけ」だけのセキュリティ対策[18]を避けるのに役立ちます。自宅の例で言えば、玄関ドアを鋼製で強化されたドアに変えるのに大金をかけても、その鍵を玄関マットの下や外にある花瓶に置いたままだったら効果がないでしょう。

脅威モデリングは、ソフトウェア開発ライフサイクル全体に統合されるべきプロセスです。理想的には、プロジェクトの初期段階に実施され、システムとアーキテクチャの進化とともに継続的に見直されるべきです。ありがたいことに、脅威モデリングには、明確に定義された方法論が存在します。この本では、MicrosoftのPraerit Garg氏とLoren Kohnfelder氏が設計したSTRIDEを利用します。この方法論については、この章の後半でくわしく学びます。

ソフトウェアシステムの脅威モデリングは、従来、DFD（データフローダイヤグラム）を利用して行われてきました[19]。DFDはシステムの動的な側面（データフロー）を捉えますが、C4モデルは主にシステムの静的な側面（構造）を捉えます。DFDは理解しやすく、データ中心型であり、データがシステムをどのように流れるかを見ることができます[20]。DFDの主要なコンポーネントは以下の通りです。

外部エンティティ（External Entity）
　システムの一部ではないアプリケーションやサービスを意味します。私たちのケーススタディの場合、これはモバイルアプリケーションが相当します。

プロセス（Process）
　ケーススタディで議論しているアプリケーション／タスク、例えばAPIゲートウェイなどです。

データストア（Datastore）
　データが保存されている場所です。ケーススタディの場合、データベースが該当します。

---

[17] https://www.microsoft.com/en-us/securityengineering/sdl/threatmodeling?SilentAuth=1
[18] https://www.schneier.com/blog/archives/2009/11/beyond_security.html
[19] DFDの詳細な説明については、OWASP DFDの紹介ページ（https://owasp.org/www-community/Threat_Modeling_Process#data-flow-diagrams）を参照してください。
[20] 訳注：DFDが利用される前提として、攻撃者が攻撃を仕掛けるためには、データに攻撃コードなどを仕掛ける必要があります。そのため、データの流れに着目することで、攻撃されるポイントを洗い出すことができます。

176 | 6章　セキュリティ運用：脅威モデリング

データフロー（Data Flow）

モバイルアプリケーションからAPIゲートウェイへの接続データの流れを表す接続です。

境界（Boundary）

信頼レベルの変化を示す特権がある境界、信頼のある境界です。ケーススタディの場合、モバイルアプリケーションからAPIゲートウェイまでのインターネット境界が相当します。

脅威モデリングの一環として、図6-2（178ページ）に示すようにDFDを作成しました。

6.4　攻撃者のように考える

アーキテクトと開発チームは、セキュリティは専門家チームの仕事だと考え、セキュリティの課題を考えることをためらうことがあります。しかし、ソフトウェアシステムの主要な構成コンポーネントを設計・構築する人々以上に、潜在的な弱点を特定し理解するのに適している人材がいるでしょうか？　アーキテクトとセキュリティの専門家は、これらの問題に対処するために協力し、さまざまな側面から攻撃を探ることができます。良いニュースは、脅威モデリングを行うため、自分自身がセキュリティの専門家である必要はないということです。ただし、攻撃者または悪意のある行為者のように考える必要があります。

攻撃者のように考えるのは、思っているよりも簡単なことが多いです。なぜなら、あなたはいつも（単に「攻撃者は何をするだろうか？」と自問するだけで）それを行っているからです！　例えば、夜に車を駐車するとき、車の鍵をどのように管理しますか？　車に置きっぱなしにしますか？　おそらく、街中に駐車した場合はそうしないでしょう。しかし、自宅の場合はガレージの小物入れに置いておくかもしれません。あるいは、鍵を玄関に置いておくこともできます。ただし、だれかがドアの隙間からハンガーを使って鍵を盗んだり、車がスマートキーに対応している場合、攻撃者はシグナル増幅を行うリレー攻撃を利用したりするかもしれません。それでは、鍵を2階に持っていけば安心でしょうか？　そして、（電子ロックやイモビライザー[*21]の普及とともにスマートキーは普及していますが）それをファラデーケージ[*22]に入れるでしょうか？　ここで行っているのは、状況を見て脅威を評価し、リスクを分析しながら判断することです。今度はこのアプローチを、明確に定義された方法論の助けを借りてソフトウェアシステムの設計に適用する必要があります。

[*21] 訳注：キーだけでなく、電子的なIDの照合を行うことで、車両盗難や自動車の乗り逃げを防ぐ防犯装置。
[*22] 訳注：外部電磁波を遮断する装置。

6.5 脅威モデリングの方法

ソフトウェア設計と開発における多くの方法論と同様、脅威モデリングにはアーキテクトとエンジニアが長年にわたり洗練されてきた明確な目標、アプローチ、技術があります。脅威モデリングの概要は次の通りです。

1. 目標を特定する：ビジネスとセキュリティ上の目標のリストを作成します。それらはシンプルにすることが重要です（例：不正アクセスを避ける）。
2. 適切な情報を収集する：システムの概要設計を作成し、正しい情報を持っていることを確認します。システムがどのように動作し、連携するかを理解するため、このプロセスでは適切なメンバーに参加してもらう必要があります。
3. システムを分解する：概要設計を分解し、脅威をモデル化できるようにします。これには複数のモデルとダイヤグラムが必要かもしれません。
4. 脅威を特定する：システムに対する脅威を体系的に探します。
5. 脅威のリスクを評価する：リスクを評価し、最も可能性の高い脅威に焦点を当てて、これらの脅威の緩和策を特定します。
6. 検証する：自分自身とチームに、導入された変更が成功したかどうか確認します。もう一度レビューを行うべきかどうかを検討します。

ケーススタディを使って脅威モデリング演習を実施し、これらのステップをより詳細に探ってみましょう。

6.5.1 ステップ1：目標の特定

脅威モデリングの最初のステップは、目標を特定することです。これこそ、脅威モデリングを実施する原動力と言えるでしょう。自身のシステムの目標を決定する際には、どのようなセキュリティ目標を達成しようとしているかに焦点を当てるべきです。これらの目標は、あなたの組織全体から決定されるべきであり、単にあなたのチームや情報セキュリティチームからのものだけでなく、ビジネス目標から導かれることも多いです。例えば、データ漏洩を避けて訴訟を防ぐ、GDPRなどの規制を遵守するなど、セキュリティ目標はビジネス目標から提供されることがよくあります[23]。こうした目標が、組織のごく一部門で定義された場合、組織が本来直面する最も重要な問題の全体像を把握できない可能性があります。Attendeeサービスにおける目標は、OWASP Top 10の問題を緩和し、外部の第三者によるAPIの利用に備えることです。

---

[23] 訳注：重要なポイントとして、目標は具体的に設定する必要があります。抽象度が高い目標、例えば「高いセキュリティを保つこと」といった目標にしてしまうと、何を対策すればよいか、後続プロセスが不明瞭になってしまう可能性があります。

6.5.2 ステップ2：適切な情報を収集する

　目標を把握したら、脅威モデリングの第2ステップは、システムがどのように動作するか、情報収集を行うフェーズです。脅威モデリングでは、システムの各領域、および関連するコードベースまたは製品の専門家に参加してもらう必要があります。これは、すべてがどのように動作し、隠れた仮定や前提が置かれていないかを理解するためです。Attendee APIの場合、モバイル、ゲートウェイ、データベース、Attendeeサービスなど、すべてのコンポーネントを横断して作業するチームメンバーを参加させる必要があります。

6.5.3 ステップ3：システムを分解する

　脅威モデリングプロセスの第3ステップは、データの流れとコンポーネント間のやり取りを示すシステム図を作成することです。協力して収集した情報は、DFD作成に利用されます。ダイヤグラムの作成には時間がかかるため、専用の脅威モデリングツールを利用することをお勧めします。図6-2に示したケーススタディのDFDでは、Microsoft Threat Modeling Tool[*24]を利用しましたが、他のツールも利用可能です。

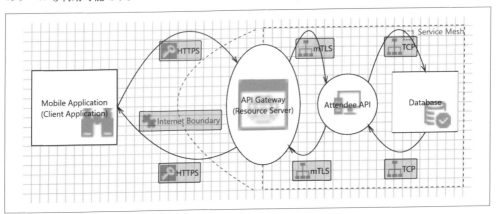

図6-2　データフローダイヤグラム

6.5.4 ステップ4：STRIDEを利用して脅威を特定する

　脅威モデリングのステップ4は、システムへの脅威を検討する最も重要なフェーズです。DFDを分析する際には、脅威モデリングの目的を念頭に置くことが重要です。さもないと、目的外の分析

[*24] Microsoft Threat Modeling Toolは以下からダウンロードできます。
https://www.microsoft.com/en-us/securityengineering/sdl/threatmodeling?SilentAuth=1
また、以下のOWASP Threat DragonのGitHubリポジトリを通じて他のオプションを探すこともできます。
https://github.com/OWASP/threat-dragon

を実施してしまう可能性があります。

　Microsoft Threat Modeling Tool[25]のような専用ツールを利用する利点は、STRIDEを利用していくつかの自動分析を行うことができることです。生成された一覧は完全ではありませんが、出発点として利用できます。Attendee APIシステム用に生成された脅威一覧は、図6-3で示しています。この場合、ツールは27種類の潜在的な脅威を見つけました。

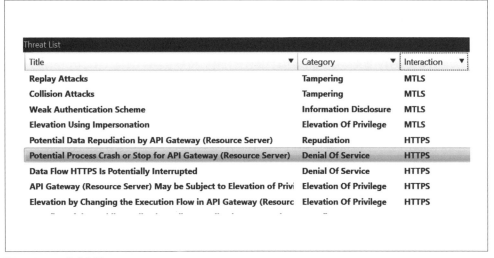

図6-3　DFD脅威分析

STRIDEは以下の頭文字をとったものです[26]。

Spoofing（なりすまし）
　　ユーザの認証情報を破ること。この場合、攻撃者はユーザの個人情報または認証手順を再現できる情報を入手しています。なりすましの脅威は、狡猾な攻撃者が有効なシステムユーザまたはリソースになりすましてシステムにアクセスし、システムセキュリティを侵害することにつながります。

Tampering（改ざん）
　　検知の有無にかかわらず、システムまたはユーザデータを変更することです。許可されていない（通信中あるいは保存された）情報の変更、ハードディスクのフォーマット、悪意のある侵入者が通信にネットワークパケットを流したり、機密ファイルに変更を加えることはすべて

---

[25] 訳注：Microsoft Threat Modeling Toolの使い方は、FFRIのブログを参照してください。
　　 https://engineers.ffri.jp/entry/2021/12/23/101940
[26] 利用した定義は、STRIDEの生みの親であるLoren Kohnfelder氏とPraerit Garg氏が1999年に書いた論文「The threats to our Products」（https://adam.shostack.org/microsoft/The-Threats-To-Our-Products.docx）によります。

改ざんの脅威です。

Repudiation（否認）

トレースできない状態で、信頼されていないユーザが不正な操作を行うことを意味します[27]。否認の脅威は、証拠がないまま、（悪意があるかどうかにかかわらず）ユーザが不正行為を否認できることです。

Information disclosure（情報漏洩）

ユーザの個人情報またはビジネスに関する重要な情報を漏洩させることを意味します。情報漏洩の脅威は、本来、見る権限のない個人・団体に情報をさらすことです。ユーザがアクセス権を持っていないファイルを読んだり、コンピュータ間でデータ転送中に侵入者がデータを盗み見たりすることは、どちらも情報漏洩の脅威に当たります。この脅威は、なりすましの脅威とは異なり、攻撃者が情報に直接アクセスすることができれば脅威となり、正当なユーザになりすましをする必要はありません（一方、なりすましが実現できれば、情報漏洩の脅威の可能性が高いと言えるでしょう）。

Denial of Service（サービス拒否）

システムを一時的に利用不可または利用不能にすること、例えば強制的再起動やユーザのコンピュータを再起動させる可能性のある攻撃（＝DoS攻撃）です。攻撃者がシステムリソース（処理時間、ストレージなど）を一時的に利用不可または利用不能にできる場合、サービス拒否の脅威が発生します。システムの可用性と信頼性を向上させるためには、サービス拒否の脅威から保護する必要があります。ただし、一部のサービス拒否の脅威には、防御が非常に難しいケースも存在します[28]。

Elevation of privilege（権限昇格）

特権のないユーザが特権アクセスを取得し、それによりシステム全体を完全に侵害または破壊できる十分なアクセス権を持つ状態を意味します。この脅威のより危険な側面は、システム管理者に知られず特権を悪用し、システムを侵害することです。権限昇格の脅威には、適切に許可されている以上の特権が攻撃者に付与された状態となり、全体のセキュリティを完全に侵害し、致命的なシステムへの損害を引き起こす事態が含まれます。攻撃者はここで実質的にすべてのシステム防御を突破し、信頼性のあるシステム自体の一部となり、何でもできるようになります。

STRIDEは、アーキテクチャの各ポイントでシステムを評価する際、どの脅威が存在するかを確

---

[27] 訳注：「否認」について補足すると、守るべき価値ある情報へのアクセスや対象機器の操作を行ったユーザが、実施した操作を「やっていない」と否定できてしまう特性を意味します。

[28] 訳注：そのため、どこまで対策するかはAPIが想定するサービスレベルにも大きく依存します。

認するために利用できます。また、他にも利用できる脅威モデリングの方法論があります[*29]。

　図6-2のDFDを見ると、クライアントアプリケーションとAPIゲートウェイの間に境界があることがわかります。APIゲートウェイは、通常ネットワークエッジに配置され、「3.6　APIゲートウェイはどこに配置されるべきか？」（75ページ）で学んだようにインターネットに面していることもあります。次に、APIゲートウェイに関連するさまざまな脅威を分析し、システムを一般的なAPIの脆弱性に対して保護する方法を学びましょう。エッジでシステムを保護すれば、通常はシステム全体のリスクを削減できますが、常にそうとは限りません。セキュリティ境界内の内部トラフィックと外部トラフィックで異なる扱いをする境界防御型アーキテクチャ（zonal architecture）から、通信が常に再認証されるゼロトラストアーキテクチャ（Zero Trust Architecture）への移行については、「9.6　境界防御型アーキテクチャからゼロトラストアーキテクチャへ」（251ページ）でくわしく学びます。

　ケーススタディのセキュリティ目標は非常に具体的です。Attendee APIは外部利用できるように準備する必要があり、そのためには各プロセスがOWASP API Security Top 10の問題に確実に対処しなければなりません。これは明確な目標であるため、データフローをOWASPサイトに記載されている問題や脆弱性にマッピングするためにDFDを利用できます。ただし、通常、脅威モデリングの目標は「GDPRに準拠するためにPIIのデータ漏洩を防止する」とか「契約上の義務を果たすためにAPIに99.9％の可用性を提供する」といったものです。2つ目の目標は、セキュリティとは関係ないと思われるかもしれませんが、DoS攻撃の場合でもこの義務を果たさないと罰金（Financial Penalty）が発生する可能性があるため、DoS攻撃を心に留めておく必要があります。なお、情報セキュリティが満たすべきCIAという概念では、機密性・完全性・可用性を挙げています。この可用性は、セキュリティの観点でも重要だといえます。また、商用APIなどの場合、SLA（Service Level Agreement）において、99.999％（ファイブナイン）など、稼働率を定義している場合があります。そのため、DoS攻撃などを受けて当該稼働率を達成できない場合、返金などを求められる可能性があります。

[*29] 訳注：脅威モデリング手法は、PASTA、LINDDUN、OCTAVEなどさまざまな方法論が存在します。代表的な手法として、PASTA（https://versprite.com/blog/what-is-pasta-threat-modeling/）や、Trike（https://www.octotrike.org/）などが挙げられますが、他の手法については以下のカーネギーメロン大学の記事にまとめられているので、興味がある読者はそちらを参照してください。
https://insights.sei.cmu.edu/blog/threat-modeling-12-available-methods/

それでは、システムを見直し、STRIDEを適用してみましょう。OWASP API Security Top 10[*30]を強調するため、脅威は該当するSTRIDEの下にグループ化します。これは、STRIDEとOWASP API Security Top 10の適用とその対策を示すためです。独自のアーキテクチャで脅威を特定する際には、各プロセスにSTRIDEを適用することをお勧めします。これは「コンポーネント別のSTRIDE」として知られています。

6.5.4.1　Spoofing（なりすまし）

なりすましとは、個人またはプログラムが、別の個人またはプログラムになりすますことです。対策としては、あらゆるリクエストを認証し、正当なものであることを確認する必要があります。OWASP API Security Top 10内で紹介されているセキュリティの問題の1つは、認証の不備（Broken Authentication[*31]）です。これは明らかになりすましのカテゴリに関連しており、認証フローに脆弱なポイントがないか確認する必要があります。詳細については、7章にケーススタディを利用した事例と情報を掲載していますので、参照してください。

6.5.4.2　Tampering（改ざん）

改ざんとは、ユーザやクライアントがシステム、アプリケーション、またはデータを意図しな

[*30] 訳注：原書では、2019年度版のOWASP API Security Top 10を掲載していますが、本書ではできる限り2023年度版も参照しています。2019年度版から2023年度版への変更では、項目の変更も行われました。以下に各版のランキングとその変更点を示します。今回の変更で新たに脆弱性が追加された一方で、2019年に存在していた過剰なデータ露出とマスアサインメントはオブジェクトプロパティレベルの認可不備として統合されました。またインジェクションと不十分なロギングと監視はランク外となりました。訳者の見解としては、「OWASP API Security Top 10」はAPIに特化した内容に進化していると考えていますが、ランク外となったこれらの脆弱性も引き続き重要であると言えます。なお、本書では原書を尊重し、2019年度版で説明しつつ、適宜補足を行います。

2019年版および2023年版のOWASP API Security Top 10

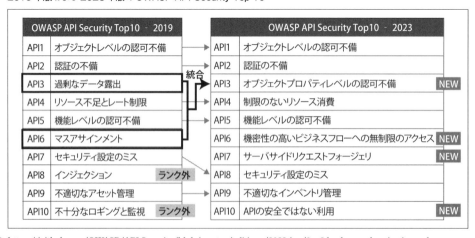

[*31] https://github.com/OWASP/API-Security/blob/master/editions/2023/en/0xa2-broken-authentication.md

い方法で変更できないようにすることを目指しています。例えば、悪意のある攻撃者が、Attendee サービス向けの通信を外部へリダイレクトしたり、利用者のユーザデータを不適切に更新したり するといった攻撃があってはなりません。改ざんが発生する主な方法は、インジェクション攻撃 （Payload Injection）とマスアサインメント攻撃（mass assignment）の2つです。

インジェクション攻撃 (Payload injection)

インジェクション攻撃は、悪意のある攻撃者がAPIまたはアプリケーションへのリクエストに悪 意のあるペイロードを挿入しようとする場合に発生します。（一般的なWebアプリケーション用に 整理された）OWASP Security Top 10[*32]では、一般に知られているSQLインジェクションだけでな く、クロスサイトスクリプティング（XSS）など、ユーザ入力に対するインジェクションにも関連 していることに注意してください。ケーススタディでは、APIゲートウェイを利用し、リクエスト が定義されたコントラクトまたはスキーマに準拠しているかを検証することで、リクエスト処理の 早い段階でインジェクション攻撃を防ぐことができます。コントラクトを満たさないリクエストは 拒否されるか、該当する通信が破棄されます。

このアプローチは、「1.7　OpenAPI Specificationsの実践的活用」（27ページ）で説明しました。 最近では、OpenAPI SpecificationsがHTTPリクエストの検証に利用されることが増えています。

APIゲートウェイで入力値検証を実施することは有用ですが、バックエンドサービス内でのさら なる入力値検証とエスケープ処理を省略できるわけではないことにも言及しておく必要があるで しょう。「信頼するが、検証する！」という原則を常に意識する必要があり、WAF（Web Application Firewall）などの製品を活用することも検討すべきでしょう。

Attendeeサービスの例では、以下のようなPOSTリクエストと、このサンプルペイロードを受け 取って、ユーザを作成することが考えられます。

```
POST /Attendees
{
  "name": "Danny B",
  "age": 35,
  "profile": "Hax; DROP ALL TABLES; --"
}
```

Attendee APIのOpenAPI Specificationsでは、nameは文字のみを受け入れ、ageは正の整数を受け 入れ、profileは文字、数字、特殊文字を受け入れることが定義されています（ユーザが自己紹介 を書くためです）。この場合、入力検証を実行しているAPIゲートウェイは、ペイロードを検証し、 入力値検証が成功した場合にのみ通過させます。入力値検証を通過しても、Attendee APIは攻撃を 防ぐために入力をエスケープ処理する必要があります。Attendeeサービスは、データベースと通信

[*32] 訳注：本内容は、2019年度版OWASP API Security Top 10には入っていますが、2023年度版ではランク外となり ました。ただし、インジェクションも引き続き重要な脆弱性なので対応が必要です。
https://github.com/OWASP/API-Security/blob/master/editions/2019/en/0xa8-injection.md

184 6章　セキュリティ運用：脅威モデリング

する際にプリペアドステートメント（Prepared Statements）を利用します。1つの防御策が失敗した場合に備えて、複数の防御策を準備し、多層防御を備えることが重要です。

マスアサインメント攻撃（Mass assignment）

データベースエンティティに紐づいた変更可能なプロパティは、不適切に変更される危険性があります。これらは一般的にマスアサインメント[33]として知られる脆弱性に悪用される可能性があります。これは考慮すべき重要なケースであり、特にActive Recordパターンを採用している場合、ORMフレームワーク（Object-Relational Mapping）によって提供されるような自動エンティティデータベースのシリアライズ／デシリアライズの形式を利用している場合に注意が必要です。

Attendee APIで仮のケースを考えてみましょう。利用者に関するリクエストを行う際に返されるdevicesというプロパティがあると想像してください。このプロパティは、利用者がAPIに接続するために利用したデバイスについての読み取り専用プロパティとして設計されており、Attendeeサービスのコードによってのみ更新されるべきです。

悪意のある攻撃者は、利用者に対してGETリクエスト（/Attendees/123456）を行い、次のような応答を受け取ります。

```
{
  "name": "Danny B",
  "age": 35,
  "devices": [
    "iPhone",
    "Firefox"
  ]
}
```

そして悪意のある攻撃者はAttendee APIにPUTリクエストを発行してage属性を更新し、さらに悪意を持ってdevicesリストを更新しようとします。

```
PUT /Attendees/123456
{
  "name": "Danny B",
  "age": 36,
  "devices": [
    "vulnerableDevice"
  ]
}
```

devicesリスト内のデータは、エンティティがデータベースに保存される際には無視されるべき

---

[33] 訳注：2019年度版にはマスアサインメントが存在する一方、2023年度版ではオブジェクトプロパティレベルの認可不備と統合されています。
https://github.com/OWASP/API-Security/blob/master/editions/2019/en/0xa6-mass-assignment.md
https://github.com/OWASP/API-Security/blob/master/editions/2023/en/0xa3-broken-object-property-level-authorization.md

です。マスアサインメントは、クライアントの入力データが影響を考慮せずに内部オブジェクトに紐付けられる場合に典型的に発生します。これはデータベースAPIをWeb APIとして公開する際によく起こります。1章では、基礎となるデータモデルを公開する際に、利用性の観点から検討するべき懸念を述べましたが、これも考慮すべき理由となるでしょう。

この脆弱性は、通常、APIゲートウェイレベルで解決できるものではなく、APIの実装自体で対策する必要があります。

6.5.4.3 Repudiation（否認）

否認とは、アプリケーションまたはシステムが適切にユーザのアクションを追跡し、記録するコントロールが存在しない場合に発生します。これによって悪意のある操作や新しいアクションを偽装することが可能となります。APIに対して行われる多くのリクエストについては、リクエストの詳細、ペイロード、生成されたレスポンス（および対応する内部アクション）を理解することが重要です。ある種の規制またはコンプライアンスのユースケースでは、やり取りされた情報を任意に検証する必要があるかもしれません。もしリクエストが否認される可能性がある場合、つまり攻撃者が何をしたか証拠が存在しない場合、攻撃者は悪意のある行動を試みたことを拒否または否認できてしまいます。これが、否認という脅威がSTRIDEに含まれる理由です。

システムを通過するリクエストを特定し、何が起こっているかを理解するには、ログとモニタリングを追加する必要があります。不十分なロギングと監視はOWASP API Security Top 10にも挙げられている脆弱性です[*34]。ユーザからのすべてのリクエストはAPIゲートウェイを経由して流れるため、それは通信を監視し、リクエストとレスポンスを記録する明らかな監視ポイントです。多くのAPIゲートウェイは、デフォルトでロギング機能を提供していますが、特に時間の経過とともに、記録したログをどう格納、検索、抽出するかを理解する必要があります。災害復旧と事業継続性（DR/BC：disaster recovery and business continuity）能力と同様に、ログとモニタリングは期待通りの情報を取得しているかを定期的に検証する必要があります。

6.5.4.4 Information disclosure（情報漏洩）

情報漏洩は内部でのみ利用すべき、あるいは秘密に保つべき情報を公開しない点に焦点を当てています。この脅威カテゴリにおける2種類のアンチパターンには、過剰なデータ露出と不適切なインベントリ管理が含まれます。

[*34] 訳注：不十分なロギングと監視は、2019年度版OWASP API Security Top 10には入っていますが、2023年度版ではランク外となりました。ただし、不十分なログや監視は引き続き重要なので考慮していくことは重要です。
https://github.com/OWASP/API-Security/blob/master/editions/2019/en/0xaa-insufficient-logging-monitoring.md

186 | 6章　セキュリティ運用：脅威モデリング

過剰なデータ露出（Excessive Data Exposure）

OWASP API Security Top 10の過剰なデータ露出[35]は、データが不適切に露出しないようにすることに焦点を当てています。仮に、Attendeeサービスがパスポート番号などの個人情報（PII）を保持していると想像してみてください。APIを設計する際は、このデータの不適切な露出を防ぐことが重要です。特にシステムが時間とともに進化する場合、APIの呼び出しがどのように行われるかについて、常に注目する必要があります。最初は内部利用のみを想定したAPIが良かれと思って公開されたり、以前は信頼できるクライアントアプリケーションからのみアクセス可能であったAPIが一般の利用に開放され、インシデントになるケースは枚挙にいとまがありません。

Webアプリケーションを介してAPIが呼び出される場合、現代のWebブラウザに含まれる開発者ツールを利用すれば、リクエスト、レスポンス、および対応するペイロードを簡単に調べることができます。例えば、Attendee APIへの任意のユーザ情報リクエストが、誤ってパスポート情報を返す可能性があります。

```
{
"values": [
    {
      "id": "0",
      "name": "Danny B",
      "age": 65,
      "email", "danny.b@masteringapis.com",
      "passport": "Abc12408NJUILM"
    },
    {
      "id": "1",
      "name": "Jimmy G",
      "age": 93,
      "email": "jimmy.g@masteringapis.com",
      "passport": "ZYX123ASJJ0072M"
    }
  ]
}
```

APIゲートウェイでのレスポンス検証は可能です。ただし、APIを構築する開発者は、自分たちが公開しているAPIを理解し、非公開にすべき重要データを保護する責任があります。APIゲートウェイでの実装は、最後の確認手段（または「二重の安全対策」）であるべきです。また、呼び出し元のクライアントに対し、利用されているWebサーバのバージョンやクラッシュの結果として生成されたアプリケーションのスタックトレースなどの重要データを漏洩させないようにする必要も

---

[35] 訳注：2019年度版には過剰なデータ露出が入っていますが、2023年度版ではオブジェクトプロパティレベルの認可不備と統合されています。
https://github.com/OWASP/API-Security/blob/master/editions/2019/en/0xa3-excessive-data-exposure.md
https://github.com/OWASP/API-Security/blob/master/editions/2023/en/0xa3-broken-object-property-level-authorization.md

6.5 脅威モデリングの方法 **187**

あります。

不適切なインベントリ管理

　不適切なインベントリ管理（Improper Inventory management[*36]）は、システムが進化する中で、組織がどのAPI（およびそのバージョン）を公開し、どのAPIが内部のみでの利用を想定しているかを見失った場合に発生することが一般的です。Attendee APIを例にすると、複数バージョンのAPIが本番環境に展開され、初期バージョンのAPIがデフォルトですべての利用者プロパティを公開している可能性があります。データモデルが進化すると、PIIを含む非公開フィールドが追加され、Attendeeサービスの新しいバージョンはAPIがクエリされたときにこの情報を削除します。古いバージョンのAttendeeサービスが完全に機能しなくても、データモデルに含まれる追加情報を抽出するために利用できます。

　仮にAttendeeサービスにおいて、/beta/Attendeesエンドポイントが一般に公開されているとしましょう。この初期バージョンは一時的にテストのために公開され、その後忘れ去られました。公開された資産に適切な管理が行われていないため、気付かれることはありませんが、攻撃者はこのエンドポイントを呼び出そうと試みるかもしれません。すべてのAPIトラフィックがゲートウェイを介して管理されている場合、存在を把握するためにそのゲートウェイ内に登録が必要です。また、リクエストを調査し、予期しないエンドポイントを呼び出すリクエストの異常を検知することもできます。

　この問題に対処するために、API管理または開発者ポータルプラットフォームを利用して、本番環境に展開されたすべてのAPIをカタログ化し、追跡することができます。多くのAPI管理ソリューションは、APIライフサイクルを管理するためにこの機能を標準として提供しており、APIライフサイクルを管理するための重要なコンポーネントとみなされています。

6.5.4.5　Denial of Service（サービス拒否）

　サービス拒否は、悪意のある目的のためにシステムまたはその防御を圧倒しようとします。悪意のある攻撃者の目的はさまざまで、投票サイトなど重要なサービスを利用できないようにするなどが考えられます。通信でシステムを過負荷にすることにより、正当なリクエストを行うことができず、ユーザは投票することができなくなります。OWASP API Security Top 10には、DoS攻撃に関するセキュリティ上の課題として制限のないリソース消費[*37]が挙げられています。

　Attendee APIでも、通信で過負荷になることを防ぐ必要があります。これを達成するため、レート制限と負荷軽減のテクニックを利用できます。

[*36] https://github.com/OWASP/API-Security/blob/master/editions/2023/en/0xa9-improper-inventory-management.md

[*37] https://github.com/OWASP/API-Security/blob/master/editions/2023/en/0xa4-unrestricted-resource-consumption.md

悪意のあるDoS攻撃やDDoS攻撃は、専門のサービスプロバイダ、ソフトウェア、またはハードウェアによって処理するのが最良の方法です。例えば、多くのCDNプロバイダ（Content Delivery Network Provider）は、デフォルトでDoS攻撃対策を提供しており、多くのベンダも、公開ドメイン名とIPアドレスにアタッチできる類似のサービスを提供しています。

サービス拒否は、自身のシステムによる「friendly fire DoS」のように、偶発的に発生することもあります。システムが進化するにつれて、意図しない循環依存関係が構築されることは珍しくなく、必要な条件が満たされた場合、内部サービスが互いに呼び出し合い、無限ループに陥ることがあります。これが、内部API呼び出しに対するレート制限とエラー監視を実装するべき理由です。

レート制限と負荷軽減

レート制限（Rate limiting）は、その名の通り、一定期間内にAPIに対して行われるリクエスト数を制限することです[*38]。レート制限は通常、個々のリクエストの特性（特定のユーザ、クライアントアプリケーション、場所からのリクエストが多すぎる場合など）に基づいて通信を拒否することを指します。負荷軽減（load shedding）は、システム全体の状態に基づいてリクエストを拒否することを意味します（データベースが容量を超え、もうスレッドが利用できない場合など）。デフォルトでは、多くのアプリケーション、Webサーバ、およびAPIゲートウェイは通常、レート制限や負荷軽減を実装しておらず、それに対する障害時の対応も定義されていない可能性があります。負荷テストを実施することで、制限、限界、可視的な動作に関する洞察を得ることができます。

APIゲートウェイや他のエッジセキュリティツールが「Fail Open」あるいは「Fail Closed」のどちらのポリシーを持っているか理解することは重要です。Fail Openポリシーは、障害条件があってもサービスへのアクセスを許可し続けます。仮定の例としては、緊急医療サービスでは、リクエストの認証よりも患者の医療履歴に関する情報を提供することがより重要です。Fail Closedポリシーは、障害条件下では接続をブロックするポリシーです。唯一の正しい実装方法はなく、デフォルトは自社の要件を満たすべきです。例えば、金融APIの大部分はデフォルトでFail Closedポリシーを期待しますが、一般的な気象サービスはFail Openポリシーを実装するかもしれません。

ケーススタディの場合、レート制限を実装する最適な場所はAPIゲートウェイです。レート制限を行う場合、各リクエストの送信元（または集約されたリクエスト群）を識別したいでしょう。例

[*38] 著者の1人であるDanielは、レート制限とAPIゲートウェイへの適用に関する一連の記事を書いています。シリーズの最初の記事「Part 1: Rate Limiting: A Useful Tool with Distributed Systems」はオンラインで入手可能です。
https://blog.getambassador.io/rate-limiting-a-useful-tool-with-distributed-systems-6be2b1a4f5f4

としては、IPアドレス、地理的位置、またはクライアントが送信するクライアントIDなどのプロパティがあります。すべてのリクエストを平等に扱い、送信プロパティに制限を設けないケースも考えられます。

リクエストプロパティが選択されたら制限を実施するための戦略を適用する必要があります。最も一般的な例には次のものがあります。

固定ウィンドウ（Fixed window）
期間内の固定された制限、例えば1日当たり2,400リクエスト。

スライディングウィンドウ（Sliding window）
直近の期間内の制限、例えば直近1時間以内で100リクエスト。

トークンバケット方式（Token bucket）
総リクエスト数（トークンのバケツ）を定義し、リクエストが行われるたびにトークンが利用される方式。バケツは定期的に再充填されます。

リーキーバケット方式（Leaky bucket）
トークンバケット方式同様ですが、リクエストが処理される速度は固定速度で、そこからあふれ出るリクエストはバケツの漏れ（リーキー）として扱われます。

図6-4はレート制限の実施状況を示しています。

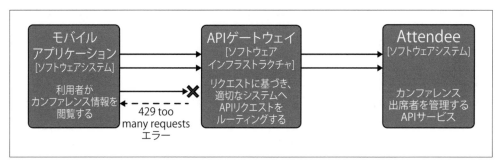

図6-4　APIゲートウェイでのレート制限の例

図6-5に負荷軽減の例を示します。

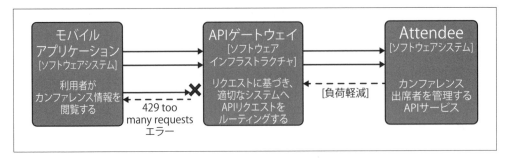

図6-5 APIゲートウェイでの負荷軽減の例

6.5.4.6　権限昇格（Elevation of Privilege）

権限昇格（Elevation of Privilege）は、ユーザやアプリケーションが、現在のセキュリティコンテキストから許可される範囲外のタスクを実行する方法を見つけた場合に発生します。例えば、管理者のみが実行できるはずのタスクをユーザが実行できる状況です。これに関連するOWASP API Security Top 10の2つの項目は以下です：

- オブジェクトレベルの認可不備[39]（BOLA：Broken Object Level Authorization）
- 機能レベルの認可不備[40]（BFLA：Broken Function Level Authorization）

これらは、認可を強制し、APIへのリクエストが操作を実行する権限があるかどうかを確認することに焦点を当てています。これについては、「7.2.11　認可の強制」（215ページ）で説明します。

6.5.4.7　その他の脆弱性

セキュリティ上の設定不備

セキュリティ上の設定不備とは、STRIDEの特定のカテゴリに限定されるものではありません。なぜなら、設定不備は情報漏洩のようにさまざまな場面で発生する可能性があり、権限を誤って割り当てられた情報漏洩の場合、サービス拒否やレート制限ポリシーの設定を誤ってFail Openになる場合など、さまざまな形で発生します。セキュリティ上の設定不備は、設定が誤っていないことを確認することに焦点を当てており、脅威に対してSTRIDEの各要素を評価する際に考慮すべきもう1つの要素です。セキュリティの設定不備は、セキュリティを全く持たないよりも悪いというのは自明の理です。なぜなら、ユーザは自分の行動とデータが安全でないと考えると、大きく行動を

---

[39] https://github.com/OWASP/API-Security/blob/master/editions/2023/en/0xa1-broken-object-level-authorization.md

[40] https://github.com/OWASP/API-Security/blob/master/editions/2023/en/0xa5-broken-function-level-authorization.md

変えるからです。セキュリティには、Transport Layer Security（TLS）など、常に必要とされる可能性が高い特定の機能と、IP許可リスト設定[41]など、個別要件で設定される機能があります。

　ケーススタディにおいては、APIゲートウェイは、セキュリティ上の設定不備が壊滅的な影響を与える場所です。APIゲートウェイは「フロントドア」として機能するため、その設定には特別な注意を払う必要があります。

TLS終端（TLS termination）

　TLSは、受信した通信が傍受・改ざんされていないことを保証します。また、TLS証明書はドメインの所有者に関する情報を提供するため、通信先の情報を得ることができます。APIゲートウェイはすべての受信リクエストを処理するため、ここでTLSを有効にできます。受信リクエスト用の外部TLS証明書を集中管理できるのも便利です。ゲートウェイを利用しない場合、各Webサーバ、プロキシ、リクエストを処理するアプリケーションにTLS証明書を追加する必要があるため、管理が難しく、エラーが発生しやすくなります。現代のプロトコルと強力な暗号化を利用することが重要であり、本書執筆時点では、TLS 1.2以降を利用することが推奨されています。これは、過去のバージョンにはプロトコル上の既知の問題があるためです[42]。

Cross-Origin Request Sharing（CORS）

　CORSは、サーバがブラウザに対し、自分以外のオリジン（ドメイン、スキーマ、またはポート）からリソースの読み込みを許可するべきであると示すHTTPヘッダに基づくメカニズムです。CORSは、現代のWebブラウザの基本要件であり、セキュリティ上の理由から、ブラウザはスクリプトから生成されたクロスオリジンのHTTPリクエストを制限しています。CORSは、希望する呼び出しを行うことが許可されているか否かを確認するため、Webブラウザが「プリフライト」リクエスト（preflight request）を実行することによって機能します。これは、ブラウザの「開発者ツール」機能を確認することで調査できます。通常、HTTP Optionsリクエストを見ることができ、一般的にCORSリクエストと呼ばれます[43]。

セキュリティディレクティブの強化

　APIエンドポイントへのリクエストには、ヘッダやデータペイロードを含む任意のペイロードが含まれる可能性があります。正当なリクエストはすべて予想されるコントラクトと対応しますが、攻撃者はアクセスを奪取したり、システムを妨害したりするため、不正確、不正なヘッダやデータを追加しようとする可能性があり、対策をする必要があります。例えば、ケーススタディ

---

[41] IP許可リスト（ホワイトリスト）とは、システムに接続を許可するIPアドレスのリストです。接続するIPがそのリストに含まれていない場合、リクエストは拒否されます。

[42] ほとんどの商用APIゲートウェイは、デフォルトで現在のバージョンのTLSしか利用できないため、既知の脆弱性を持つ、より弱いバージョンが必要な場合は、これを有効にする必要があります。

[43] CORSの説明は、Mozillaの以下の記事で読めます。
　　https://developer.mozilla.org/en-US/docs/Web/HTTP/CORS

では、APIゲートウェイにHTTPヘッダのホワイトリストを実装し、すべての無効なHTTPヘッダを削除することを検討する必要があります。攻撃者は、Attendee APIに`X-Assert-Role=Admin`や`X-Impersonate=Admin`などの追加HTTPヘッダを送信できます。攻撃者は、これらのヘッダが削除されず、内部で利用されることを期待しており、これによっていくつか追加の権限が与えられる可能性を考えるはずです。

6.5.5　ステップ5：脅威のリスクを評価する

　脅威モデリングを実行し、脅威の一覧を作成したら、それらを修正する優先順位を理解することが重要です。これが脅威モデリングプロセスのステップ5に当たります。脅威を評価するため、DREADとして知られる定性的なリスク計算を利用できます。STRIDE同様、DREADはMicrosoftで開発されました。この方法論は、それぞれの脅威にリスク値を付加し始めるためのアプローチを提供します。DREADはMicrosoftではもはや利用されていませんが[*44]、多くの企業で利用され、脅威のリスクを評価するための有用な指標を確立する方法として推奨されています。

　DREADは、その頭文字をとったシンプルなスコアリングシステムを採用しています。

Damage（被害）

　　攻撃がどれほど悪い結果をもたらすか？

Reproducibility（再現性）

　　攻撃は容易に再現できるかどうか？

Exploitability（悪用可能性）

　　攻撃を成功させるのがどれくらい簡単か？

Affected Users（影響を受けるユーザ数）

　　何人のユーザに影響を及ぼすか？

Discoverability（発見可能性）

　　この脅威が発見される可能性はどれくらいか？

　それぞれの脅威はDREADの各カテゴリについて1から10までのスコアで評価されます。脅威に割り当てられるリスク値は、（被害 + 再現性 + 悪用可能性 + 影響を受けるユーザ + 発見可能性）÷ 5

[*44] 訳注：Microsoftの公式文書によれば、現在はSecurity Bug Barと呼ばれる基準が使われています。DREADの課題は、この後で説明する基準が主観的であり、一貫性がない点です。例えば、悪用可能性をスコアした際、人によって評価が変わってしまう可能性があります。Security Bug Barは、Critical（緊急）、Important（高）、Moderate（中）、Low（低）という4段階の深刻度レベルを定義しています。
https://learn.microsoft.com/ja-jp/archive/msdn-magazine/2010/march/security-briefs-add-a-security-bug-bar-to-microsoft-team-foundation-server-2010
https://learn.microsoft.com/en-us/previous-versions/windows/desktop/cc307404(v=msdn.10)

で計算します。

このケーススタディの例では、図6-6に示されている脅威を見てみます。この脅威は、APIゲートウェイに対するDoS攻撃であり、レート制限が設定されていない場合に発生します。

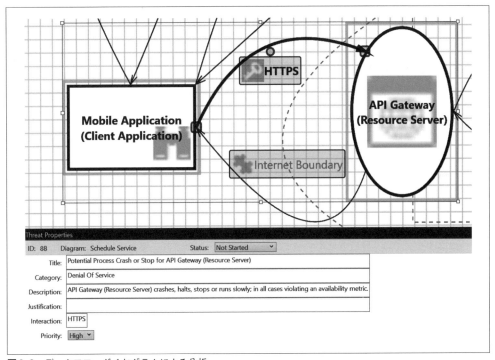

図6-6　データフローダイアグラムによる分析

この脅威のスコアは以下の通りです。

Damage（被害）：8

レート制限が設定されていません。だれでもAPIゲートウェイに好きなだけリクエストを送信でき、それによって過負荷になり、利用不能になる可能性があるため、これは深刻な懸念事項です。

Reproducibility（再現性）：8

APIゲートウェイに対して毎秒、多くのリクエストを繰り返し送信することは、ゲートウェイの動作を劣化させ、最終的には停止させます。

Exploitability（悪用可能性）：5

攻撃者は、DoS攻撃を試みるためにネットワーク外にいる可能性があります。APIゲートウェイはまず、認証と認可を確認し、リクエストを実行します。これは、リクエストは私たちのシ

ステムに統合された正当で既知のクライアントアプリケーションのいずれかから来る必要が
あることを意味します。

Affected Users（影響を受けるユーザ数）：10

これは壊滅的な影響を及ぼす可能性があり、ゲートウェイが利用できない場合、すべてのユー
ザに影響を与えます。

Discoverability（発見可能性）：10

これは、システムに損害を与えるために利用しようとする人には簡単に発見できます。

合計スコアは（8 + 8 + 5 + 10 + 10）/ 5 = 8.2 です。

リスクに割り当てられた値は主観的であることに注意する必要があります。比較的一貫した評価
を得るためには、各カテゴリに付与した値が何を意味するのか、定義するべきです。例えば、すべ
てのユーザに影響を与える場合は10、内部ユーザまたは外部ユーザ全員が影響を受ける場合は7、
グループの半分が影響を受ける場合は3、だれも影響を受けない場合は0とするなどが考えられま
す。

ケーススタディでは、特定されたすべての脅威が収集・評価され、優先順位が付けられます。こ
の場合、最優先事項はAPIゲートウェイのDoS攻撃対策の不足です。この章のこのセクションで特
定したように、この問題の対策はAPIゲートウェイ内でのレート制限と負荷軽減の実施です。

その他のリスク評価ツール

脅威を評価する方法は他にもあり、その1つがDREAD-Dです。DREADのリスク計算では、
Dの1つは「発見可能性」（Discoverability）であり、場合によっては「不明瞭さによるセキュリ
ティ」（Security through Obscurity[*45]）にもなりえます。これは、データを守るには最悪の手法
です。このため、DREAD-D（ドレッド・マイナス・ディー）と呼ばれています。別の方法として、
CVSS（Common Vulnerability Scoring System[*46]）が挙げられます。悪用された脆弱性の深刻
度（すなわち、被害〈Damage〉）を測定するために利用することができます。CVSSはNISTが
CVEを評価するために利用しているため、CVEを見ればCVSSが理解できるでしょう。例えば、
Log4J CVE[*47]とNIST CVSS[*48]を見れば、各脆弱性に対し、どのようなスコアが割り当てられて
いるかがわかるでしょう。

---

*45 https://www.okta.com/identity-101/security-through-obscurity/
*46 https://www.first.org/cvss/calculator/4.0
*47 https://www.cve.org/CVERecord?id=CVE-2021-44228
*48 https://nvd.nist.gov/vuln/detail/CVE-2021-44228

6.5.6　ステップ6：検証

　脅威モデリングプロセスの最後のステップは、セキュリティ目標を達成しているかどうかを検証し、さらなるレビューが必要かどうかを尋ねることです。脅威モデリングの一環として、発見および特定されたすべての脅威を評価し、リスクを緩和するための措置を取ったはずです。また、脅威モデリング演習の最終ステップとして、最初に設定したセキュリティ目標を完了したことを確認すべきでしょう。脅威モデリングは、プロセスを繰り返すことで、以前は不明だった問題を特定するプロセスであるべきです。また、システムに新しい機能を追加する場合だけでなく、外部の脅威環境が常に進化する場合にも、定期的かつ継続的に脅威モデリングプロセスを実行する必要があります。

　脅威モデリングはスキルであり、プロセス自体を学ぶのに時間がかかり、しかも時間のかかる作業でもあります。しかし、他のスキルと同様に、使えば使うほど、また定期的なワークフローに統合するほど、より簡単にできるようになります。

6.6　まとめ

　この章では、ケーススタディを通じて、脅威モデリングの実施方法と、自分のシステムやAPIに適用する方法を学びました。

- APIのセキュリティを確保しない場合、強力な金銭的ペナルティと風評被害が発生する可能性があります。
- APIベースのシステムの脅威モデリングは通常、データフローダイヤグラム（DFD）を作成することから始まります。潜在的な脅威を、迅速に分析・特定するため自動化ツールを利用できます。
- 脅威モデリングを実施するのにセキュリティ専門家である必要はありませんが、「攻撃者のように考えること」が重要なスキルです。
- 脅威モデリングのプロセスには、目標の特定、適切な情報収集、システムの分解、脅威の特定、脅威のリスク評価、結果と行動の検証が含まれます[49]。
- OWASP API Security Top 10は、予想される脅威を理解するための優れたリソースです[50]。
- STRIDEは、なりすまし、改ざん、否認、情報漏洩、サービス拒否、権限昇格の脅威に焦点を当てています。

---

[49] 訳注：脅威モデリングのプロセス事例は、メルカリ社のブログが参考になります。
https://engineering.mercari.com/blog/entry/20220426-threat-modeling-at-mercari/
[50] 訳注：OWASP API Security Top 10に対するより具体的な攻撃手法などを学びたい場合は、すでに紹介したウェブページに加え、『ハッキングAPI—Web APIを攻撃から守るためのテスト技法』（オライリー・ジャパン刊、2023年）を参照してください。

- DREADを利用し、脅威を優先順位付けする際に役立つ、定性的リスク指標を計算できます。
- APIシステム内では、APIゲートウェイは通常、特定されたリスクに対する高レベルの緩和策を提供できます。ただし、システムがより分散化するにつれて、個々のサービス実装やサービス間通信も常に考慮する必要があります。

さまざまな脅威とそれらを緩和する方法を見てきました。ただし、データをAPI利用者に返す場合、そのAPI利用者が本人であること、およびAPI利用者が許可されたアクションのみを実行できることを確認すべきです。次の章では、呼び出し元のアイデンティティと、呼び出し元が実行できるアクションを特定する手法についてみていきます。それが認証と認可です。

7章
APIの認証と認可

　前章で、APIサービスの脅威モデリングとOWASP API Security Top 10について学びました。Attendeeサービスは外部からの通信を受け入れる準備ができていますが、API利用者は具体的にどのように識別されるのでしょうか？ 本章では、APIの認証と認可を説明していきます。認証は呼び出し元がだれであるかを示し、認可はユーザに許可されたアクションを意味します。

　まず、API用の認証と認可の意味に焦点を当ててみましょう。これによって、APIセキュリティの重要性と、APIキーとトークンを利用する際の潜在的な制限が明らかになります。OAuth2は、2012年に導入されたトークンベースの認可フレームワークで、APIセキュリティを確保し、アプリケーションがAPIに対してどのアクションを実行できるかを判断するための業界標準となりました。この章の大部分は、OAuth2、およびエンドユーザとシステムの両方に提供されるセキュリティアプローチに焦点を当てます。API利用者は、自分が代理でアクションを実行しているユーザ詳細を知る必要があります。これがどのように実現できるかを示すために、OIDCを紹介します。

　また、この章では、外部CFPシステムからのアクセスのため、Attendee APIサービスが準備すべき別なセキュリティアプローチを説明します。

7.1　認証

　認証（Authentication）は、身元（Identity）を確認する行為です。ユーザの場合、最も伝統的な方法は、ユーザがユーザ名とパスワードの形で認証情報を提示することです。現在では、多要素認証（Multi-Factor Authentication、MFA）[1]が標準のログインフローの一部となることが一般的になりつつあります。MFAは、ユーザが本人であることを、より高い保証レベル（Assurance Level）で示す際に有用です。システム間の認証では、認証情報としてキーあるいは証明書が利用できます。提示された認証情報を確認することにより、私たちのシステムと通信しようとしている人物・システム

---

[1]　https://www.onelogin.com/learn/what-is-mfa

がだれであるかを知ることができます。

　Attendee APIの文脈でこれを見てみましょう。Attendeeサービスには、名前やメールアドレスなどの個人を特定できる情報（PII）が含まれており、ユーザはこの情報が保護されることを期待しています。この情報を保護するための第一歩は、APIの呼び出し元（クライアント）を識別し、検証することです。このアイデンティティを主張することを認証（Authentication）と呼びます。呼び出し元が認証されると、Attendeeサービスは呼び出し元がアクセスし、取得できる内容を設定します。この種の権限の確認を、認可（Authorization）と呼びます[*2]。

　図7-1はAttendee APIとのやり取りを示しています。モバイルアプリケーションはAPIゲートウェイを介して接続し、Attendee APIを呼び出します。外部CFPシステムからも同様の通信を行う別のやり取りが行われますが、外部CFPシステムは第三者が所有しています。エンドユーザ（モバイルアプリケーションのユーザおよび外部CFPシステムのスピーカー）、およびシステム間通信（外部CFPシステム）の認証方法を考えてみましょう。

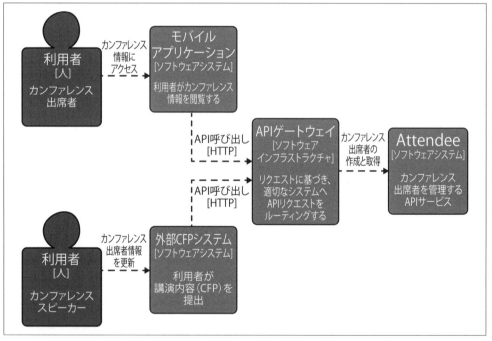

図7-1 ケーススタディのセキュリティ強化

[*2] 訳注：英語の文書では、認証（Authentication）をAuthN、認可（Authorization）をAuthZと表現しているケースがあります。

7.1.1　トークンを利用したエンドユーザ認証

　モバイルアプリケーションは利用者に代わって行動し、利用者に関する情報を取得して表示します。トークン認証では、ユーザはユーザ名とパスワードを入力し、それがトークンに置き換えられます。発行されるトークンは実装に依存しますが、最も単純な場合ではランダムな文字列である可能性があります。トークンはRESTリクエストで、認証Bearerヘッダ[*3]の一部として送信されます。トークンは機密情報であり、情報の転送を保護するため、RESTリクエストはHTTPS経由で送信される必要があります。リクエストの一部としてトークンが受信されると、トークンの有効性を確認するため、検証・チェックが行われます。図7-2は、トークンがデータベースに保存されている、典型的なトークン検索プロセスを示しています。

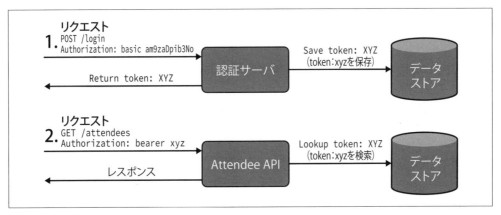

図7-2　サーバサイドのトークン検索プロセス

　トークンは、例えば1時間など、制限された有効期限を持つべきです。トークンが有効期限切れになったら、ユーザは新しいトークンを取得する必要があります。トークンを利用する利点は、リソースにアクセスするたび、パスワードなど、長期間有効性を持つ認証情報をネットワーク経由で送信する必要がないことです。

　トークンの利用は、表面上は理想的に思えるかもしれませんが、大きな欠点は、ユーザがデータを取得するためにAPIに対して呼び出しを行うアプリケーションにユーザ名とパスワードを入力する必要があることです。また、トークンがストレージに配置された場合、トークンの有効性を検証するために毎回トークンを検索することはパフォーマンス上の懸念事項となり、対応方法を検討する必要があります。望ましいのは、整合性を持ち、プロセス内で検証できるトークンを利用することです。

＊3　https://developer.mozilla.org/en-US/docs/Web/HTTP/Authentication

APIへのアクセスはHTTPベーシック認証を利用して行うことができますが、第三者のアプリケーションがAPIへアクセスする場合、それはユーザ名とパスワードを提供することを意味します[*4]。HTTPベーシック認証を利用してAPIにアクセスすることは許可しないことをお勧めします。

7.1.2　システム間の認証

　状況によっては、エンドユーザはやり取りに関与せず、システム間通信が必要な場合があります。1つのオプションはAPIキーを利用することですが、これは特定の標準に従うものではありません。APIキーを安全に利用する場合、暗号学的に安全な乱数ジェネレーターを利用して生成され、推測不可能な長さである必要があります。通常、APIキーは32文字長の文字列（256ビット）です。APIキーが推測可能だと、クライアントがハッキングされる脆弱性が生じます。APIキーを利用してAPIにアクセスするには、単にAPIキーをリクエストヘッダに追加してエンドポイントに送信します[*5]。APIキーはアプリケーションまたはプロジェクトに関連付けられているため、リクエスト元を特定することができます[*6]。APIキーを利用することは、パスワードを利用することと非常に似ています。図7-3は、リクエストの一部としてAPIキーを利用する例を示しています。

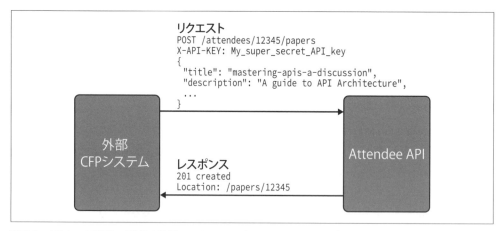

図7-3　APIキーを利用して外部の外部CFPシステムがAttendee APIを呼び出す

[*4] HTTPベーシック認証についてくわしく知りたい場合は、RFC7617仕様を参照してください。
https://datatracker.ietf.org/doc/html/rfc7617

[*5] リクエストヘッダとは、カスタムヘッダ（X-API-KEY: My_super_secret_API_Keyなど）あるいは認可ヘッダを意味します。

[*6] Googleがこの件に関して、「APIキーを利用する理由と条件」という良い記事を書いています。
https://cloud.google.com/endpoints/docs/openapi/when-why-api-key?hl=ja

7.1.3　キーとユーザを混ぜてはいけない理由

　スピーカーが、サードパーティが所有する外部CFPシステムを利用し、そのユーザデータに関連付けられたメールアドレスの更新を行うシナリオを考えてみましょう。外部CFPシステムがAPIキーを利用し、識別可能であっても、このサードパーティシステムが、エンドユーザがだれであるか、またはだれに代わって行動しているか、主張できるわけではありません。言い換えれば、システム全体の信頼が第三者の手にゆだねられることになります。この問題の解決策は、外部CFPシステムがAPIキーとともにユーザ名とパスワード（HTTPベーシック認証を利用）も送信し、Attendeeサービスがユーザを認証できるようにすることです。ただし、すでに述べた通り、ユーザがユーザ名とパスワードをAttendeeサービスから外部CFPシステムに渡す必要があることを意味し、あまり望ましくありません。理想的なシナリオは、外部CFPシステムはAttendeeサービスを呼び出すことができますが、外部CFPシステムがユーザに代わって行う任意のリクエストを検証する際に資格情報の共有を必要とせず、ユーザの承認に基づいて行う方法です。この問題の解決策として、OAuth2が挙げられます。

7.2　OAuth2

　OAuth2はトークンを利用した認可フレームワークで、2012年に登場しました。OAuth[*7]の代替ですが、OAuthはほとんど利用されていません。OAuth2は、第三者アプリケーションがユーザに代わってユーザデータにアクセスすることに対し、ユーザが同意することを可能にします。ユーザが与える同意こそが認可に相応します。つまり、アクセスを許可または拒否することを意味します。OAuth2では、ユーザが第三者に認証情報を提供する必要をなくし、ユーザが自分のデータを管理できるようにします。これにより、OAuth2は前のセクションで説明した課題を解決する魅力的な仕組みとなっています。

　OAuth2をさらに理解するには、OAuth2仕様内でのそれぞれの役割をまず理解することが重要です。以下はOAuth2仕様[*8]から直接取った定義です。

　リソースオーナー（Resource Owner）
　　　保護されたリソースへのアクセスを許可できるエンティティ。リソースオーナーが個人の場合、エンドユーザと呼ばれます。

　認可サーバ（Authorization Server）
　　　リソースオーナーを適切に認証し、認可を付与した後、クライアントにアクセストークンを発行するサーバ。GoogleやAuth0などの多くのアイデンティティAPI提供者は、OAuth2認

[*7]　https://oauth.net/core/1.0/
[*8]　https://datatracker.ietf.org/doc/html/rfc6749#section-1.1

可サーバとして機能します。

クライアント（Client）

リソースオーナーに代わって保護されたリソースへのリクエストを行い、その承認を得るアプリケーション。

リソースサーバ（Resource Server）

保護されたリソースをホスティングするサーバで、アクセストークンを利用して保護されたリソースへのリクエストを受け入れ、レスポンスを返します。

7.2.1　APIにおける認可サーバの役割

認可サーバには2つのエンドポイントがあります。

- 認可エンドポイント（Authorization Endpoint）は、リソースオーナーが保護されたリソースへのアクセスを認可する必要がある場合に利用されます。
- トークンエンドポイント（Token Endpoint）は、クライアントがアクセストークンを取得するために利用されます。

もしAttendeeサービスがクライアントから直接呼び出される場合、Attendeeサービスは保護されたリソースをホスティングされているため、**リソースサーバ**となります。ただし、リソースサーバは個別のアプリケーションである必要はなく、システムで表現することもできます。一般的なパターンの1つは、図7-4に示されているようにAPIゲートウェイをリソースサーバとして利用することです。モバイルアプリケーションと外部CFPシステムの2つのクライアントは、APIゲートウェイを介してAttendeeサービスを呼び出しています。APIゲートウェイの背後には複数のサービスがあるかもしれませんが、クライアントにとってはAPIゲートウェイが保護されたリソースをホスティングしているため、APIゲートウェイはリソースサーバとみなされます。この場合、2つのリソースオーナーは、モバイルアプリケーションを利用する利用者と外部CFPシステムを利用するスピーカーです。

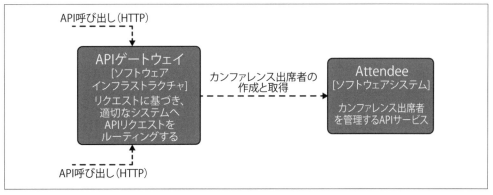

図7-4 APIゲートウェイをリソースサーバとして利用する

7.2.2　JSON Web Tokens（JWT）

　JSON Web Tokens（JWT）は、OAuth2の事実上の標準トークンであり、RFCで標準化されたトークン形式[*9]です。JSON Web Token、通称JWT（「ジョット」と発音します）は、クレームと呼ばれる情報と関連する値から成り立っています。JWTは、トークンが変更不能であることを確保した上で暗号化できるように、標準に従って構造化されエンコードされています。特に、「HTTP Authorizationヘッダなどのスペースに制約のある環境[*10]」で情報を転送する際に非常に有用です。

　以下はJWTの例です。

```
Here is an example JWT:
    {
        "iss": "http://mastering-api/",
        "sub": "18f913b1-7a9d-47e6-a062-5381d1e21ffa",
        "aud": "Attendee-Service",
        "exp": 1618146900,
        "nbf": 1618144200,
        "iat": 1618144200,
        "jti": "4d13ba71-54e4-4583-9458-562cbf0ba4e4"
    }
```

　この例では、クレーム（claims）はiss、sub、aud、exp、nbf、iat、jtiで、これらはすべてJWT RFCで予約されたクレームです。予約クレームには特別な意味があります。これらはトークン内で必須ではありませんが、最低限の情報を提供する出発点として機能します。例示したトークンを見て、クレームの略語と通常の利用方法を列挙します。

[*9]　https://datatracker.ietf.org/doc/html/rfc7519
[*10]　https://datatracker.ietf.org/doc/html/rfc7519#section-1

iss（Issuer）

トークンの発行主体（Authority）。通常、これはアイデンティティプロバイダ（例：Google、Auth0）です。

sub（Subject）

JWTのプリンシパルを識別するための一意の識別子。ユーザに代わって動作しているモバイルアプリケーションの場合、これは利用者（例：Matthew Auburn）になります。システム間接続の場合、これはアプリケーション（例：外部CFPシステム）になるかもしれません[*11]。サブジェクトの値は特定の形式に従う必要はなく、サブジェクトが何であるべきかを定義する場合、それがシステム内で一意か、一般的に一意か（例：UUID[*12]を利用する）を決定する必要があります。

aud（Audience）

このトークンの利用を想定した対象者。

exp（Expiration time）

トークンの有効期限（この場合は発行から45分後）。

nbf（Not before）

トークンの開始時刻で、この時間より前に利用してはいけない（この場合、発行時刻と同じ）。

iat（Issued at）

トークンの発行時刻。

jti（JWT ID）

JWTの一意な識別子。

トークンには、ユーザが指定したユーザ名、ユーザの電子メール、発行者に関するクレーム、およびトークンを要求したアプリケーションなどの追加情報が含まれることがあります。高いセキュリティが必要なAPIの場合、認証サーバへの認証方法はクレームであることが一般的です。これは、リソースオーナーが自分自身を認証する際にMFA（多要素認証）を利用したか否かを確認するために利用できます。

---

*11 電子メールアドレスやユーザ名は通常、時間とともに変更される可能性があるため、識別子としては適していません。一貫性のある識別子を使う方が管理は簡単です。
*12 https://datatracker.ietf.org/doc/html/rfc4122

7.2.2.1　JSON Web Tokens（JWT）のエンコードと検証

JWTのエンコードには2つの一般的なメカニズムがあり、それぞれ独自の形式があります。

- JSON Web Signatures（JWS）[*13]はJWTに対して整合性を提供します。トークンの内容は、トークンを受け取るだれでも見ることができますが、クレームはデジタル署名されているため、トークンの内容が変更された場合、トークンはすぐに無効になることが保証されています。
- JSON Web Encryption（JWE）[*14]は整合性を提供するだけでなく、暗号化も行います。これは、トークンの内容を調査できないことを意味します。

一般的に、JWTが利用される場合、それはJWSを利用したJWTを意味し、Encrypted JWT（暗号化されたJWT）はJWEを利用したJWTを意味します。

最も一般的に利用されるメカニズムはJWSであり、デジタル署名はプライベートキーを利用して行われます。トークンの受信者は公開鍵を利用して、トークンが特定の発行者によって署名されたことを検証します。公開鍵は、トークンの整合性を検証する必要がある任意の関係者と自由に共有されます。

JWSを利用してJWTを利用している場合、クレーム内に機密データを入れるべきではありません。JWSはクレームに整合性を提供しますが、JWTを持っていればだれでもクレームを読むことができます。JWTが読まれないようにするには、JWEを利用してください。

JWTはトークン形式として優れたオプションです。APIサービスはJWTを受信し、署名を検証してJWTの有効性を確認すれば、トークンをデータベースで検索する必要はありません。アクセストークンは、ほとんどの場合、あなたの管理下にある認可サーバから提供されるため、必要なすべての情報をJWTに追加できます。

JWTを受信した場合、検証すべきポイントが複数あります。まず、署名をチェックし、それが期待される発行者から発行され、変更も改ざんされていないことを確認します。次に、トークン内の他のクレームも検証する必要があります。例えば、トークンが期限切れでないこと（expクレーム）や、許可される前にトークンが利用されていないこと（nbfクレーム）を確認することがあります。発行されるすべてのトークンの有効期限はできる限り短くあるべきであり、長い有効期限を持

[*13] https://datatracker.ietf.org/doc/html/rfc7515
[*14] https://datatracker.ietf.org/doc/html/rfc7516

つトークンは紛失または盗難のリスクがあります。長い有効期限について、NIST（国立標準技術研究所）のデジタルガイドラインは次のように述べています。

> 有効期限が長い場合、トークンは盗まれたり、リプレイ攻撃を行われたりするリスクが高く、有効期限を短くすることで、このリスクを軽減できます。

有効期限に関する公式な標準は存在しません。一般的に、有効期限の短いトークン（short-lived）の推奨は1分間から60分間であり、有効期限の長いトークン（long-lived）は1年から10年の間です。トークンの有効期限は、できるだけ短く保つことが推奨されています。

アクセストークンとしてJWTを利用することには多くの利点があります。では、OAuth2内でのその利用方法を見てみましょう。

7.2.3　OAuth2グラントの用語と仕組み

OAuth2は拡張できるように設計されています。公式のOAuth2仕様は2012年に4つのグラントとともにリリースされましたが、その後、追加のグラントと修正が承認され、その利用を拡張するための仕組みが提供されています。これはOAuth2が図7-5に示されているような抽象化プロトコル[*15]を提供しているため可能になっています。

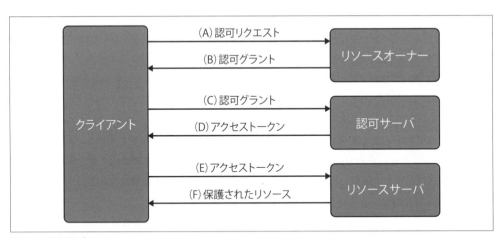

図7-5　抽象化プロトコルフロー
(A)　クライアントはリソースオーナーからの認可を要求します。
(B)　リソースオーナーはクライアントにリソースへのアクセスを許可または拒否します。
(C)　クライアントは、認可サーバからの認可されたアクセス用のアクセストークンを要求します。
(D)　認可サーバは、リソースオーナーによってクライアントが認可された場合、アクセストークンを発行します。
(E)　クライアントは、リソースサーバ（この場合、API）に対してリソースを要求します。このリクエストにはアクセストークンが含まれます。
(F)　リソースサーバはアクセストークンが有効であればリソースを返します。

[*15] https://datatracker.ietf.org/doc/html/rfc6749#section-1.2

OAuth2グラントがどのように機能すべきかについてのこの抽象化プロトコルは、リソースオーナーが自分自身のリソースを制御することを強調しています。クライアントはリソースオーナーからの認可を要求しています。つまり、「私（アプリケーション）はあなたのリソースにあなたの代わりにアクセスできますか？」と確認しているわけです。認可の方法は重要ではありません。重要なのは、リソースオーナーがアクセスを許可または拒否する機会が存在することです。リソースサーバにリソースを要求する際（つまり、APIを呼び出す際）、クライアントがアクセストークンをどのように取得したかは重要ではありません。リクエストに有効なアクセストークンが含まれている限り、リソースサーバはリソースを提供します。各ステップは独立しており、前のステップに関する情報は必要ありません。これが異なるシナリオごとに異なるグラントが存在する理由です。なぜなら、それらは環境に対して各ステップが安全であることを確保するために独自の実装を行っているからです。

7.2.4　ADRガイドライン：OAuth2の利用を検討すべきか?

OAuth2を採用する理由と、それが適切な選択であるかどうかを理解することは重要です。この決断をサポートするために、このADRガイドライン（表7-1を参照）を利用して、自分にとって何が適切か、どんなやり取りを行いたいかを決定するのに役立ててください。

表7-1　ADRガイドライン：OAuth2を利用する必要がありますか?

決定事項：	OAuth2を利用すべきですか？　それとも運用環境に適した認証・認可のための別の標準がありますか？
論点：	APIを利用し始めると、そのセキュリティメカニズムを決定したり、影響を与える機会があります。
	・現在のセキュリティ要件を調査し、どのように変化する可能性があるかを検討します。例えば、APIはコントロールプレーン内でのみ利用されているのか、コントロールプレーンの外部や潜在的な第三者とも利用されているのか、などが挙げられます。
	・どのようなセキュリティモデルをサポートする必要がありますか？　外部のインテグレータから特定のセキュリティモデルを利用するように要求されたことはありますか？
	・複数の認証・認可モデルをサポートする必要がありますか？　これは、既存の認証モデルから別のモデルへの移行を検討している場合に重要です。
推奨事項：	OAuth2を利用することで、他のAPIユーザとの最大の互換性が提供されます。OAuth2は業界標準であり、統合を容易にするドキュメンテーションとクライアントライブラリを備えています。OAuth2はエンドユーザとシステム間のケースの両方をサポートしています。

7.2.5　認可コードグラント

認可コードグラント[16]（Authorization Code Grant）は、OAuth2のグラントの実装であり、図7-5で見た抽象化プロトコルの実装です。これは最もよく知られたグラントであり、気づかずに利用し

---

[16] https://datatracker.ietf.org/doc/html/rfc6749#section-4.1

たことがあるかもしれません[*17]。認可コードグラントの典型的な利用ケースは、インターネットに公開されていないサーバ（つまり、秘密を保護できるサーバ）でバックアップされたWebサイトです。秘密を保護できるクライアントアプリケーションは機密クライアント（Confidential Client）と呼ばれます。図7-6では、このグラントの動作を詳細に説明しています。

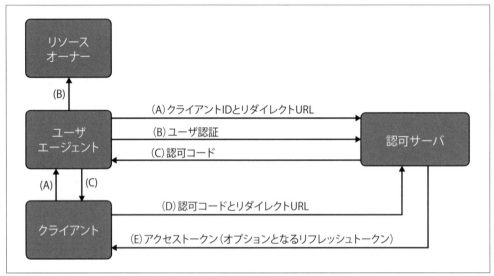

図7-6 認可コードグラント

(A) クライアントアプリケーションは、Webブラウザ（図内のユーザエージェントはWebブラウザです）を認可サーバにリダイレクトします。認可サーバへのリダイレクトにはクライアントの識別情報（クライアントID）が含まれ、リダイレクトの一部として利用されるグラントも含まれます（この場合、認可コードグラントはcodeとして知られています）。

(B) 認可サーバはリソースオーナー（エンドユーザ）に自分自身を識別するように求めます。認可サーバはリソースオーナーがだれであるかを知る必要があるため、リソースオーナーは認可サーバに対して認証を行う必要があります。その後、認可サーバはリソースオーナーからクライアントアプリケーションに対する認可を得ることができます（認可コードグラントの手順Aおよび手順Bはすべて認可リクエストに関するものであり、図7-5の抽象化プロトコルでは1つの手順Aとして表示されています）。

(C) 認可が付与された場合、認可コードがユーザエージェント経由でクライアントアプリケーションに渡されます（このステップは、図7-5の抽象化プロトコルの手順Bと一致し、認可グラントが返されています）。

(D) 次に、クライアントは認可コードを提示してアクセストークンを認可サーバに要求します。認可サーバはだれからでも認可コードを受け入れるわけではありません。クライアントアプリケーションは、認可サーバとクライアントアプリケーションの双方が知っている秘密を利用して、認可サーバに対して自身を認証する必要があります（図7-5の抽象化プロトコルでは、これは認可グラントが認可サーバに送信されてやり取りされる手順Cです）。

(E) クライアントアプリケーションが認証に成功し、有効な認可コードを提示した場合、アクセストークンが付与されます（このステップは、図7-5の抽象化プロトコルの手順Dと一致し、アクセストークンが発行されています）。

[*17] 典型的なシナリオは、LinkedInを利用していて、LinkedInがGmailの連絡先にアクセスする許可を求める場合です。LinkedInはGoogleにリダイレクトし、Googleアカウントにログインします。その後、「LinkedInがあなたのメール連絡先へのアクセスを求めています」というメッセージが表示されます。承認すると、LinkedInはあなたのメールにアクセスできます。

このソリューションは非常にうまく機能し、Webアプリケーションのデフォルトモデルでした。ただし、Webサイトの世界は進化し、現在ではSingle Page Application（SPA）があります。SPAWebサイトはJavaScriptで実装されており、ユーザのブラウザで実行されるため、ソースコードはユーザが閲覧できるように完全に公開されています。これは、OAuth2クライアントSPAが秘密を保護できず、パブリッククライアントとして知られていることを意味します。そのため、認可コードグラントをそのまま利用することはできません。

7.2.5.1　認可コードグラント + PKCE

このようなとき、認可コードグラント + PKCE[*18]を利用すると、OAuth2をSPAアプリケーションで利用できるようになります。PKCEはProof Key for Code Exchangeの略称で、盗聴リスクへの対応として利用されます。認可コードグラント + PKCEグラント内では、追加の2つのパラメータが必要です。認可リクエスト用の`code_challenge`と、アクセストークンリクエスト用の`code_verifier`です。`code_verifier`はクライアントによって生成される暗号的にランダムな文字列であり、`code_challenge`は`code_verifier`のハッシュ値です。クライアントアプリケーションが認可サーバに対してリクエストを開始するとき、`code_challenge`を送信し、アクセストークンがリクエストされると、認可コードと`code_verifier`が提供されます。認可サーバは`code_verifier`をハッシュ化して、トークンリクエストを開始するために利用された`code_challenge`と一致するかどうかを確認できます。この拡張機能により、オリジナルのクライアントだけが`code_verifier`を持つことになり、認可コードが傍受されてアクセストークンと置き換えられる攻撃を防ぎます。このグラントの動作は図7-7で確認できます。

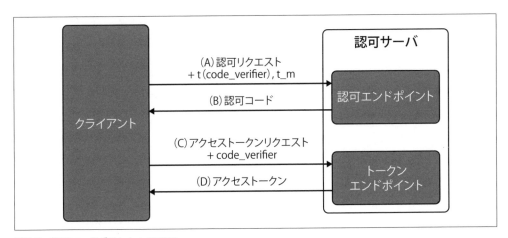

図7-7　認可コードグラント + PKCE

[*18] https://datatracker.ietf.org/doc/html/rfc7636#section-1.1

(A) 認可リクエストが行われ、code_verifier が認可サーバに送信されます。図内での t（code_verifier）は、code_verifier を code_challenge に変換するものであり、t_m が変換方法に当たります（前述のように、これはハッシュです）。
(B) 認可コードグラントと同様に、認可コードが返されます。
(C) クライアントは、認可リクエストとして認可コードと code_verifier を送信してアクセストークンを要求します。これはパブリッククライアントであるため、クライアントシークレットは送信されません。
(D) その後、アクセストークンがクライアントアプリケーションに発行されます。

これらのステップを見て、PKCEなしの認可コードグラントとどのように対応するか疑問に思うかもしれません。この図は図7-6と異なるように見えますが、実際の違いは最初のステップである手順Aだけです。図7-7の手順Aは、（抽象プロトコルの手順Aのような）認可リクエストがすべてであり、プロセスは認可コードグラントの手順Aおよび手順Bと同じです。

PKCEはパブリッククライアントで利用しなければなりません。ただし、機密クライアントに対してPKCEを利用し、さらに保護することもできます。

エンドユーザを持つ場合、認可コードグラントとそのPKCE拡張機能は、パブリックおよび機密クライアントに対する最も一般的なシナリオで機能します。

7.2.5.2　ケーススタディ：認可コードグラントを利用してAttendee APIにアクセスする

Attendee APIにアクセスするためのクライアントアプリケーションは2つあります。これらのアプリケーションはどちらも、リソースオーナーの代わりにAttendee APIにアクセスするために認可コードグラントを利用します。外部CFPシステムは機密クライアントで、秘密を保持できるため認可コードグラントを利用できます。一方、モバイルアプリケーションはパブリッククライアントで、秘密を保持できないため、認可コードグラント + PKCEを利用する必要があります。外部CFPシステムとモバイルアプリケーションがアクセストークンを要求し、それを利用してAttendeeサービスにアクセスするステップを、図7-8に示します。また、PKCEを利用している場合でも、手順の概要やユーザ体験は変わらないことも強調しておきます。

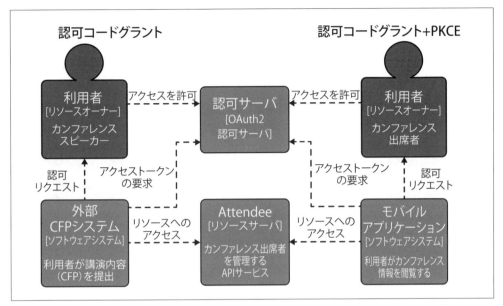

図7-8 ケーススタディに適用された認可コードグラント

7.2.6 リフレッシュトークン

　トークンの有効期限を短くすることは良い取り組みです。ただし、ユーザにユーザ名とパスワードの再入力を求めれば、すぐにユーザは不快感を示すでしょう。リフレッシュトークンとは、現在のアクセストークンの有効期限が切れた場合に追加のアクセストークンを要求する、有効期限の長いトークンです。リフレッシュトークンは認可リクエストの一部として要求され、したがってエンドユーザは追加のアクセストークンの要求を意識しません。最新のセキュリティベストプラクティス[*19]では、リフレッシュトークンは1回しか使えず、複数回利用されたことが検出されると、すぐにそのリフレッシュトークンを無効化することが推奨されています。リフレッシュトークンは追加の認証情報であり、有効期限が長いため、これらを安全に保管し漏洩させないようにすることが重要です。リソースオーナーがクライアントにリソースへのさらなるアクセスを許可しない場合など、クライアントのアクセスを拒否する必要がある場合、いつでもリフレッシュトークンの利用を無効化することができます。この場合、クライアントアプリケーションがリフレッシュトークンを用いて新しい（有効期限が短い）アクセストークンを要求するとリフレッシュトークンが無効化されるため、新しいアクセストークンが発行されず、アクセスができなくなります。こうした運用のため、有効期限の短いトークンを利用することが重要です。

[*19] https://datatracker.ietf.org/doc/html/draft-ietf-oauth-security-topics

7.2.7　クライアント認証情報グラント

クライアント認証情報グラント[20]（Client Credentials Grant）のクライアントは、秘密を保持する必要があるため機密クライアントです。このグラントはシステム間通信のためであるため、接続は事前に設定され、アクセス（クライアントが許可されている操作）は事前に準備されるべきです。

クライアントがアクセストークンを取得するプロセスは、図7-9に示すように非常に簡単です[21]。

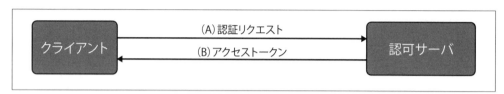

図7-9　クライアント認証情報グラント
(A)　クライアントアプリケーションは認可サーバに対して認証し、アクセストークンをリクエストします。クライアントは利用されているグラント、`client_credentials` を識別する役割もあります。
(B)　認可サーバは、クライアントアプリケーションが正常に認証した場合、アクセストークンを返します。

許可を与えるリソース所有者がいないため、追加の手順はありません。クライアントは自分のために行動するので、自分自身を識別することだけが要求されます。

7.2.7.1　ケーススタディ：クライアント認証情報グラントを利用して外部CFPシステムからAttendee APIにアクセスする

外部CFPシステムは、3カ月ごとに、どれだけの利用者が講演を申し込み、講演者になるかを示すレポートを生成します。このレポート生成は利用者を代理して行われるのではなく、外部CFPシステム自体のために行われます。クライアント（外部CFPシステム）は、認可サーバに登録されています[22]。Attendeeサービスでは、クライアントはサービスにアクセスできるクライアントのリストに追加され、利用者情報を読み取ったり、どのユーザが講演を申し込んだか、クエリできるように設定されています。これは事前に同意されたアクセスです。クライアントがAttendee APIにアクセスしたい場合、認可サーバにアクセストークンをリクエストし、Attendee APIを呼び出す際にアクセストークンを利用します。

これで、システム間通信にOAuth2を利用する方法がわかったと思いますが、ここまででカバー

---

[20] https://datatracker.ietf.org/doc/html/rfc6749#section-4.4
[21] クライアントアプリケーションがアクセストークンをさらに強化する方法について、さらにくわしく調べたい場合は、RFC8705（https://datatracker.ietf.org/doc/html/rfc8705）を参照してください。この仕様では、秘密の文字列の代わりに相互TLSを利用してアクセストークンを取得します。
[22] クライアントが複数のグラントタイプに登録されていることは問題ありません。呼び出し元のSubjectは利用されるグラントに応じて異なります。ここでクライアント認証情報を見てみると、Subjectはリクエストを行うクライアントに関連しており、リソースオーナーの代わりではありません。

されていない事例についてもみていきましょう。

クライアント認証情報グラントではリフレッシュトークンは利用されず、代わりにクライアントは新しいアクセストークンを要求します。

7.2.8　追加のOAuth2グラント

前述の2つのグラント以外にも、利用可能なOAuth2グラントはあります。他の標準グラントを以下に記載しますが、詳細については割愛します。

- デバイス認証グラント（Device Authorization Grant）は、入力が制限されていたり、ブラウザがないデバイスに利用されます。そのため、IoTデバイス（スマート冷蔵庫やRaspberry Piプロジェクトなど）に適しています。
- インプリシットグラント（Implicit Grant）は、以前はSPA向けに一般的に利用されていましたが、認可コードグラント＋PKCEに置き換えられました。
- リソースオーナーパスワード認証情報グラント（Resource Owner Password Credentials Grant）は、HTTPベーシックからOAuth2を利用してクライアントアプリケーションを立ち上げるための手順として歴史的に利用されてきました。このグラントは現在利用しないことが推奨されています。

7.2.9　ADRガイドライン：サポートするOAuth2グラントの選択

これまで見てきたように、OAuth2には多くのグラントがあります。あなたのケースに合ったグラントやサポートしたいグラントを選ぶことは重要です。表7-2のADRガイドラインに、グラントを選ぶ前に考慮すべき論点と考慮事項を示します。

表7-2　ADRガイドライン：OAuth2グラントの選択

決定事項：	サポートすべきOAuth2グラントはどれですか？
論点：	APIと対話するクライアントの種類を特定します。 ・IoTデバイスとデバイス認証グラントをサポートする必要がありますか？ ・インプリシットグラントのみをサポートするSPAの古いクライアントがありますか？ ・リソースオーナーパスワード認証情報グラントの利用を完全に禁止すべきですか？ 既存の認証・認可のセキュリティモデルがある場合、OAuth2に移行する必要がありますか？ ・どのグラントがあなたのやり取りモデルを最も適切に表現していますか？ ・クライアントはそのグラントに移行できるでしょうか？　彼らがあなたの管理下にあるか、第三者の数が少ない場合、第三者を移行させるのはかなり簡単になるでしょう。 ・新たにオンボードされたクライアントはすべて新しいOAuth2グラントを利用すべきですか？

推奨事項：	OAuth2を利用し、必要なグラントのみを利用して、もし必要が生じれば追加することをお勧めします。セキュリティモデルが機能し、多くの有料顧客がいる場合、彼らにOAuth2を利用するように強制することは実現不可能かもしれません。しかし、サードパーティからのリクエストで、セキュリティアーキテクチャを、OAuth2でより標準化したものに進化させる必要があるかもしれません。そうすれば、サードパーティがあなたのセキュリティモデルのため個別に認証メカニズムを構築する必要はありません。クライアント認証情報グラントから始めるのが、APIシステムにOAuth2を導入する最も簡単な方法であることが多いです。

7.2.10 OAuth2のスコープ

スコープはOAuth2において重要なメカニズムであり、ユーザの代わりに操作するクライアントのアクセスを制限するため、効果的に利用されます。ユーザが最初に認証する際、エンドユーザは同意画面を受け取ります。この画面には、クライアントがアクセスを要求している内容が記載されます。例えば、「アプリケーションがあなたのカレンダー内の予定を読み取ることを求めています」とか、「アプリケーションがあなたのカレンダーに会議を予約することを求めています」といった具体的な内容です。エンドユーザがこれらをコントロールし、クライアントが代理で実行できるアクションを制限することができます。

7.2.10.1 ケーススタディ：OAuth2スコープをAttendee APIへ適用する

スコープを利用した実例を探り、いくつかのエンドポイントを利用して利用者をモデリングするスコープを示しましょう。この例をサポートするために、レガシーカンファレンスシステムが2つのエンドポイントを公開していると仮定しましょう。

Attendee API

- `GET - /Attendees`　　　　　　　　カンファレンス出席者のリストを取得する
- `GET - /Attendees/{Attendee_id}`　カンファレンス出席者の詳細を取得する
- `POST - /Attendees`　　　　　　　　新しいカンファレンス出席者を登録する
- `PUT - /Attendees/{Attendee_id}`　カンファレンス出席者の情報をアップデートする

Legacy Conference API

- `GET - /conferences`　　　　　　　カンファレンスの一覧を取得する
- `POST - /conferences`　　　　　　　新しいカンファレンスを作成する

外部CFPシステムはAttendee APIにのみアクセスする必要があるため、リソースオーナーとしては外部CFPが会議情報にアクセスすることを望みません。外部CFPシステムに対しては、Attendee APIのみを許可するような分離が必要となります。

そのため、AttendeeスコープとConferenceスコープの2種類のスコープを作成します。これを、

HTTPメソッド－エンドポイント－スコープとして表します。

Attendee API

- GET - /Attendees－Attendee
- GET - /Attendees/{Attendee_id}－Attendee
- POST - /Attendees－Attendee
- PUT - /Attendees/{Attendee_id}－Attendee

Legacy Conference API

- GET - /conferences－Conference
- POST - /conferences－Conference

　これでカンファレンス情報とカンファレンス出席者の分離が実現しましたが、さらに一歩進めて、読み取りと書き込みの操作を区別することも可能となります。

Attendee API

- GET - /Attendees - AttendeeRead
- GET - /Attendees/{Attendee_id} - AttendeeRead
- POST - /Attendees - AttendeeAccount
- PUT - /Attendees/{Attendee_id} - AttendeeAccount

　スコープには明確な標準は存在しませんが、一般的にAPI内での大まかな分離に利用されます。スコープはエンドユーザにとって理にかなったものでなければならず、なぜそれらを利用する必要があるかについて同意を得る必要があります。リソースオーナーがリソースへのアクセス認可を付与したら、この情報はリソースサーバによって強制されるべきです。JWT形式のアクセストークンを利用する場合、通常、JWTにクレームが追加されます。例えば、"scope": "AttendeeRead AttendeeAccount"[*23]といった形で、承認されたすべてのスコープのリストが含まれます。スコープはOAuth2において必須ではありませんが非常に有用であり、大まかな粒度の認可（coarse-grained authorization）のために検討すべきコンポーネントの1つです。

7.2.11　認可の強制

　APIセキュリティにおいて、認可は基本的な要素であるため、強制される必要があります。OWASP API Security Top 10に挙げられている最も一般的なセキュリティ認可の問題は、オブジェク

---

*23 これは、カンマ区切りの配列でも、今回のようにスペース区切りの配列でも大丈夫です。

トレベルの認可不備（BOLA）[24]と機能レベルの認可不備（BFLA）[25]です。BOLAは、ユーザがアクセス権を持っていないはずのオブジェクト情報をリクエストできる状態で、リソースIDを改ざんすることによって発見されることがよくあります。BFLAは、ユーザが許可されていないタスクを実行できる状態であり、例えば、標準ユーザとして管理専用のエンドポイントを実行することができる場合です。

通常、認可はある種の権限付与に基づいています。一般的にロールベースのアクセス制御（RBAC）[26]を利用して強制されます。権限は詳細に検討すべきですが、何らかのアクセス制御が存在し、リクエストを処理する前に各エンドポイントに認可検証メカニズムが存在することが重要です。

OAuth2において認可を考える際には、スコープは、「リソースオーナーが、クライアントが実行できるアクション範囲について指定するために存在すること」を念頭に置く必要があります。これは、クライアントがすべてのエンドユーザデータにアクセスできるべきという意味ではありません。Attendeeサービスの場合、管理者権限で利用者を管理し、利用者には閲覧権限のみ付与するなど、さまざまなアクションが考えられます。利用者は利用者のプロファイル説明を読む権限しか持っていないかもしれませんが、クライアントは利用者の情報を読む権限や利用者を管理する権限を求めることができます。ユーザはこれらのタスクをクライアントに代わって実行する権限を付与するかもしれませんが、ユーザ自身がアクセス権を持っていないかもしれません。図7-10では、この認可の重複が強調されています。

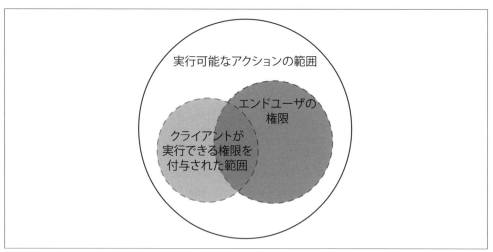

図7-10　認可のベン図

---

[24] https://github.com/OWASP/API-Security/blob/master/editions/2023/en/0xa1-broken-object-level-authorization.md

[25] https://github.com/OWASP/API-Security/blob/master/editions/2023/en/0xa5-broken-function-level-authorization.md

[26] https://www.okta.com/uk/identity-101/what-is-role-based-access-control-rbac/

スコープは、APIゲートウェイがスコープ認可を強制し、クライアントがAPIへのアクセスに必要な正しいスコープを持っていない場合にリクエストを拒否するのに役立ちます。

7.3　OIDCの導入

OAuth2は、クライアントが認証・認可を利用してAPIにアクセスするメカニズムを提供します。一般的な要件の1つは、クライアントがリソースオーナーの身元を知る必要があることです。外部CFPシステムを考えてみましょう。このシステムはスピーカーに関するデータを保存する必要がありますが、OAuth2グラントではエンドユーザの身元を取得する方法を提供していません。

これを実現するのがOpenID Connect（OIDC）[27]です。OIDCはアイデンティティ層を提供します。この層はOAuth2の上に構築され、OAuth2の認可サーバに追加機能を実装することで実現できます。必要な機能を加えれば、OAuth2の認可サーバはOpenIDプロバイダにもなります。openidと呼ばれる特別なスコープを使うことで、クライアントがユーザに関する情報をリクエストできるようになります。このスコープは、アクセストークンに必要なスコープと一緒にリクエストされます。openidスコープを使うと、クライアントにIDトークンが提供されます。このIDトークンは、ユーザのクレームを含むJWTです。

openidスコープだけを利用した場合に返されるIDトークンには、ユーザに関する非常に限られた情報しか含まれていません。ユーザを識別する唯一のクレーム（subject claim）は、ユーザの一意のIDであり、（通常はUUIDであることが多いですが）変更されてはいけない要素です。通常、ユーザに関する一意のIDを持つだけでは、クライアントにとっては十分ではありません。そのため、OIDCはIDトークン内の情報を取得するために、以下のようなリクエストに追加できる追加のスコープを指定しています。

```
Profile
    name, family_name, given_name, middle_name, nickname, preferred_username, profile,
    picture, website, gender, birthdate, zoneinfo, locale、updated_at
email
    email、email_verified
address
    address
phone
    phone_number、phone_number_verified
```

これらによって、非常に豊富なユーザ情報を含むIDトークンを得ることができます。これらのスコープはIDトークンのコンテキストで利用されます。アクセストークンではなく、IDトークン内でこれらのスコープを見ることになります。214ページの「7.2.10　OAuth2のスコープ」で説明したように、アクセストークンでは見られません。

---

[27] https://openid.net/developers/how-connect-works/

OIDCは3つのフローを宣言しています：認可コードフロー（Authorization Code Flow）、暗黙的フロー（Implicit Flow）、およびハイブリッドフロー（Hybrid Flow）です。OIDC仕様ではIDトークンを取得する手順を「フロー」と呼んでいます。お勧めは認可コードフローです。認可コードグラント（+PKCE）と同様の理由で、より安全な手法だからです。

多くの人々は、OAuth2とOIDCが同じものであると考え、OIDCがAPIへのアクセスに利用されていると言っているでしょう。しかし実際は、同じではなく、2つの異なるアプローチです。OIDCはユーザアイデンティティをクライアントに提供する役割を持っていますが、APIへのアクセスは提供しません。OIDCが必要な場合、アイデンティティプロバイダがそれをサポートしていることを確認するべきです。独自のアイデンティティ層を構築しようとしないでください。

決してIDトークンをアクセストークンの代わりに利用しないでください。これは非常に危険な実装方法であり、IDトークンはこの目的で利用することを意図していません。IDトークンはユーザに関する情報をクライアントに提供するための有効期限が長いトークンであり、リソースへのアクセスのためのものではありません。

7.4　SAML 2.0

組織環境では、SAML 2.0を利用するのが一般的です（単にSAMLと呼ばれることも多いです）。SAML（Security Assertion Markup Language）は、アサーションを転送するためのオープンスタンダードです。しばしばシングルサインオンに利用され、転送されるアサーションはユーザのアイデンティティです。SAMLは、従業員が外部アプリケーションにサインインすることを許可するために利用され、企業の世界で普及しています。SAMLは、そのままAPIによって利用されることを意図したものではありません。しかし、OAuth2の拡張機能として「Security Assertion Markup Language (SAML) 2.0 Profile for OAuth 2.0 Client Authentication and Authorization Grants」[28]があります。この拡張機能により、認可サーバが機能を実装している場合、クライアントはSAMLを利用してアクセストークンをリクエストできます。SAMLをOAuth2への移行の一部として利用する必要がある場合、このことを認識しておくべきです。

7.5　まとめ

この章では、APIセキュリティを確保する重要性と、それを達成するための堅牢な業界標準について探ってきました。

- 認証は、API内でエンドユーザまたはシステム間通信を実行するアプリケーションで、リソー

---

[28] https://datatracker.ietf.org/doc/html/rfc7522

スオーナーのアイデンティティを確立します。

- OAuth2は、APIセキュリティを確保するための事実上の標準であり、Baererヘッダの一部としてJWTを活用することがよくあります。JWTトークンはエンコードおよび署名され、改ざんがないことを保証します。

- 異なるOAuth2グラントは異なるシナリオをサポートします。最も一般的な構成は、認可コードグラント + PKCEか、クライアント認証情報グラントです。

- リフレッシュトークンは、ユーザにユーザ名とパスワードの入力を繰り返させることを軽減し、エンドユーザの体験をスムーズにします。

- OAuth2のスコープは大まかな粒度の認可を提供するのに役立ち、エンドユーザがクライアントへのアクセスを設定できるようにします。

- OIDCはクライアントがエンドユーザに関する情報を必要とする場合に利用されます。OIDCは認証されたユーザに関する基本情報を提供し、必要に応じて追加の詳細情報を提供できます。

これで基本的には、API呼び出し元を識別し、開発した独自APIをセキュリティで保護する方法を理解できたはずです。しかし、これは旅路の終わりではありません。なぜなら、ほとんどのソフトウェアアーキテクチャは変化し続けるためです。次の章ではAPIと進化的アーキテクチャについて学びます。

第4部

APIを利用した
進化的アーキテクチャ

第4部では、APIを利用してシステムまたは一連のシステムのアーキテクチャを進化させる方法を探求します。これには、既存のレガシーアプリケーションをサービス指向アーキテクチャに進化させる方法や、クラウド環境への効果的な展開のためにシステムを進化・刷新させたり、APIインフラストラクチャを利用したりする方法も含まれています。

8章では、モノリシックなアプリケーションをAPI駆動のアーキテクチャに再設計する方法に焦点を当てます。

9章では、APIインフラストラクチャを利用して現在のシステムをクラウドプラットフォームに進化させる方法を学びます。

10章では、この本全体で学んだ主要な教訓をまとめます。この章では、ケーススタディを発展させ、APIアーキテクチャに関する学習を進める方法も説明します。

8章

API駆動アーキテクチャへの
アプリケーションの再設計

APIの運用とセキュリティについてしっかりと理解したところで、APIを利用して既存のアプリケーションを進化させ、拡充する方法を紹介します。『進化的アーキテクチャ—絶え間ない変化を支える』（オライリー・ジャパン刊、2018年）では、進化的アーキテクチャが段階的な改善をサポートする方法について論じられています。この本に定義された進化的アーキテクチャを採用するかどうかにかかわらず、ほとんどの成功したシステムは、新しいユーザ要件に対応するために時間の経過とともに進化しなければならないという現実があります。顧客のフィードバックや変化する市場状況に基づいて製品を変更しないビジネスや組織は、ほとんど存在しないでしょう。同様に、長期間稼働するシステムは、ハードウェアの故障や陳腐化などの基盤変更、基盤となるアプリケーションフレームワークの変更、サードパーティサービスの変更に影響を受けることもよくあります。

APIは、システムおよびシステム内部への自然なインターフェース、抽象化、および（カプセル化された）エントリポイントであり、進化的アーキテクチャをサポートするために重要な役割を果たすことができます。この章では、なぜ変更が必要か、それをどのように設計するか、そしてどこに有用なパターンを実装するかについて学びます。

読者は気付いていないかもしれませんが、カンファレンスシステムのケーススタディには、この章で議論される多くのスキルを適用してきています。この章を読む際には、ケーススタディの進化について考えることをお勧めします。「10.1　ケーススタディ：旅路の振り返り」（259ページ）では、カンファレンスシステムアーキテクチャの最終的な状態を確認します。

8.1 なぜシステムを進化させるためにAPIを利用するのか?

ソフトウェアを安全に変更することには、常に挑戦が付きまといます。この課題は、ソフトウェアが次の3つの特徴のいずれかを持つ場合、さらに複雑になります。それは、①多数のユーザ、②設計固有の複雑性、③他の多くのシステムと密統合している場合です。そして、もう1つ重要なポイントは、ほとんどの「レガシー」システムも、ある程度、場当たり的な方法で進化してきており、多くの一時的な回避策、急な修正、システム設計の一部として組み込まれたショートカットが存在しているという事実です。こうした点は、ユーザニーズを満たし、組織のワークフローの重要な部分であるソフトウェアシステムにおいては、ほぼ避けられない特徴といえるでしょう。

アーキテクトとして、APIはシステムを進化させるのに役立ちます。APIはモジュールまたはコンポーネントの境界となることができます。これにより、システムが高い凝縮性（Cohesion）を持ち、疎結合性（loose compiling）であることを確保しようとする場合、APIが活用されるのは自然な流れです[1]。

8.1.1 有用な抽象化の作成：凝縮性の向上

凝縮性は、システム内のコンポーネントの結びつきの強さ、言い換えれば同じ機能が一カ所に集約されている状態を意味します。高い凝縮性を持つAPIとシステムを実装することで、API提供者と利用者がより容易に進化できるようになります。API提供者としては、アルゴリズムを変更したり、パフォーマンスを向上させるためにコードをリファクタリングしたり、データストアを変更したり、サービスの内部を変更することができます。ただし、後方互換性を壊すような外部インターフェースの変更を避ける必要があります。利用者としては、既存のAPIへの統合ポイントが明確かつ理解しやすいため、サービスを変更・スケーリングする際に安定的な利用が期待できます。

凝縮性の高いAPIを設計することと密接に関連しているのは、作成している抽象化について批判的に考えることです。異なる乗り物の運転を考えれば、抽象化の違いを理解し、評価できるでしょう。自動車では通常、ダッシュボード、ペダル、ステアリングホイールとやり取りします。スペースシャトルを操作する場合は、コントロールパネルにはさらに詳細なダッシュボード、コントロールスティック、ボタンが含まれています。スペースシャトルの操作系はそのタスクに適していますが、自動車を設計する際には、このような制御と複雑性は適切ではありません。実際には、ビジネスサービスが自動車の運転に相当する場合でも、「将来対応」のAPIという目標に関連すると、スペースシャトルのコントロールパネルのようなものを設計したくなるケースは多々あります。

---

[1] 訳注：本書では凝縮性と疎結合に焦点を当てていますが、ソフトウェアの品質指標として、CLEANという概念があります。①凝縮性（Cohesive）、②疎結合（Loosely Coupled）、③カプセル化（Encapsulated）、④断定的（Assertive）、⑤非冗長（Nonredundant）の頭文字を取った概念です。APIの品質を高める上では、これらの概念も意識していくべきでしょう。よりくわしくは、『レガシーコードからの脱却—ソフトウェアの寿命を延ばし価値を高める9つのプラクティス』（オライリー・ジャパン刊）を参照してください。

高い凝縮性を持つAPIを目指す

高い凝縮性を持つAPIは、アーキテクトが理解しやすく、メンタルモデルを構築しやすく、推論しやすいものです。また、凝縮性の高いAPIは、最小の驚きの原則（the principle of least surprise）を侵害しません。高い凝縮性を持つAPIは、システム内で変更の焦点になることもあります。例えば、高い凝縮性を持つ場合、関連する一連の変更は、1つのAPIの修正だけで済むかもしれません。一方、凝縮性の低いシステムを変更する場合には、一連のAPIの修正が必要になります。常に高い凝縮性を持つシステムを目指し、進化させてください。

ケーススタディにおける高い凝縮性の反例として、会議関連で利用できる便利機能を提供するユーティリティAPI（Utils API）を作成したと想像してみてください。これは、AttendeeサービスなどのコードVariable変更が、他のユーティリティAPIの更新も必要な状況になりえる可能性があります。APIの元の作者でない限り、あるいは非常に優れた文書とテストがない限り、こうした状況を見落とし、システムが一貫性・互換性のない状態になってしまうかもしれません。

凝縮性には多くの種類がある！

凝縮性は、あたかも1つの単位で測れるかのように語られることが多々あります。しかし、アーキテクトが知っておくべき凝縮性には複数の種類があります。例えば、システムはさまざまな方法で結合することができ、異なる凝縮性を持っています（機能的結合が最も凝縮性が高く、偶然的結合が最も凝縮性が低いといえます）。

- 機能的結合（Functional cohesion）
- 逐次的結合（Sequential cohesion）
- コミュニケーション的結合（Communicational cohesion）
- 手続き的結合（Procedural cohesion）
- 時間的結合（Temporal cohesion）
- 論理的結合（Logical cohesion）
- 偶然的結合（Coincidental cohesion）

Joseph Ingeno氏の『Software Architect's Handbook[*2]』（Packt Publishing）には、より包括的な概要が書かれていますので参照してください。

もちろん、凝縮性はシステムを設計し進化させる際に目指す唯一の特性ではありません。次に、

[*2] https://www.packtpub.com/en-jp/product/software-architects-handbook-9781788624060

ソフトウェア内の凝縮性に密接な関係がある、疎結合について見てみましょう。

8.1.2　ドメイン境界を明確にする：疎結合の促進

　疎結合のシステムには2つの特性があります。第一に、コンポーネント間の関連が弱く（壊れやすい関係がある）、相互に関連していない点です。つまり、1つのコンポーネント変更は他のコンポーネントの機能やパフォーマンスに影響を与えません。第二に、システムの各コンポーネントは他の独立したコンポーネントの定義についてほとんど、あるいは全く知識を持っていません。疎結合のシステム内のコンポーネントは、同じサービスを提供し、同じプラットフォーム、言語、オペレーティングシステム、ビルド環境に縛られることのない代替的な実装に置き換えることができます。

　疎結合のAPIを実装するために設計・リファクタリングすることは、API提供者や利用者が効果的にシステムを進化させることを可能にします。API提供者としては、疎結合のAPIは、統合容易性と変更容易性の観点から、組織全体であなたのサービスの最大限の採用を促します。そして利用者は、疎結合のAPIはコンポーネントのより簡単な入れ替え（場合によっては実行時にさえ入れ替えられます）や、より簡単なテストを支援し、依存関係の管理コストを削減します。

疎結合は、テスト時のモックと仮想化を容易にします！
疎結合を意識して設計されたAPIは、通常、統合テストやE2Eテストを実行する際、モックや仮想化がはるかに簡単に行えます。疎結合のAPIは、API提供者の実装を簡単に入れ替えることができます。利用者をテストする際、提供者APIの実装は、必要な応答を返す単純なスタブまたは仮想サービスに入れ替えることができます。
対照的に、密結合されたAPIをモックまたはスタブ化することは、通常、不可能です。代わりに、API提供者をテストセットの一部として実行したり、（機能が制限された）サービスの簡易版、または組み込みバージョンを利用しようとします。

8.2　ケーススタディ：利用者のドメイン境界の確立

　カンファレンスシステムのユースケースを例に挙げてみましょう。もしAttendeeサービスが基盤となるデータストアと高度に結びついており、基盤のデータスキーマ形式でデータを公開していた場合を想像してみてください。サービス提供者として、データストアを異なるものに変更したい場合、2つの選択肢があります。1つは、新しいデータと旧形式のデータの間で作成・取得されるあらゆるデータを適応させるために、新しいシステムを実装する方法です。これには複雑かつエラーが発生しやすい変換コードを生成することになるでしょう。第二の方法は、外部APIを変更し、すべての利用者に採用させる方法です。ただし、広く採用されたサービスでこれを行う難しさを過小評価しないでください！

情報隠蔽の威力

APIが高い凝縮性と疎結合性を持つように設計すると、情報隠蔽の原則（principle of information hiding）の恩恵を受けることができます。これは、最も変更される可能性の高い実装上の決定を分離するという原則です。これがうまくいけば、設計上の決定が変更されても、システムの他の部分を大規模な修正から守ることが可能となります。

この保護には、システムの残りの部分を根本的な（変更可能な）実装から保護する安定したインターフェースを提供することが含まれます。APIについて言えば、情報隠蔽とは、API提供者が提供する特定の機能に対し、利用者からアクセスできないようにする機能です。これは、ビジネスやドメインに焦点を当てたAPIエンドポイントのみを利用し、内部の抽象化や実装固有なデータモデルやスキーマを一切漏らさないことで実現可能です。

8.3 最終アーキテクチャの選択肢

モノリシックなアプリケーションとAPIを進化させ再設計する際には、変更によってシステムが何を達成できるか、明確なビジョンを持つべきです。そうでない場合、ルイス・キャロルの『不思議の国のアリス』の有名な次のシーンが現実のものになるかもしれません。

> 「お願い、教えてちょうだい。私はここからどっちへ行ったらいいのかしら？」
> 「それは、君がどこに行きたいかによるなぁ」と猫。
> 「どこでもいいんですけど」とアリス。
> 「それなら、どちらに行っても関係ないだろう」
> 「でもどこかへは行きたいのよ」
> アリスは説明するように付け加えました。

システムを進化させるための全体的な目標を決定するアプローチについては、この章の次のセクションでくわしく学びますが、ひとまずアーキテクチャの潜在的なオプションとAPI設計に与える影響を見てみましょう。

8.3.1 モノリス（Monolith）

過去数年間、モノリシックアーキテクチャはあまり評判がよくありませんでした。ただし、これ

228 | 8章　API駆動アーキテクチャへのアプリケーションの再設計

は主に「モノリス*³」という言葉が「大きな泥団子」(Big Ball of Mud)*⁴を指すようになったためで
す。実際には、モノリスはすべて1つの部品で構成され、単一プロセスの自己完結型で実行される
ソフトウェアシステムを意味し、ネガティブな意味はありませんでした。多くのシステム、特に検
証用（Proof of Concept）のアプリケーション、ビジネス製品の基礎的な市場適合性を確認する目的
で作成されているシステムにおいて、このアーキテクチャは、最も早く、実際に動く製品（MVP：
Minimum Viable Product）を提供可能です。なぜなら、取り組むべき対象が1つしかなく、理解し
やすく、修正しやすいからです。

　モノリシックアプリケーション内でAPIを実装する際の課題は、将来の修正時に初めて明らかに
なる、誤って密結合した設計を作成しやすいことです。ドメイン駆動設計*⁵やヘキサゴナルアーキ
テクチャ*⁶の利用など、ベストプラクティスに従えば後で報われるでしょう。

8.3.2　サービス指向アーキテクチャ（SOA）

　サービス指向アーキテクチャ*⁷（SOA：Service Oriented Architecture）は、サービスが、ネット
ワークを介して通信するアプリケーションやサービスによって他のコンポーネントに提供されるソ
フトウェア設計スタイルです。しばしば「古典的なSOA」と呼ばれる、昔流行したSOAには悪い評
判があります。これは、SOAP、WSDL、XMLなどの初期のSOAでの重量級の技術や、ESBやメッ

---

*3　訳注：「モノリス」は一般的に「一枚岩」を意味します。転じて、ソフトウェア開発では、すべての機能やコンポー
　　ネントが一体化したシステムアーキテクチャを意味します。モノリシックアーキテクチャは、開発が容易で、リ
　　ソース管理がしやすいという利点があります。しかし、アプリケーションの規模が大きくなるにつれて、変更の
　　影響範囲が広くなり、デプロイメントやスケールアップが困難となる傾向があり、「大きな泥団子」と呼ばれる
　　ようになりました。
*4　訳注：「大きな泥団子」とは、明確なアーキテクチャが欠如しているソフトウェアシステムのことで、無計画に
　　構成され、スパゲッティコードで構成されたシステムを意味します。
　　原注：「大きな泥団子」の歴史と詳細については、WikipediaとInfoQの記事を参照してください。
　　https://en.wikipedia.org/wiki/Anti-pattern#Software_engineering_anti-patterns
　　https://www.infoq.com/news/2014/08/microservices_ballmud/
*5　訳注：ドメイン駆動設計（DDD：Domain Driven Design）とは、Eric Evans氏が著作『エリック・エヴァンスの
　　ドメイン駆動設計』（翔泳社刊）で提唱した手法で、ドメイン（プログラムを適用する対象となる領域）の専門
　　家からのインプットに従い、ドメインに一致するようにソフトウェアをモデル化することに焦点を当てたソフト
　　ウェア設計手法です。くわしくは、当該著作か、『ドメイン駆動設計入門―ボトムアップでわかる！　ドメイン駆
　　動設計の基本』（翔泳社刊）を参照してください。
*6　訳注：ヘキサゴナルアーキテクチャ（Hexagonal Architecture）とは、Alistair Cockburn氏により考案されたアー
　　キテクチャパターンです。ポート＆アダプタ（Ports and Adapters）とも呼ばれます。具体的には、コアとなるビ
　　ジネスロジックを中心とし、当該ロジックとは「ポート」を介してやり取りします。ポートの代表例はAPIであり、
　　簡単なアプリであれば、ユーザ側のポートとデータベース側のポートが考えられます。一方、外部デバイスとポー
　　トをつなぐものを「アダプタ」と呼び、代表例としてGUIは「ポート」であるAPIと接続する「アダプタ」と
　　して機能します。くわしくは、『手を動かしてわかるクリーンアーキテクチャ　ヘキサゴナルアーキテクチャに
　　よるクリーンなアプリケーション開発』（インプレス刊）を参照してください。
*7　訳注：サービス指向アーキテクチャはモノリシックアーキテクチャの限界を克服するために登場した概念で、
　　サービスと呼ばれる汎用性の高い機能単位でシステムを分割し、各サービスごとに開発・管理を行うアーキテク
　　チャです。

セージキューなどのベンダ主導のミドルウェアの利用に起因しています。通信には「スマートパイプ」を利用し、ビジネスロジックがミドルウェアに組み込まれました。

アプリケーションをSOAに進化させることは有益かもしれませんが、密結合や低い凝縮性を促進するフレームワークやベンダが提供するミドルウェアの利用を避けるように注意する必要があります。例えば、APIゲートウェイや商用サービスバス（ESB）にビジネスロジックを追加することは常に避けるべきです。SOAベースのシステムを設計する際の最大の課題の1つは、サービスのサイズと所有権を「正しく」設定することです。つまり、APIの凝縮性、組織全体にわたるコードの明確な所有権、多くのサービスを設計・実行するコストとのバランスをとることです。

8.3.3　マイクロサービス

マイクロサービス[8]はSOAの最新の実装で、ソフトウェアが小さな独立したサービスから構成され、丁寧に設計されたAPIを介して通信します。古典的なSOAとはいくつかの違いがあります。すなわち、「スマートエンドポイントとダムパイプ[9]」の利用、およびサービスに密結合する可能性のある重量級のミドルウェアの利用を避ける点です。マイクロサービスに関しては多くの書籍が書かれており[10]、詳細に掘り下げたい場合はそれらを参照してください。ただし、マイクロサービスを進化させる際の基本原則には、疎結合で高い凝縮性を持つAPI駆動のサービスを作成することが含まれます。

古典的なSOAと同様に、マイクロサービスアーキテクチャを利用してAPIを設計する際の最大の課題の1つは、APIと基盤のサービスの境界、凝縮性を正しく設定することです。マイクロサービスを構築・進化させる前に、DDDの技法からコンテキストマッピングやイベントストーミングなどの技術を利用すれば、将来の取り組みで大いに報われることがあります。マイクロサービスAPIは、理想的には、疎結合を促進する軽量な技術を利用すべきです。これには、本書ですでに説明したREST、gRPCや、軽量なイベント駆動型またはメッセージベースの技術であるAMQP、STOMP、WebSocketsが含まれます。

---

[8] 訳注：マイクロサービスは、[9]に示すJames Lewis氏とMartin Fowler氏の記事では、「1つのアプリケーションを一連の小さなサービスの組み合わせとして開発するアプローチ。これらのサービスはそれぞれ独自のプロセスで実行され、軽量なメカニズムを使って通信する」と定義しており、9種類の特徴を挙げています。SOAと比較すると、どちらも機能分割するという類似性があります。一方、下に挙げた野村総合研究所の記事によれば、SOAは中央集権型の機能であり、既に述べた通りESBという基盤が処理を制御する一方、マイクロサービスは地方分権型であり、集中管理する仕組みがないため、画面側が責任を持って処理順序を制御し、処理ごとにPeer to Peerで通信する性質があると述べています。
https://www.nri.com/jp/knowledge/blog/lst/2023/iis/dx_implementation/0522_1

[9] 訳注：エンドポイントに高い機能を持たせ、通信はダムパイプのように単純な通信を使い、各機能のアウトプットは別の機能の入力として簡単に使えるように設計すべきであるという思想を意味します。
原注：https://martinfowler.com/articles/microservices.html

[10] Sam Newman氏による、『マイクロサービスアーキテクチャ 第2版』（オライリー・ジャパン刊、2022年）が最も参考になるでしょう。また、Jose Haro Peralta氏の『実践マイクロサービスAPI』（翔泳社刊、2023年）も良書です。

8.3.4 関数型アーキテクチャ

関数型アーキテクチャがマイクロサービスの次の進化形態であるという期待された目的はまだ実現していない一方、多くの組織でこのアーキテクチャが広く採用されています。このアーキテクチャスタイルは、イベント駆動型システム（例えば、ニュースや市場イベントに高度に反応する市場ベースの取引システム、または標準化された変換を利用してレポートを生成するパイプラインがある画像処理システムなど）を持つ場合、目指すべきアーキテクチャスタイルとなりえます。

関数型アーキテクチャを設計する際の最大の課題は、結合度を正しく設定する点です。関数やサービスを設計する際、非常に単純な、多くの関数を組み合わせてビジネス価値を提供する必要があります。これらのサービスとAPIは、その後、密に結合する傾向があります。再利用性と保守性のバランスを取ることが難しいことがあるため、調整に時間がかかる可能性があることを認識せずに、このアーキテクチャスタイルを選択すべきではありません。

8.4 進化プロセスの管理

システムの進化は、意識的に管理された活動でなければなりません。APIの変更を行う際に注意を払うべきポイントを見てみましょう。

8.4.1 目標を決定する

システムを進化させる前に、変更の背後にある動機を明確にするべきです。目標を整理し、チームや組織と明確にコミュニケーションするべきです。変更プロセスの初期段階で誤った仮定や目標を設定していることに気付けば、コーディングが始まった後に気付くよりコストがかかりません。目標は主に2つのカテゴリに分類されます。機能的な目標と機能横断的な目標です。

機能的な目標は、新機能を追加する、あるいは既存の内部ロジックに対する変更です。これは通常、エンドユーザやビジネスステークホルダーによって推進されます。リファクタリングが必要な場合もありますが、これらの目標は主にさらなるコードの記述やシステムの統合に焦点を当てています。

機能横断的な目標、または非機能的な目標とも呼ばれるものは、保守性（maintainability）、拡張性（scalability）、信頼性（reliability）など、イリティーズ[*11]（品質特性）に焦点を当てています。例えば、保守性の変更は、エンジニアがシステムを理解し、修正し、変更するのにかかる時間を減らしたいと考える技術リーダーシップチームによって推進されることがよくあります。拡張性の変更は、システム利用の増加や需要増加を予測するビジネスステークホルダーによってよく推進されます。信頼性は、システム内の障害の数と影響を減少させる試みに焦点を当てることがよくありま

[*11] 訳注：イリティーズ（-ilities）とは、本文でも挙げている通り、品質（quality）の具体的な指標となるコンポーネントを意味し、qualityという単語が-ilityで終わることに由来しています。

す。これらの目標は、通常、既存のシステムのリファクタリングや新しいプラットフォームやインフラストラクチャコンポーネントの導入に焦点を当てています。

　機能横断的な要件を作成することは理にかなっていますが、システムに行う変更について明確な目標を設定し、成功したかどうかを知るにはどのようにすればよいでしょうか？ そこで適応度関数が役に立ちます。

8.4.2　適応度関数の利用

　急速なレガシー化を防ぐアーキテクチャを目指すには、時間の経過とともに生じる劣化を防ぐ積極的な決断が必要です。適応度関数（Fitness Function）を定義することは、システムアーキテクチャとそれを構成するコードアーティファクトを定期的に確認する仕組みです。適応度関数は、アーキテクチャのイリティーズを数量化可能な指標で評価する、アーキテクチャのユニット／統合テストの一種と考えてください。適応度関数は、システムの目標を一貫して保証するためにビルドパイプラインに組み込まれます。Thoughtworksの適応度関数に関するブログ[*12]では、表8-1で概説するように、いくつかの注目すべきカテゴリが提案されています。

表8-1　適応度関数のカテゴリ

コード品質（Code Quality）	多くのチームが既にある程度、実施している適応度関数のカテゴリです。テストの実行により、本番リリース前にコードの品質を測定できます。さらに検討するべき追加のメトリクスもあります。例えば、循環的複雑性が最小限に抑えられていることを確認することが考えられます。
レジリエンス（Resiliency）	レジリエンスの初期テストとして、システムを本番前環境に展開し、サンプル（または合成）通信を実行し、エラー率が一定の閾値以下であることを観察します。APIゲートウェイまたはサービスメッシュは、システムに障害を注入し、特定のシナリオでのレジリエンスや可用性をテストするためにしばしば利用することができます。
オブザーバビリティ（Observability）	サービスが、観測可能プラットフォームが要求するメトリクスに準拠（および退行していない）していることを確認し、これらのメトリクスを公開することが重要です。「5.5.2 APIにとって重要なメトリクス」（165ページ）で公開すべき優れたAPIメトリクス群を検討しましたが、これは継続的な適応度関数によって測定および適用できます。
パフォーマンス（Performance）	性能テストはしばしば後回しにされますが、もしレイテンシとスループットの目標を設定できれば、これらはビルドパイプラインで測定できます。おそらくこの目的の最も難しい部分の1つは、実際の本番環境と同様のデータを取得し、実行すべき性能テストを有意義な内容にすることです。これについては、240ページの「8.6.2　パフォーマンスの問題」でくわしく検討します。
コンプライアンス（Compliance）	このカテゴリは、何をモニタリングするのが重要かという点で、ビジネス・組織の要件に依存します。期待通りにビジネスが運営されていることを示す証拠を提供し続けるため、重要な監査要件やデータ要件を含む可能性があります。

[*12] https://www.thoughtworks.com/en-gb/insights/articles/fitness-function-driven-development

セキュリティ (Security)	セキュリティにはさまざまな側面があり、6章と7章でいくつかの考慮事項を検討しました。適応度関数の1つとして、プロジェクト内のライブラリ依存関係を分析し、既知の脆弱性がないか確認することが考えられます。別の適応度関数として、コードベース全体に自動スキャンを実行して、OWASP関連の脆弱性が存在しないことを確認することが考えられます。
運用操作性 (Operability)	多くのアプリケーションは構築され、本番環境に導入され、その後進化し始めます。ユーザが参加し、問題が発生することがあります。プラットフォームを操作するための最小限の要件を決定することは、工場が稼働を維持するための鍵です。モニタリングとアラートが導入されているかどうかを評価することは、良いスタート地点です。

導入したい適応度関数に関するADRを作成することは良いスタート地点です。この表に示されたすべてをすぐに実装することは難しいかもしれません。一部の決定は取り消しにくく、できるだけそういった種類の決定を把握することが重要です。

取り消しのできない決定は悪いことではありません！ ただし、注意深い考慮や検討なしに行われた不可逆な決定は問題となります。ADRは、よくある「彼らは（当時）何を考えていたのか……」といった疑問に対処し、歴史的な文脈を共有するのに役立ちます。ADRを活用してオープンな議論によって共同で行われた決定は、寿命の長いアーキテクチャにつながります。

8.4.3　システムをモジュールに分解する

モノリスだとして非難されるコードベースで作業したことはありますか？ 著者の1人は、(SonarQubeによれば) 24年分の技術的負債がある400万行のコードベースで働いたことがあります。コード構造は多くの異なるクラスからアドホックに接続されており、アプリケーション全体で制御されていない密結合が高頻度で発生していました。アプリケーションのどの部分をリファクタリングするのも難しい作業でした。また、あるバグ修正が他の予期しないバグを引き起こすことがよくありました。問題はシステムのモノリシックな性質に起因するものではなく、むしろコード体系化と設計の不足によるものでした。

スパゲッティコード／泥団子を防ぐアプローチの1つは、モジュールを利用してソフトウェアアプリケーションを分割することです。コードベース内のモジュラーコンポーネントを設計することは、機能の結合に基づいて明確な境界と論理的なグルーピングを定義するのに役立ちます。モジュールは実装の詳細を隠すように設計された明確な境界を形成しようとします。モジュールの定義をどこに設定するかは複雑な問題になる可能性があります。Javaなどの言語では、メソッド、クラス、パッケージ、およびモジュールなどのオプションがあります。オブジェクト指向のカプセル化も異なる情報隠蔽を可能にします。私たちの議論では、モジュールを、メソッドや個々のクラスよりも大規模なアーキテクチャの分割を定義するものと考えます。

Sam Newman氏は、モジュール設計時に最初に公開する内容を制限する上で、優れたアドバイスをいくつか提供しています。彼の著書『モノリスからマイクロサービスへ ― モノリスを進化させる実践移行ガイド』（オライリー・ジャパン刊）では、モジュラリティ（Modularity）とモノリスからマイクロサービスへの移行を深く掘り下げた素晴らしい分析がされています。

個人的には、モジュール（またはマイクロサービス）の境界からできるだけ露出させないというアプローチを採用しています。一度、何かがモジュールのインターフェースの一部になってしまうと、それを元に戻すのは難しいです。しかし、今それを非表示にしておけば、後で共有することはいつでも可能です。

私たちが「イントロダクション」で紹介したカンファレンスシステムのケーススタディに導入できるモジュールを考えてみましょう。図8-1では、コントローラ、サービス、およびDAO（Data Access Object）パターンを表すモジュールが導入されています。各コントローラはRESTfulエンドポイントを公開し、アプリケーションをホストするWebサーバによって公開されます。サービスモジュールは、コントローラの背後にビジネスロジックが存在し、コントローラに対して明確なインターフェースを公開します。DAOモジュールは、データアクセスオブジェクトがサービスの背後に存在し、サービスに対して明確なインターフェースを公開します。モジュールの階層は非常に一般的なもので、モジュール間には明確な単方向の依存関係があることは、モジュラリティの優れた応用例です。

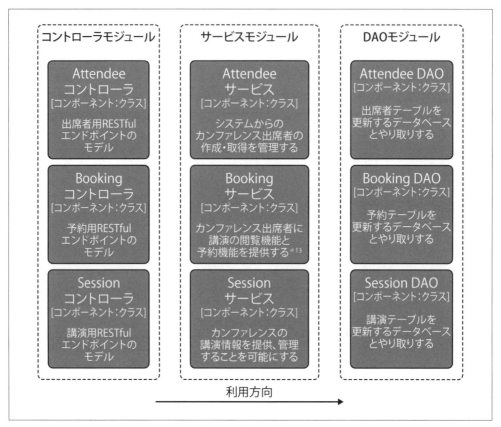

図8-1 カンファレンスのケーススタディにおけるモジュール分解の提案

　これで明確な分離ができましたので、各モジュールを独立してテストする戦略を適用できます。モジュラーアプローチのもう1つの利点は、開発者がモジュール内で論理的に考え、テストできることです。

　最近のプロジェクトでは、著者の1人がアプリケーションのモジュールとしてデータベースとのやり取りのためのDAOパターンを作成しました。インターフェースがアプリケーションの他のモジュールに機能を公開し、モジュールとのやり取りを明確にしました。後に、ビジネスロジックを、DAOを利用する独立した3つのサービスに分割するという決定が下されました。これはモノリスからの最初の進化でした。新しく作成された3つのモジュールは、DAOモジュールをライブラリとして利用し、それぞれ独自サービスにうまく分離されました。よく定義されたモジュール設計に

---

*13 訳注：本書はAttendeeサービスとSessionサービスを中心に議論していますが、当初の図0-3で示したC4コンポーネント図では、出席者とセッション（講演）を紐づけるBookingサービスも想定しており、誰がどのセッションに参加するかを予約する機能が存在します。

より、システムを進化させる意思決定が可能になりました。

C4ダイヤグラムを利用してソフトウェアを表現することは、システム内のコンポーネント間の関係を定義するためのシンプルなアプローチです。「イントロダクション」で説明したコンポーネントダイヤグラムは、関係の見直しを提供し、モジュラー構造を定義するのに役立ちます。

アプリケーション内でモジュールを定義することは、良い設計ステップですが、モジュラリティの達成方法はさまざまです。モジュールを強制するため、言語レベルのサポートを検討するとともに、技術スタックに最適なアプローチをチームで合意することを検討してください。

8.4.4　拡張のための "シーム" としてAPIを作成する

シーム（Seams）という概念は、Michael Feather氏が2004年に発表した著書『レガシーコード改善ガイド』（翔泳社刊）で初めて紹介されました。シームは機能がつなぎ合わされる点のことであり、ある検討対象[14]が別の検討対象とやり取りする点と考えることができます。これは通常、依存性の注入[15]（dependency injection）、コラボレータの注入、代替可能なインターフェースに対する実行などの技術によって達成されます。代替可能性を考慮することは重要です。これによって、システム全体を実行する必要なしに、効果的なテストを行うことができます（例えば、モックやテストダブルを利用するなどが考えられます）。

アプリケーションが良い設計なしに構築された場合、シームの定義は複雑になり、動作の全範囲を理解するのは難しくなります。レガシーコードを扱う際には、コードを分解し、リファクタリングすることが難しくなる可能性があります。Nicolas Carlo氏[16]は、テストがまだ存在しない場合にレガシーコードのシームを分解するための有用な手順を提案しています。

- 変更ポイント（シーム）を特定する
- 依存関係を切断する
- テストを書く
- 変更を加える
- リファクタリングする

変更を設計する際には、2つ以上のコラボレータがどのように連携するかについて、APIデザインを作成することを検討してください。もしシームの定義が検討対象外の領域で利用される可能性があるのなら、サービス間APIは良い選択肢となります。例えば、シームがコードベースの多くの異なる部分で同様の実行を持ち、サービスをより小さなサービスベースのアーキテクチャに分割する目標がある場合、これは機能横断的なサービスの再利用を定義する機会となります。

---

[14] ここで言う「検討対象」とは、クラスまたはクラスの集合を意味します。

[15] 訳注：依存性の注入については、『なぜ依存を注入するのか　DIの原理・原則とパターン』（翔泳社刊、2024年）を参考にしてください。

[16] https://understandlegacycode.com/blog/key-points-of-working-effectively-with-legacy-code/

8.4.5　システム内の変更レバレッジポイントの特定

アーキテクトや開発者にとって、「変更のレバレッジポイント」、すなわちシステムを何らかの方法で「より良く」するために再構築あるいは変更すべきコードやサービスを特定することは簡単です。例えば、パフォーマンス向上、拡張性向上、セキュリティ向上などが考えられます。この業界で数年以上の経験があれば、コードベース内の特に難しい領域や定期的に変更・変動するモジュールに取り組んだことがあるかもしれません（そしてこれらの問題は関連していることが多々あります！）。そして、そのような問題に適切に対処する時間を割り当てたいと考えたことでしょう。しかし、これらのレバレッジポイントは必ずしも明らかではなく、特にコードベースやシステムを引き継いだ場合はその可能性があります。このような状況では、Adam Tornhill 氏の『犯罪捜査技術を活用したソフトウェア開発手法 』（秀和システム刊）のような書籍が、コードとアプリケーションを理解するのに役立ちます。関連するツールも非常に有用であり、コードベース内で常に変更される部分を特定するバージョン管理システムの変更検知ユーティリティや、各ビルドパイプライン実行時にコードベースまたはサービスを分析するソフトウェア複雑性測定ツールなどがあります。

8.4.6　継続的なデリバリーと検証

5章では、疎結合なシステムのデプロイメントとリリースを自動化する重要性について検討しました。進化するアーキテクチャを実現するためには、より多くのシステムをデプロイしながら継続的に検証する必要があります。

8.5　進化するシステムのためのアーキテクチャパターン

APIは、システムをモダンなアーキテクチャに進化させるだけでなく、新機能や変更を導入するための強力な抽象化を提供します。3章および4章で発見したように、ゲートウェイやサービスメッシュベースの構造は、ゲートウェイを利用して運用上の移行を可能にします。進化的な変更を行う際、進化期間中の主要な検討事項は、進化のリスクを軽減し、できるだけ早くメリットを最大化することです。APIへの移行をサポートするいくつかのアーキテクチャパターンについて見ていきましょう。

8.5.1　ストラングラーフィグ

ストラングラーフィグ（Strangler Fig）は、既存の木の周りで育つ熱帯植物の一種で、「締め殺しの木」とも呼ばれます。ストラングラーフィグは宿主を覆い尽くし、「絞め殺し」してしまいますが、ストラングラーフィグに包まれた木は熱帯の嵐を生き抜く可能性が高いという研究もあり、この関係はある程度、相互補完的である可能性があることが示されています。究極的には、進化するアーキテクチャの目標は、変化するシステムをサポートし、以前あったものを完全に取り除くこと

です[*17]。これは、古いメカニズムがまだある中で新しいアプリケーションのコンポーネントを導入することによって達成されます。目標は、徐々に新しいAPIに移行することです。

「5.1.1 ケーススタディ：フィーチャーフラグ」（151ページ）では、フィーチャーフラグがどのようにして旧来のサービスをクエリしたり、新しいAPIベースのサービスを呼び出したりできるかについて検討しました。図8-2はフィーチャーフラグの利用を示したC4ダイヤグラムです。これは、新しいAPIをサービスに導入するため、以前のプロセス内やり取りとして存在していたシームに対してはうまく機能します。ただし、すでに多くの利用者がサービスとやりとりしている場合、それらすべてにフィーチャーフラグを実装し制御するのは現実的ではありません。

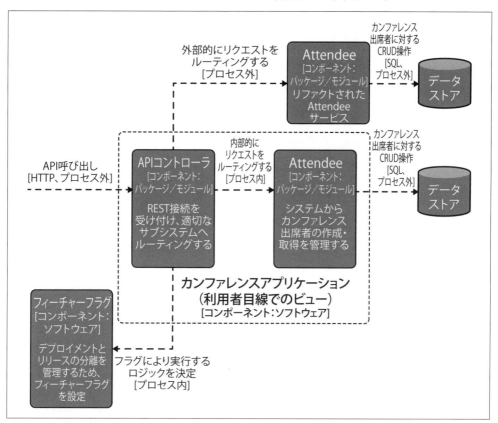

図8-2　フィーチャーフラグを導入したカンファレンスシステムのコンテナダイヤグラム

[*17] 訳注：転じて、アーキテクチャの世界では、機能の特定部分を新しいアプリケーションやサービスに徐々に置き換えることで、レガシーシステムを段階的に移行する手法を指します。レガシーシステムから機能を置き換えていき、最終的には古いシステムの機能すべてを置き換え、古いシステムは利用停止できるようにします。よりくわしくは、Martin Fowler氏とMicrosoftのブログ記事を参照してください。
https://martinfowler.com/bliki/StranglerFigApplication.html
https://learn.microsoft.com/ja-jp/azure/architecture/patterns/strangler-fig

別のモデルは、APIとのやり取りを前面にするため、プロキシやゲートウェイを利用し、旧実装または新実装にルーティングすることです。この場合、プロキシは建物の外見（ファサード）に相当し、API利用者は同じAPIを利用し、裏で行われている、あるサービスから別のサービスへの移行に気づくことはありません。ストラングラーフィグパターンを裏で管理するのは難しいことがあり、新しいコンポーネントの導入は（適切に対応しない限り）単一障害点やボトルネックになる可能性があります。プロキシはビジネスロジックを実装すべきではなく、移行の最後に削除することが難しくなります。レガシーとモダンなプロセスを並行して管理することは、これらの2つのサービス間でデータの一貫性を確保するための課題です。これらの課題を克服するためのさらなるガイダンスは、『モノリスからマイクロサービスへ──モノリスを進化させる実践移行ガイド』（オライリー・ジャパン刊、2020年）[※18]を参照してください。

8.5.2　ファサード／アダプタ

ファサード／アダプタパターン（Facade and Adapter）は、モダンなサービスに移行するのに役立つパターンです。ストラングラーフィグパターンはファサードの一種で、API呼び出しを傍受し、その背後の複雑さを隠します。

私たちが遭遇する一般的な状況は、既存の大規模な分散アプリケーションで、すでにAPI形式を利用しているというものです。例えば、サービス間通信がSOAP-RCPや他の古いプロトコルを介して行われているかもしれません。アダプタは、指定されたSOAPリクエストを、新しいRESTful API呼び出しに変換するコンポーネントを導入することで、アーキテクチャを進化させるのに役立ちます。ただし、プロトコルの書き換えは正しく実装するのが難しいことがあります。そこでは、凝集度を下げたり、結合度を上げないように注意する必要があります。

アダプタパターンの利用で恩恵を受けるのは、レガシーな状況だけではありません。1章では、内部トラフィックに対して効果的な技術としてgRPCを検討しました。grpc-gatewayプロジェクトを利用すると、RESTfulなJSONエンドポイントを提示し、それを裏でgRPCの表現に変換することができます。

ファサードとアダプタパターンは、ある意味で非常に似ており、しばしば混乱する場合があります。ファサードは通常、アダプタよりも複雑性が低いです。伝統的なAPIゲートウェイは単にAPIリクエストをルーティングするだけですが、アダプタには対象のアプリケーションが理解できる表現に変換する責任があります。

APIゲートウェイがファサードパターンからアダプタパターンに切り替わると、密結合になる傾向があります。そのため、タスクに適したコンポーネントを利用しているかどうかを検証することを忘れないでください！

※18　https://www.oreilly.co.jp/books/9784873119311/

8.5.3 API Layer Cake

エンタープライズの文脈でよく取り上げられるAPI移行パターンの1つに、「Layered APIs」または「API Layer Cake（APIの階層ケーキ）」があります。これは、従来の商用モノリシックなアプリケーション内で見られる「関心の分離」の階層パターンをもとにしています。2000年代には、Javaや.NETエンタープライズアプリケーションでは、アプリケーション機能を一連の階層に実装することがベストプラクティスと考えられていました。例えば、プレゼンテーション、アプリケーション、ドメイン、データストアの各レイヤです。基本的な考え方は、各ユーザリクエストがアプリケーションに入ると、各レイヤを順次下り、上がるというものでした。このパターンにより、各レイヤに固有の機能を抽象化・再利用することが可能でしたが、そのトレードオフとして、機能のエンドツーエンドのやり取りを提供するには通常多くのレイヤを変更する必要がありました。つまり、各レイヤ内の凝集度は高いが、各レイヤ間も結合となる結果となりました。

このパターンに対する現代のAPIベースのアプローチは、Gartner社の「Pace-Layered Application Strategy[19]」に見られます。各APIまたはマイクロサービス層には新しい名前が使われ、プレゼンテーション層はイノベーションシステム（SoI：Systems of Innovation）に、アプリケーション層は差別化システム（SoD：Systems of Differentiation）に、データストア層は記録システム（SoR：Systems of Record）に対応しています[20]。

このパターンは、それを実装したレガシーシステムの進化がますます難しくなるにつれて、悪い評判を得るようになりました。このパターンは、アーキテクトや開発者が追加レイヤの呼び出しを避けるため、多くの層間で機能を複製するようなショートカットをしたり、リクエストを処理する際に層を迂回するような方法を誘発してしまいます。例えば、プレゼンテーション層がデータストア層と直接通信するなどです。そのため、通常、このパターンは推奨されていません。

---

[19] 詳細については、Gartner社による「Accelerating Innovation by Adopting Pace-Layered Application Strategy」と、Dan Toomey氏による「A Pace-Layered Integration Architecture」を参照してください。
https://www.gartner.com/en/documents/1890915
https://engineering.deloitte.com.au/articles/a-pace-layered-integration-architecture

[20] 訳注：Gartner社は「ビジネスの変化、差別化、イノベーションをサポートするためにアプリケーションを分類、選択、管理、管理するための方法論」と定義しており、2012年に発表された考え方です。SoRは組織の中核となる機能であり、社内業務に関連し、変化が少ないシステムを意味します。SoDは、ビジネスプロセスを実装し差別化を行うレイヤであり、業界の変化・規制などによって変化する数年単位で変化するレイヤです。SoIは新しいアイデアや技術が試される環境で変化が最も早く、新しいビジネス要件に対応するレイヤで、これらが階層化する形でアプリケーションを構築すべきという考え方です。
一方、日本で知られているのは、SoR（System of Record）、SoE（System of Engagement）、SoI（System of Insight）という分類です。これは、キャズム理論で有名なGeoffrey Moore氏の論文『Systems of Engagement and The Future of Enterprise IT』に端を発していると言われており、SoRは会計システム・勘定系システムなど社内業務システムを意味します。SoEは顧客に接するシステムを意味し、マイページやスマホアプリがこちらに該当します。SoIは、SoEを通じて収集したデータを分析し、将来のビジネス予測や新たなビジネスを発掘するシステムを意味します。
https://xtech.nikkei.com/atcl/learning/lecture/19/00016/00001/

8.6　ペインポイントと機会の特定

コードの品質が低い、複雑さが高い、単に頻繁な障害が発生するなど、システムやコードベースの一部で悪い評判がある場合、評判の悪い要素（ペインポイント）への対応を避けがちです。また、一部のペインポイントは、深刻な障害が解決するまで明らかにならないこともあります。しかし、こうした危機は無駄にしてはいけません。システム内の問題のあるコンポーネントを特定し、カタログ化することは、既知の問題を追跡し、改善するのに役立ちます。分散型APIベースのシステム内で発生する一般的な問題と、これを変革の機会としてどのように捉えるかを探ってみましょう。

8.6.1　アップグレードとメンテナンスの問題

システム全体でアップグレードや報告されたバグが発生する場所を特定することは、「ヒットリスト」を作成するのに役立ちます。次に挙げるシステム内で発生する問題に注意してください。

- 特定のサブシステムにおける高い変更失敗率
- システムに対するサポート依頼の発生が多い
- システムまたはコードベースの特定部分での大量変更
- （静的解析や循環的複雑度〈Cyclomatic Complexity〉によって特定された）高い複雑性
- 変更作業の難易度について質問された開発チームが示した確信の低さ

潜在的かつ根本的な問題への方針を提供する意味で、コード品質のメトリクス追加を検討してください。保守の問題やサブシステムの問題は、APIの抽象化を導入し、機能を引き出し、ストラングラーフィグを使って改善を促進する良い機会になるかもしれません。また、これは推奨すべきコーディング原則が守られていない予兆かもしれません。9章では、新しいインフラストラクチャでAPIベースのアーキテクチャに移行する際のアプリケーションへのアプローチを検討します。

8.6.2　パフォーマンスの問題

サービスレベル合意書（SLA）は、パフォーマンスのトラッキングとモニタリングに優れた上限を提供します。5章では、APIサービスの問題を示すのに役立つモニタリングとメトリクスを検討しました。現実には、多くのアプリケーションは問題発生に対する積極的な保護策を構築していません。チームがパフォーマンスの問題について初めて知るのが、顧客からの直接フィードバック、あるいは（例えば、エッジシステムがユーザリクエストとレスポンスの待機時間バジェットを使い果たしたなど）本番環境からのモニタリングであった場合など、チームは問題に対応する際に即座に不利な立場に立たされます。

パフォーマンスの問題はアーキテクチャに起因することがあります。例えば、異なるリージョンにあるか、インターネットを介しているサービスを呼び出していませんか？ パフォーマンスの問題に関しては、計測と客観的な計画を作成することが重要です。既存システムを計測し、どこでパ

フォーマンスを向上させることができるか仮説を立て、その後、テストし、検証します。特定のコンポーネントを単独で最適化しようとせず、システム全体を考慮することが重要です。計測プロセスを自動化することで、パフォーマンス計測をビルドプロセスの一部として導入できます。

8.6.3　依存関係の解消：密結合されたAPI

分散型アーキテクチャに移行することは、アーキテクチャの一部が独立して進化できる場合にのみ実現可能でしょう。特に注意すべきアンチパターンは、システムの異なる部分でのリリースの同期調整です。APIが潜在的に密結合されている可能性があり、これを解消することは、再利用を進め、リリースの摩擦を減少させる機会となるかもしれません。

トレーニングコースやチームでしばしば見落とされるスキルの1つは、レガシーコードを効率的に扱うことです。開発者はしばしば、依存関係を解消するために、どのような変更を導入すべきか迷うことがあります。依存関係を解消するために考慮すべき有用なテクニックが2つあります。

スプラウト法（Sprout）は、Michael Feather氏が2004年に執筆した『Working Effectively with Legacy Code』（Prentice Hall刊、2004年）で説明されています。テストを考慮して構築されていないコードに対して単体テストを行うことは、非常に難しいでしょう。スプラウト法では、新しい機能を別の場所で作成し、それをテストしてから、挿入ポイントとして知られるレガシーメソッドに追加します。もう1つのテクニックは、古いメソッドと同じ名前とシグネチャを持つ新しいメソッドを作成し、既存機能をラップする手法です。古いメソッドは名前を変更されて新しいメソッドから呼び出され、古いメソッドが呼び出される前に追加のロジックを実行します。

サービスが主にレガシーである場合、レガシーコードを扱うことは重要なスキルの一環です。コードベースの複雑な領域でCoding Kataやペアプログラミングに取り組むことは、チーム全体の理解を促進するのに役立ちます。Sandro Mancuso氏がYouTubeで優れたビデオ[*21]を公開しており、レガシーコードを扱う実践的なアプローチを理解するために多くの人が視聴しています。

8.7　まとめ

この章では、API駆動アプローチを利用して、昔からのモノリシックなアプリケーションをサービスアーキテクチャに進化させる方法を学びました。

- APIはシステム内の自然な抽象化や「シーム」を提供し、サービスの分解と逐次的変更を支えるファサードをサポートします。そのため、システムを進化させる際には、アーキテクトの道具箱の中で非常に強力なコンポーネントです。
- APIを利用してシステムを進化させる際に理解するべき主要な概念には、凝縮性（Cohesion）と疎結合性（loose compiling）があります。これらの普遍的なアーキテクチャの概念を心に

[*21] https://www.youtube.com/watch?v=LSqbXorkyfQ&t=13s

留めてシステムを設計・構築することで、システムの進化、テスト、展開が容易で安全になります。

- システムを進化させる際には、現在のゴールと制約を常に明確にするべきです。これらを明確に設定し共有しなければ、移行は無制約になりがちで、リソースを消耗する一方でほとんど価値を提供せず、モラルに影響を与える可能性があります。
- ストラングラーフィグ（Strangler Fig）のような確立されたパターンは、システムを進化させる速度と安全性を高め、車輪の再発明をする必要性を防ぐことができます。

次の章では、この章の焦点に基づいて、進化的アーキテクチャの範囲を、クラウドインフラストラクチャへの移行も含めて拡張します。

9章
クラウド環境への移行

　前章では、APIとそれを支えるサービスを進化させる際に利用できるアーキテクチャのアプローチについて説明しました。システム進化において考慮すべき重要なトピックは、基盤となるインフラストラクチャ、プラットフォーム、およびハードウェアです。これは独自のリズムで変化し、進化します。ハードウェアが故障する、企業や技術が合併や買収される、組織全体のITポリシーがインフラストラクチャのアップグレードを指示するなどが、その理由として挙げられます。一方で、APIがインフラストラクチャの変更を促進する側面もあります。特にクラウドなど、モダンインフラストラクチャへの移行が該当します。ここでは、システムとAPIインフラストラクチャを進化させる方法と管理方法について学びます。

　この章は、前章で紹介したアーキテクチャ基盤をもとに、クラウド環境に移行する際にAPIインフラストラクチャ（APIゲートウェイ、サービスメッシュ、開発者ポータルなど）をどのように活用できるかを解説します。アプリケーションの「リフトアンドシフト」「再プラットフォーム」「リファクタリング／再設計」の違いを学び、状況に応じて最も適切な手法を知るスキルを身につけます。関連するケーススタディでは、既存のAPIゲートウェイとAttendeeサービスをクラウドに移行する方法を紹介します。APIゲートウェイの利用によって、提供されるサービスとAPIに対してロケーションの透明性を提供できます。これによりサービスをクラウドにデプロイし、通信を既存のサービスから新しいサービスに徐々にシフトさせる際に、利用者に対する影響を限定的（またはゼロ）にすることが可能です。また、サービスメッシュのマルチロケーション／クラスタ機能を利用した、サービスをクラウドに移行するための新しい移行オプションも検討していきます。

9.1　ケーススタディ：Attendeeサービスのクラウド移行

カンファレンスシステムのケーススタディの次なる進化では、Attendeeサービスをクラウドベンダーのインフラストラクチャに移行することに焦点を当てます。これを行う主な動機は、カンファレンスシステムのサービスオーナーが、自社データセンタの運用負荷を取り除きたいと考えているためです。最終的には、新しいサービス、モノリシックなアプリケーション、ミドルウェア（APIゲートウェイなど）、データストアといった新しいサービスをすべてクラウドに移行することが含まれます。最新のコンポーネントであり、また最も通信を受けるサービスの1つででであるAttendeeサービスを最初に移行することにしました。図9-1に、抽出されたAttendeeサービスが現在、メインのカンファレンスシステムアプリケーションのコンテキストの外で実行されている様子を示します。

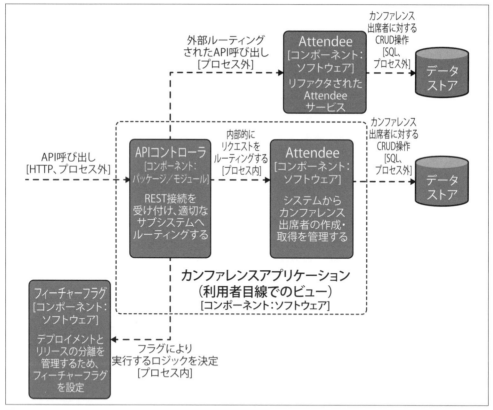

図9-1　フィーチャーフラグを導入したカンファレンスシステムのコンテナダイヤグラム

この章で検討するように、このサービスとそのサポートインフラストラクチャをクラウドに移行

するには複数のアプローチがあります。詳細な検討に入る前に、移行戦略を決定する際に検討すべきオプションを先に探ってみましょう。

9.2 クラウド移行戦略の選択

Gartner社の2010年の記事「Migrating Applications to the Cloud: Rehost, Refactor, Revise, Rebuild, or Replace?[*1]」をもとに、Amazon Web Servicesは2016年にクラウド移行の「6つのR」を提示するブログ「6 Strategies for Migrating Applications to the Cloud[*2]」を公開しました。これらの記事は、既存のアーキテクチャやシステムのクラウド移行の評価・検討を求められた場合、素晴らしい出発点となります。APIは通常、ユーザに最も近いビジネス駆動のコンポーネントであり、多くのリクエストの主要なエントリポイントでもあるため、移行戦略を決定する際には特に注意を払う必要があります。6つのRは、「何もしない」から完全な再構築またはシステムの廃止までの選択肢のスペクトラムを示しています。それらは以下の通りです。

- Retain or Revisit（保持・再検討）
- Rehost（再ホスティング）
- Replatform（再プラットフォーム）
- Repurchase（再購入）
- Refactor/Re-architect（リファクタリング／再設計）
- Retire（廃止）

AWSの6つのRを利用してAPIインフラストラクチャを進化させる方法を探ってみましょう。

9.2.1 Retain or Revisit（保持・再検討）

これは、現時点は（または当面は）、何もしない戦略です。このアプローチは軽視されがちですが、（私たちも含めて）多くのアーキテクトは「無駄な挑戦をするな」と提案するでしょうし、ときにはAPIを移行する挑戦は労力に見合いません。もちろん、この決定は健全なビジネスおよび技術的評価に基づくべきであり、適切な場合には内外へ伝えないといけません。ここが、これらの決定の記録と将来の参照のための合理的根拠を提供する点で、ADR（アーキテクチャ・デシジョン・レコード）が重要となります。

---

*1　https://www.gartner.com/en/documents/1485116
*2　https://aws.amazon.com/jp/blogs/enterprise-strategy/6-strategies-for-migrating-applications-to-the-cloud/

変更と廃止の伝え方

現在稼働しているAPI・サービスへのビジネス評価・技術的評価は、システムの進化に反対する決定につながる可能性があります。この状況でも、アクションを起こさなければならない既知の期限を伝えることは重要です。例えば、特定の日付でビジネス部門が閉鎖される場合やシステムが寿命を迎える場合、特定の期限でソフトウェアやデータストアのライセンスが切れる場合などは、廃止を利用者に通知すべき事例です。おそらく、コントラクトやSLAに必要な廃止通知が組み込まれているはずなので、これらを確認するようにしてください。

アプリケーションのクラウド移行を検討する際の重要な要因の1つは、進化のステップ中に2つのサービス間に遅延が発生することです。高トラフィックサービスの場合、ネットワーク境界を越えるごとに各リクエストに対して遅延が発生します。どのように劣化して見えるかを理解していることは重要な考慮事項であり、これがSLAに違反する場合、サービスを移行する選択肢はないかもしれません。「1.10　通信手法のモデリングとAPI形式の選択」（35ページ）では、制約内でプロトコルを選択しAPIを設計する方法を学びましたが、これはネットワーク境界を越える際の重要な考慮事項です。

カンファレンスシステムに対して、保持は実現可能な戦略ではありません。これは単に「問題を先送りにする」だけであり、クラウド移行の目標を先送りにすることになるからです。

9.2.2　Rehost（再ホスティング）

Rehost（再ホスティング）は別名、リフトアンドシフト戦略（Lift-and-Shift）としても知られています。これは、システムとワークロードを再設計せずにクラウドプラットフォームに移行することを指します。ワークロードを統合したり、現在のインフラストラクチャから移行したりする必要がある場合、これは効果的な戦略となります。ただし、クラウドインフラストラクチャはオンプレミスのハードウェアと常に同じようには機能するとは限らないため、仮定した事項を特定し確認することが重要です。

専門システムと特注ハードウェアには注意が必要

リフトアンドシフト戦略のプロジェクトは期待通りに機能することが多い一方、そうはいかないこともあります。これは特に専門の特注システムやカスタムハードウェアを利用していた場合に顕著です。例えば、古い専門システムでは、システム内のすべての通信がローカルバスまたは専用のネットワーク接続を介して行われると想定している場合があり（クラウドではそうではない）、特定のデータストア技術は、基礎となるブロックストレージシステムの特定のハードウェア特性（または保証）を想定しています。検討すべき条件がある場合は、調査を行ってください。

9.2 クラウド移行戦略の選択 **247**

再ホスティングは、私たちのケーススタディに対して実現可能なアプローチとなりえますが、私たちはクラウドの特定の機能を活用するために、再プラットフォームのオプションを選択しました。

9.2.3 Replatform（再プラットフォーム）

このアプローチは、リフト・ティンカー・アンド・シフト戦略（Lift-Tinker-and-Shift）と呼ばれることもあります。これは再ホスティングに非常に似ていますが、最小限の再作業を必要とする一部のクラウドサービスも活用します。例えば、既存のデータストアがシステムコンポーネントとして実行されている場合、プロトコル互換のクラウドサービスに切り替えることができます。ネイティブのMySQLデータストアをMySQL互換のAWS RDS、Azure Database、GCP Cloud SQLに切り替えることができます。もう1つの一般的な再プラットフォーム戦略は、言語固有のアプリケーションサーバやコンテナを更新または変更することです。

これは私たちのカンファレンスシステムのケーススタディで選択したアプローチであり、既存のオンプレミスインフラストラクチャから移行する際に、新しいクラウドサービスを利用する一方で、大規模な再作業を回避することができます。

9.2.4 Repurchase（再購入）

再購入は、主に異なる製品に移行することを指します。例えば、自社でメールサーバを運用し続ける代わりに、SaaSベースのメール送信サービスのサブスクリプションを購入するといったアプローチです。

私たちのカンファレンスシステムの例は主に特注のアプリケーションと標準のデータストアで構成されているため、再購入の選択肢はありません（移行のスコープ外ですが、市販のカンファレンス管理システムを購入するといったことが考えられます）。

9.2.5 Refactor/Re-architect（リファクタリング／再設計）

リファクタリングは、アプリケーションのアーキテクチャと開発方法を再構築することを意味し、通常はクラウドネイティブ機能を利用します。他のリファクタリングと同様、アプリケーションまたはシステムの中核（外部）機能は変更すべきではありませんが、機能を内部で実現する方法は確実に変わります。通常、リファクタリングは、アプリケーションの既存環境では実現が難しい機能の追加や、拡張性、パフォーマンスを強く求めるビジネスのニーズによって推進されます。例えば、組織が既存のモノリシックなアプリケーションをマイクロサービスに分解することを決定した場合、クラウドネイティブパターンの採用も非常によく検討されます。このパターンは、通常、実装コストが最も高価になりますが、製品市場適合性が高く、既存の技術選択肢に制約がある場合には最も有益でもあります。

本書を通して、すでにカンファレンスシステムを再構築しているため、私たちはケーススタディ

でこのアプローチを明確には選択していません。しかし、考慮すべき重要なポイントは、APIインフラストラクチャとデザインがよりクラウドネイティブな考え方に向かう傾向があることです。1章で説明したように、APIを定義してモデリングすることは、リファクタリングや再設計中のサービスをきれいに表現するための効果的なメカニズムを提供します。また、多くのクラウドサービスもAPIに基づいています。再設計時のAPI戦略は、クラウドで利用しようとするサービスおよびシステムと同じくらい重要です。

再構築は完了していますので、アーキテクチャにさらなる変更を行う前に、クラウドに再プラットフォームするのが最も理にかなっています。

9.2.6　Retire（廃止）

移行中にシステムを廃止するとは、単にそれを取り除くということです。私たちが参加した多くの大規模な移行では、もう利用されておらず、ただ忘れ去られていた既存のシステムが少なくとも1つはあることがよくあります。この機能はもはや必要ないため、システムを単に廃止し、ハードウェアリソースを解放またはリサイクルすることができます。

もちろん、私たちのカンファレンスシステムは比較的小規模で統合されているため、まだ廃止できる部分はありません！　全体目標の1つは、レガシーカンファレンスシステムを廃止させることであり、再プラットフォームとリファクタリングが完了したら、この戦略に進むことができます。

9.3　ケーススタディ：Attendeeサービスの再プラットフォーム

この章の前半で提供された文脈を考慮した結果、APIゲートウェイをクラウドに移行するだけでなく、Attendeeサービスに対し、再プラットフォーム戦略を採用することにしました。クラウドに移行する要件を考えると、「保持」または「廃止」することは妥当な選択肢ではありませんでした。この文脈では「再購入」も意味をなしません。すでに本書の初期段階で、利用者の機能をサービスに抽出し再構築したため、「リファクタリング／再設計」も適切でないと考えられます。ただし、将来カンファレンスシステムに新しい機能を追加する際には、システムを再構築（サービスを抽出する可能性も含む）し、これをクラウドに移行することは、検討すべきオプションです。再ホスティングは堅実な戦略となりえますが、私たちは独自のMySQLデータベースインスタンスを「リフトアンドシフト」するのではなく、クラウド基盤が提供するデータベースサービス（database-as-a-service）の利点を取りたいと考えています。

図9-2に示すように、再プラットフォーム戦略は、将来さらに多くのサービスをクラウドに移行するのに効果的な基盤を提供します。今すぐAPIゲートウェイをクラウドに移行することで、APIトラフィックをオンプレミスからクラウドに段階的にルーティングするサポートも得ることができます。

図9-2は、再プラットフォームされたアーキテクチャの最終状態を示しています。

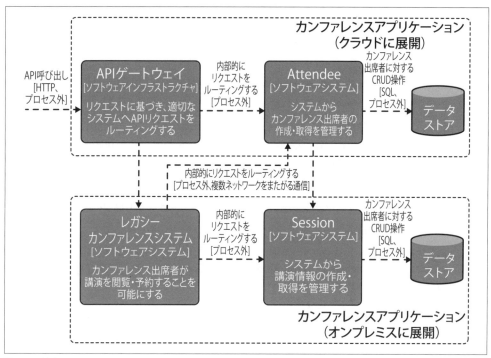

図9-2 抽出されたAPIゲートウェイとAttendeeサービスを示すインフラストラクチャ図

　それでは、カンファレンスシステムの進化に伴い、API管理などの要件をどのように実装できるかを考えてみましょう。

9.4　API管理機能の役割

　どのような戦略でも、API管理機能は移行だけでなく、組織内外でAPIの価値を引き出すために重要な役割を果たすことができます。API管理機能はAPIの公開と制御に関するさまざまな追加機能を提供します。API管理機能は、OAuth2チャレンジ、コンテンツ検証、レート制限、スロットリングなど、ゲートウェイで一般的な機能に加えて、エッジの懸念事項を解決するポリシーを提供します。さらに、提供されたAPIを利用してシステム構築時に利用できる全てのAPIのマーケットプレイスを含む開発者ポータルを提供できます。組織はAPI管理機能を利用し、外部の顧客に対し、あるいは企業内で経費配分を行い、API利用に対して課金することもできます。「3.10　APIゲートウェイの分類法」（91ページ）ではAPIゲートウェイの分類について解説しましたが、API管理機能は商用ゲートウェイのカテゴリに属しています。

　API管理機能の最も重要な部分は、裏で変更を続けながら、APIへアクセスできるポイントを提

供できることです。例えば、レガシーカンファレンスシステムをAPIと一緒に前面に出しながら、新しい分割したAttendee APIを提供することも可能です。システムオーナーであれば、他のカンファレンスが利用したり、外部CFPシステムとの連携を可能にする「サービスとしての会議管理」（Conference Management as a Service）を実現するAPIの提供を検討できるでしょう。APIのコントラクトが変更されない限り、API管理レイヤの背後で進化させることが可能です。

最近では、組織は**APIファースト**という概念を口にします。これは、システム間のすべてのやり取りがAPIとして慎重に設計・モデル化されているという意味です。これは1章で検討した概念と同じです。良い設計原則に従い、APIファーストデザインを目指すことで、API管理などのツールを利用し、外部の顧客、あるいは内部的には組織全体で価値を引き出すことができます。

アプリケーションを改善し、外部API管理ツールを活用できるようにするためには、通信パターンを再考する必要があります。アーキテクチャが、異なるネットワークと展開に広がるハイブリッドに進化するにつれて、通信に関する考え方も見直す必要があります。

9.5　外部トラフィック vs. 内部トラフィック：トラフィック管理の境界をぼかす

APIインフラストラクチャ移行に関するさまざまな選択肢を紹介しましたので、次に、選択した再プラットフォーム戦略が進化するカンファレンスシステム内で、どのようにトラフィック管理に影響を与えるか検討してみましょう。私たちは、必要な機能をすべて同時に移行するビッグバン型アプローチではなく、サービスを段階的に移行することを選択しました。複数のクラウド環境とオンプレミスデータセンタでサービスを実行することが、さらなる課題です。多くの段階的なクラウド移行と同様、ユーザからのAPIリクエストを満たすために、通信は複数のネットワークを通過する必要があります。

9.5.1　エッジから始めて内側に進む

私たちのケーススタディでは、APIゲートウェイとAttendeeサービスをクラウドに移行することから始めます。移行チームは既存システムを中断せず、完全に新しいクラウド環境を設定することができます。例えば、既存のゲートウェイを実行したまま、現行のAPIゲートウェイのコピーをクラウドに展開することができます。これにより、既存の本番システムを妨げることなく、クラウドベースのAPIゲートウェイを段階的に構成することができ、リスクを最小限に抑えることができます。

多くの場合、クラウド内で独立した検証環境を構築することは、良い判断といえます。この検証が済んだ後、クラウド環境へのルーティングを実験するのが良いでしょう。クラウドアーキテクチャの設計は、パラダイムシフトとなることが多いため、新しいインフラストラクチャを学ぶ場合、

理解するために必要な時間を過小評価しないでください。

9.5.2　境界を越える：ネットワークを横断するルーティング

　クラウド移行した本番環境を稼働させる前に、多くの場合、新しいシステムと古いシステムが異なるネットワークを横断的に通信できるようにする必要があります。3章と4章で説明したように、その実装にはさまざまなオプションがあります。単一のモノリシックアプリケーションとわずかな通信経路しかない場合は、HTTPリダイレクトを利用して、新しいAPIゲートウェイから古いゲートウェイへ一時的にルーティングするのが最も簡単かもしれません。一方、ネットワークを横断する多数の経路が存在する場合、（コンプライアンス要件などで）通信が一度もネットワークから離脱してはいけない場合、仮想プライベートネットワークを利用したピアリングやエンドポイント、マルチクラスタサービスメッシュなど、他のオプションを検討する必要があります。

　APIトラフィックが複数のネットワークを経由する場合は、おそらく伝統的な境界防御型アーキテクチャ型の従来のアプローチに反するため、情報セキュリティチームに相談する必要があるでしょう。このトピックについてもっとくわしく掘り下げて、ゼロトラストアーキテクチャへの移行がどのように役立つかを学びましょう。

9.6　境界防御型アーキテクチャからゼロトラストアーキテクチャへ

　モダンなAPIゲートウェイとサービスメッシュがゼロトラストアーキテクチャの実装にどのように役立つかを学ぶ前に、まずは境界防御型アーキテクチャ型の従来アプローチを検討してみましょう。

9.6.1　境界防御型アーキテクチャとは？

　商用インターネットが普及する中で、セキュリティを重視する産業もアプリケーションへのアクセスを提供するようになりました。これは、ユーザが、新しい公開システムのみならず、内部システムにも接するようになったことを意味します。境界防御型アーキテクチャは、セキュアなネットワーク設計におけるベストプラクティスを提供しました。境界防御（ゾーニング）は、同じネットワークセキュリティポリシーとセキュリティ要件を持つ論理的なグループにネットワークを分割することによって、完全にオープンまたはフラットなネットワーク構成のリスクを低減します。Log4Shell（CVE-2021-44228）のような脆弱性を考えてみてください。これは、Log4jライブラリを利用するJavaアプリケーションに対して重大なリスクをもたらすゼロデイ脆弱性です。この脆弱性を悪用すると、攻撃者はネットワーク内のホストにアクセスし、悪意ある活動を開始することができます。攻撃の影響とサービス悪用の範囲は、影響範囲（＝blast radius）と呼ばれます。信頼されていないリクエストが高価値な情報へほとんどアクセスしない場合、影響範囲は最小化され、セキュリティ運用には深刻な障害を防ぐために行動する時間が生まれます。ゾーンは通常、次のゾーンへ

の進入ごとに、多層防御が適用され、内部への侵害に対抗します。

これらのゾーンは、セキュリティおよびネットワークデバイスで実装された境界（ZIP：Zone Interface Point）によって分離されています。境界防御は、アクセスとデータ通信を、セキュリティポリシーに従ったシステムとユーザのみに制限する論理的な設計アプローチです。

ゾーンとそれに関連するセキュリティ要件の定義には、標準要件（多くの場合、国レベル）と特殊な要件の両方で多くのアプローチがあります。ただし、図9-3に示したように、ほとんどの境界防御型アーキテクチャには4つの典型的なゾーンが存在します[*3]。

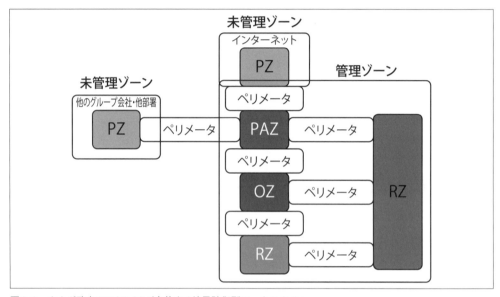

図9-3　カナダ政府のITSG-22が定義する境界防御型アーキテクチャ

Public Zone（PZ）
　このゾーンは完全にオープンで、公共インターネット、公共の通信電話網、および他の公共のキャリアバックボーンネットワークやサービスなどのパブリックネットワークが含まれています。

Public Access Zone（PAZ）
　このゾーンは運用システムとパブリックゾーンの間のアクセスを仲介し、通常はDMZを含みます。

[*3] 興味を持たれた読者は、カナダ政府の「Network security zoning - Design considerations for placement of services within zones (ITSG-38)」を参照してください。
https://www.cyber.gc.ca/en/guidance/network-security-zoning-design-considerations-placement-services-within-zones-itsg-38

Operations Zone（OZ）

通常運用のための標準環境であり、エンドシステムに適切なセキュリティ管理が施されています。このゾーンは機密情報を処理するのに適しているかもしれませんが、一般的にはこのガイドラインの範囲外にある強力で信頼性のある追加のセキュリティコントロールがない限り、大量の機密データ保管や重要なアプリケーションには適していません。

Restricted Zone（RZ）

このゾーンは、一般的にビジネスクリティカルなITサービスや機密情報の大規模なリポジトリに適している制御したネットワーク環境を提供し、Public Access Zone および Operations Zone を介して Public Zone のシステムからのアクセスをサポートします。

この境界ネットワーク設計へのアプローチは、かつての「城と堀」の防御と似ています。攻撃者が最も苦労するのは出入り口であり、一度城壁内に入ると、簡単に移動できることが多いと言えるでしょう。これは、通信元のシステム境界、ネットワーク、または場所について前提があったためです。ただし、クラウドインフラストラクチャはこれらの前提を覆す可能性があります。多くのクラウドプラットフォームでは、基盤となるインフラストラクチャの地理的・ネットワーク的な位置は抽象化されているか、把握することができません。インフラストラクチャサービス提供者からの保護があっても、ビルド時点でソフトウェアが悪意のある内容へ改ざんされるサプライチェーン攻撃のリスクが存在します。また、インフラストラクチャサービス提供者が提供する管理用ポータルに攻撃者が侵入する可能性も考えられます。

異なる環境に異なるセキュリティを実装することは可能ですが、より均質的なアプローチを取れば、前提に伴うリスクを減少させ、異なるセキュリティ技術を学ぶ必要性を軽減できます。境界防御型アーキテクチャには一定の信頼が前提として組み込まれており、これが新しいアプローチ、すなわちゼロトラストアーキテクチャの進化を促しました。

9.6.2　だれも信頼せずに検証する

ゼロトラストアーキテクチャと呼ばれる新しいアプローチは、現代のネットワークシステムの設計と実装を反映したアプローチです。ゼロトラストアーキテクチャの主要な概念は「決して信頼せず、常に検証する」であり、たとえ企業LANなどの許可されたネットワークに接続されていたり、以前に検証されていたりしても、デバイスはデフォルトで信頼されるべきではないという意味です。ゼロトラストアーキテクチャと呼ばれる理由は、従来のアプローチ、つまり「企業の境界」内のデバイスや、VPNを介して接続されたデバイスを信頼するといったアプローチは、企業ネットワークの複雑な環境では意味をなさないからです。ゼロトラストアーキテクチャでは相互認証を提唱しており、場所に関係なくデバイスのIDと整合性を確認し、ユーザ認証と組み合わせてデバイスIDとデバイスの健全性をもとに、アプリケーションとサービスへのアクセスを提供します。

NCSCが提供するゼロトラストアーキテクチャのガイダンス（https://www.ncsc.gov.uk/collection/zero-trust-architecture）では8つの設計原則が提唱されており、企業環境でゼロトラストアーキテクチャを実装するのに役立ちます。その原則は以下の通りです。

- アーキテクチャを理解する。これにはユーザ、デバイス、サービス、およびデータが含まれる。
- ユーザ、サービス、およびデバイスのアイデンティティを把握する。
- ユーザの行動、デバイス、サービスの健全性を評価する。
- ポリシーを利用してリクエストを認可する。
- あらゆる場所で認証と認可を行う。
- アクセスに関するすべて（ユーザ、デバイス、サービス）に焦点を当て、モニタリングに集中する。
- 自社のネットワークも含め、あらゆるネットワークを信用しない。
- ゼロトラスト向けにサービスを選択し、設計する。

概説されている8つの原則は適切ですが、境界防御型アーキテクチャでこれらを考慮するのは非常に難しいでしょう。境界防御における信頼の前提は、これらの原則の多くに反することになります。例えば、境界防御型アーキテクチャではシステムのエッジでユーザを一度だけ認証し、境界内のすべてのネットワークはデフォルトで信頼されていることがよくあります。これをゼロトラストアーキテクチャにどのように進化させられるかを探ってみましょう。

9.6.3　ゼロトラストアーキテクチャにおけるサービスメッシュの役割

2020年にNISTが発行した「Zero Trust Architecture[*4]」は、ゼロトラストとアーキテクチャにおける主要な検討事項を定義した素晴らしい文書です。サービスメッシュとAPIゲートウェイは、ゼロトラストアーキテクチャを実装するための素晴らしいプラットフォームを提供します。サービスメッシュを利用すれば、アーキテクチャコンポーネントがどのように表現され、コンポーネント間の通信がどのように流れるかを均質にモデリングできます。基礎となる技術は、実行中のプロセスのアイデンティティに関する具体的なモデルを提供し、証明書管理はアイデンティティを主張し証明するのに役立ちます。トレースと監視の統合により、プラットフォームのすべてのポイントでの分析が可能になります。これはユーザだけでなく、基盤となるサービスやKubernetesポッドの健全性に対しても適用されます。すべてのインバウンド通信には厳密な検証を要求します。これは7章で説明したようにOAuth2で当該リクエストを要求することが多く、クラスタ内通信は、認証・認可の強力なアサーションのためにmTLSを利用します。

自分のものを含め、どんなネットワークも信頼しないというのは、サービスメッシュにとって興味深い課題です。ほとんどのサービスメッシュモデルでは、サイドカーがサービスやアプリケー

[*4]　https://nvlpubs.nist.gov/nistpubs/SpecialPublications/NIST.SP.800-207.pdf

ションと密接に結びついており、サイドカー経由でのルーティングによってトラフィック管理とセキュリティを実現しています。しかし、このデプロイメントはシンプルなため、実行しているプラットフォームについて具体的なアサーションを行うことはできません。アプリケーションとサイドカーの配下にあるサービスは、信頼を前提にせずにセキュリティを確保する必要があります。

9.6.3.1　サービスメッシュをネットワークポリシーで補強する

　プラットフォームのセキュリティは、アプリケーションレベルで行うあらゆる前提の基礎となっています。したがって、完全なゼロトラストアーキテクチャを実現するには、低レイヤから対策する必要があります。KubernetesにはNetworkPolicies[*5]という概念があり、Calico[*6]などのネットワークプラグインの利用を許可しています。これらの機能を利用すると、ポッドをそれらが稼働するプラットフォームから分離できます。

　例えば、以下のポリシーは、特定のポッドに入出力するすべての通信をロックダウンします。ゼロトラストアーキテクチャでは、これがポッドに対するデフォルトとなり、このルールを適用することで、そのポッドは完全に分離されます。

```
---
apiVersion: networking.k8s.io/v1
kind: NetworkPolicy
metadata:
  name: default-deny-all
spec:
  podSelector: {}
  policyTypes:
  - Egress
  - Ingress
```

　サービスメッシュの実装では、DNSシステムを利用してサービス名を検索しますが、それでもアクセスは制限されています。引き続きロックダウンされた状態を維持しつつ、プラットフォーム内でいくつかの制御されたシナリオを有効にし、サービスメッシュの動作を許可することから始める必要があります。以下のポリシーでは、レガシーカンファレンスシステムがAttendeeサービスを見つけられるように、レガシーカンファレンスシステムのDNSルックアップを許可しています。

```
---
apiVersion: networking.k8s.io/v1
kind: NetworkPolicy
metadata:
    name: allow-dns
spec:
   podSelector:
     matchLabels:
```

---

*5　https://kubernetes.io/docs/concepts/services-networking/network-policies/

*6　https://www.tigera.io/project-calico/

```
        app: legacy-conference
    policyTypes:
    - Egress
    egress:
      - ports:
      # allow DNS resolution
      - port: 53
        protocol: UDP
  ---
```

この時点で、レガシーカンファレンスサービスは、サイドカーを介してAttendeeサービスを検出できますが、リクエスト自体はブロックされます。サービスメッシュのすべてのルーティングルールには、ネットワークポリシーアダプタで定義された対応する許可ルールが必要です。次の最終的な例では、レガシーカンファレンスシステムがAttendeeサービスと通信できるように、そのルールを開放しています。

```
  ---
apiVersion: networking.k8s.io/v1
kind: NetworkPolicy
metadata:
  name: allow-conference-egress
spec:
  podSelector:
    matchLabels:
      app: legacy-conference
  policyTypes:
  - Egress
  egress:
  - to:
    - namespaceSelector:
        matchLabels:
          kubernetes.io/metadata.name: attendees
```

インバウンド通信が機能するためには、サービスメッシュゲートウェイから対象のサービスへのインバウンドルールも追加する必要があります。「5.6　アプリケーションレイヤの考慮事項」（167ページ）では、提供価値を体現したプラットフォーム（opinionated platform）に対するアプリケーションレベルの決定について概説しました。リリース時に、ルールと設定が一貫して適用されることを確認することも、提供価値を体現したプラットフォームを検討する理由の1つです。

　サービスメッシュとネットワークポリシーを利用することで、マイクロセグメンテーションされたアーキテクチャを作成する方法を学びました。このアプローチの利点は、クラウドと、以前は境界防御型アーキテクチャであった環境とが混在するハイブリッドアーキテクチャで、セキュリティが一貫したシナリオを持てることです。サービスメッシュを利用して異なるネットワークをブリッジするというパターンも出てきています。これは、クラスタをまたいでサービスメッシュを相互に接続することで実現でき、オンプレミスとクラウドのデータプレーンに、統合されたコントロール

プレーンの設定内容を適用します[*7]。図9-4では、サービスメッシュがすべてのルーティングを担当し、ネットワーク全体でゼロトラストアーキテクチャを提供できます。このアプローチの利点は、安全な進化的アーキテクチャと均質なセキュリティ環境につながることです。オンプレミスをクラウドのように機能させることで、残りのサービスをクラウドに進化させるための簡単な指針が出てきます。

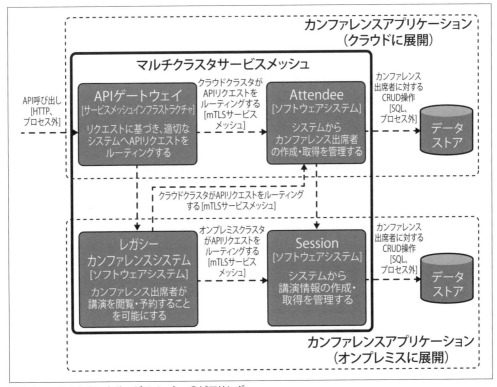

図9-4 マルチクラスタサービスメッシュのピアリング

9.7 まとめ

この章では、APIインフラストラクチャ（APIゲートウェイ、サービスメッシュ、開発者ポータルなど）の利用が、クラウド基盤に移行する際にシステムを進化させるためにどのように活用できるか学びました。

- APIベースのシステムをクラウドに向けて進化・移行させるには、保持（＝何もしない）から、

[*7] このメカニズムは、各サービスメッシュの実装によって異なります。

再ホスティング、再プラットフォーム、再購入、リファクタリング／再設計（クラウドイン
フラストラクチャを活用した再構築）、廃止まで、「6つのR」戦略と呼ばれるアプローチがあ
ります。

- APIアプリケーションをクラウドに移行する際、外部トラフィック（North-West）と内部ト
ラフィック（East-West）のトラフィック管理の境界があいまいになる可能性があります。

- APIゲートウェイは、カプセル化機能（encapsulate functionality）として、さまざまな環境・
ネットワークから操作される複数のバックエンドシステムのファサードとして機能するため、
移行ツールとして利用できます。

- 産業界は境界防御型アーキテクチャからゼロトラストシステムに移行しつつあり、サービス
メッシュ技術はこの移行を円滑にします。

- ゼロトラストを採用することで、ゼロトラストと境界防御型アーキテクチャの両方を組み合
わせることができ、それは移行期間中にクラウドとオンプレミスのシステムを橋渡しするの
に役立ちます。

APIアーキテクチャをめぐる旅はほぼ終わり、次の最終章では主要なコンセプトをまとめ、この
領域の将来の展望を示します。

10章
総括

本書を通じて、API設計から実装、セキュリティの確保、運用まで、あらゆる段階を網羅する旅路（ジャーニー）を歩んできました。本書はアーキテクチャに焦点を絞り検討していますが、同じくらい重要なのは、組織内でどのようにアーキテクチャを適用するかです。

最後の章では、将来、より重要な役割を果たす可能性のある新しいAPI技術を探り、変化するベストプラクティス、ツール、プラットフォームにどのように追従していくかを学びます。

10.1　ケーススタディ：旅路の振り返り

本書全体を通じて、カンファレンスシステムアーキテクチャのユースケースを更新し、成熟させるために、進化のステップを踏んできました。図10-1にその出発点を示します。

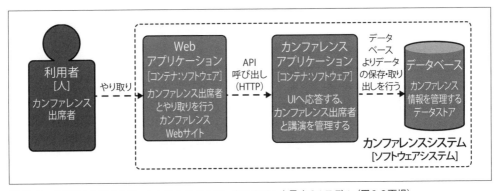

図10-1　オリジナルのカンファレンスシステムアーキテクチャを示すC4モデル（図0-2再掲）

Attendeeサービスを抽出する際に行われた決定事項を見てみましょう。図10-2に示すように、私たちは（カンファレンスシステムのステークホルダーからの要件に基づいて）カンファレンス出席

者を管理する機能をAPIサービスとして抽出し、レガシーカンファレンスシステムとは独立したプロセスとして実行することを決断しました。

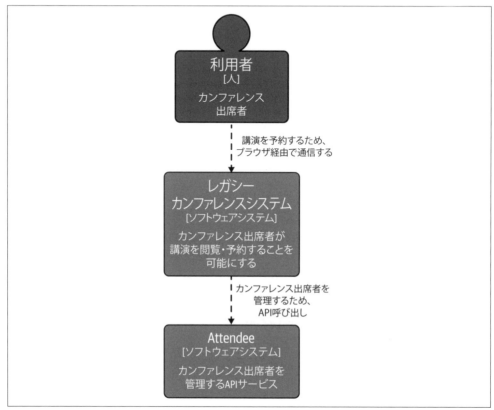

図10-2　レガシーカンファレンスシステムからAttendeeサービスを抽出するC4モデル（図0-4再掲）

　1章と2章では、Attendee APIの設計とテスト方法を検討する一方、アーキテクチャには変化がありませんでした。3章では、顧客、レガシーカンファレンスシステム、および新しいサービスの間にAPIゲートウェイを導入し、大きな進化の一歩を踏み出しました。

　図10-3に示すように、利用者はAPIゲートウェイを介してカンファレンスシステムにリクエストを行うようになり、レガシーカンファレンスシステム、あるいは新しいAttendeeサービスに紐づくトラフィックの抽象化を行い、単一のエントリポイントでサービスを提供することを実現しました。このステップではファサードパターンが導入され、レガシーサービスが呼び出されるタイミングと新しいサービスが呼び出されるタイミングを制御できるようになりました。

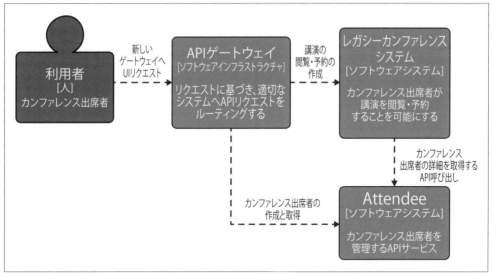

図10-3 レガシーカンファレンスシステムにAPI ゲートウェイを追加するC4モデル（図3-1再掲）

　4章では、この進化を一歩進め、レガシーカンファレンスシステムから講演の機能を抽出して新しいSessionサービスを構築し、サービス間のAPIトラフィックを処理するためにサービスメッシュを導入し、複数のサービス間の通信を制御できるようにしました。この時点では、アーキテクチャは図10-4のようになりました。

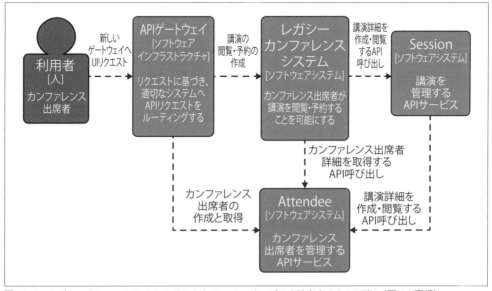

図10-4 レガシーカンファレンスシステムからSessionサービスを抽出するC4モデル（図4-1再掲）

5章では、APIサービスを段階的にリリースすることに焦点を当て、Attendeeサービスの内部バージョンと外部バージョンを作成し、フィーチャーフラグを利用してユーザのリクエストをどのサービスにルーティングするか決定する仕組みを導入しました。図10-5は、アーキテクチャ図内に両方のAttendeeサービスを並べて表示しています。

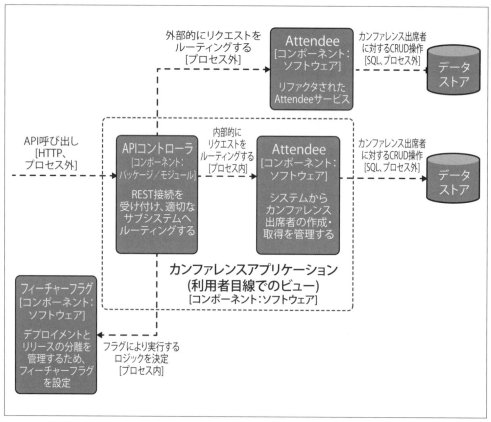

図10-5 フィーチャーフラグを利用して2種類のAttendeeサービスにルーティングするC4モデル（図5-1再掲）

6章ではセキュリティに焦点を当てています。図10-6のように、カンファレンスシステムを呼び出すモバイルアプリケーションの概念を導入し、脅威モデリングによる分析を行いました。

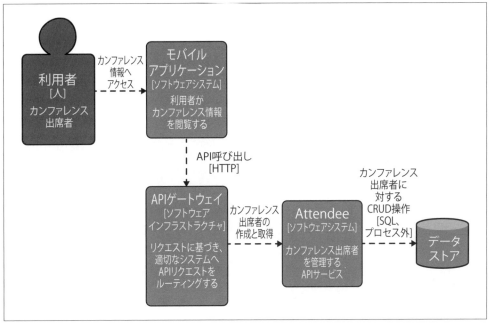

図10-6 カンファレンスシステムとモバイルアプリケーションの関係性を示すC4モデル（図6-1再掲）

7章では、図10-7に示すように、外部CFPシステムをアーキテクチャに追加しました。導入に当たり、外部ユーザ向けの認証・認可の検討を行いました。

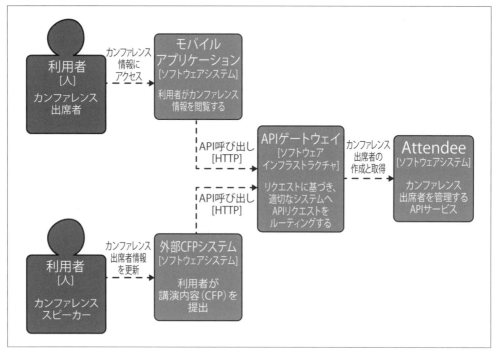

図10-7　カンファレンスシステムと外部CFPシステムの関係性を示すC4モデル（図7-1再掲）

8章では、少し立ち止まり、モノリシックなアプリケーションをAPI駆動のアーキテクチャに再設計する方法・考慮事項について検討を行いました。9章では、AttendeeサービスとAPIゲートウェイをクラウドプラットフォームに移行することに焦点を当てました。その結果、図10-8に示すアーキテクチャになりました。

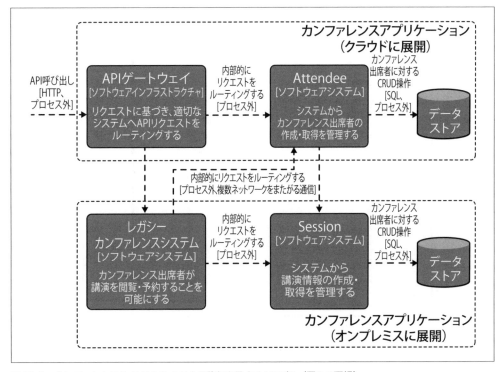

図10-8 カンファレンスシステムのクラウド移行を示すC4モデル（図9-2再掲）

また、9章では展開、ルーティング、セキュリティに対する統一されたアプローチで、ゼロトラストアーキテクチャに向けた潜在的な移行モデルを提供しました。クラウドへの進化は続く一方で、図10-9には、ハイブリッドアーキテクチャのオプションを示しました。

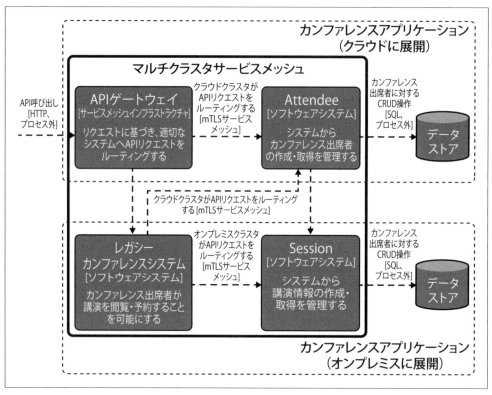

図10-9 マルチクラスタサービスメッシュを利用したカンファレンスシステムのクラウド移行を示すC4モデル（図9-4再掲）

このケーススタディ全体を通じて、私たちは、典型的なWebアプリケーションシステムがAPIベースやサービスベースのシステムへと進化する過程で、アーキテクトが行うべき重要な意思決定ポイントに焦点を当ててきました。単一サービスとデータベースがオンプレミス環境で実行されるモノリシックアーキテクチャから、クラウドとオンプレミスをまたいで実行されるマルチサービスシステムに向かうまでの過程を通じて、最終的な実装が提供する柔軟性とともに、アーキテクチャとインフラストラクチャの複雑さにはトレードオフがあることを学びました。

本書におけるケーススタディはこれで終わりですが、新しい要件の作成、新しいAPIの設計、および追加サービスの抽出を試してみることをお勧めします。

10.2　API、コンウェイの法則、そして組織

本書は組織設計に関する本ではありませんが、APIの設計、構築、運用に関連して、その重要性についても触れておきましょう。「コンウェイの法則」はマイクロサービスコミュニティで有名になり、この概念はAPIアーキテクチャにも当てはまります。

> （広義の意味で）システムを設計する組織は、その組織のコミュニケーション構造をコピーした設計を行ってしまうでしょう。
>
> ——メルビン・コンウェイ「組織はどのように発明をするのか？[1]」より

もっと簡潔に言えば、「コンパイラの開発に取り組む4つのグループがあれば、4種類のコンパイラができる」ということで、組織の数だけ設計が生まれてしまいます。APIの世界でも、この事象は確実に起きています。冗談でよく言うように、「もし4つのグループがマイクロサービスシステムに取り組んでいるなら、4種類のAPIができる」でしょう。本書では紙数の都合上、組織設計に関するトピックを深いレベルで取り上げることはできませんでした。代わりに、以下の本をお勧めします。

- 『チームトポロジー — 価値あるソフトウェアをすばやく届ける適応型組織設計[2]』（日本能率協会マネジメントセンター刊、2021年）
- 『Agile IT Organization Design: For Digital Transformation and Continuous Delivery[3]』（Addison-Wesley刊、2015年）
- 『The Art of Scalability[4]』（Addison-Wesley刊、2015年）

大規模な組織変革や「デジタルトランスフォーメーション」を進めようとしているのなら、前述の著作を強くお勧めします。APIサービスは本質的に社会技術的なシステムであり、技術面と同じくらい、社会面を常に考慮する必要があります。

10.3　意思決定のタイプの理解

Amazonの創業者ジェフ・ベゾスは、多くの事柄で知られていますが、その一つに「タイプ1の意思決定」と「タイプ2の意思決定」に関する議論があります[5]。タイプ1の意思決定は簡単には元に戻せず、慎重に行う必要があります。一方、タイプ2の意思決定は変更が容易で、「ドアを通り抜けるようなもので、決定が気に入らなければいつでも戻ることができる」意思決定です。両者は混同

---

[1]　https://www.melconway.com/Home/Committees_Paper.html

[2]　https://teamtopologies.com/book

[3]　https://learning.oreilly.com/library/view/agile-it-organization/9780133903690/

[4]　https://learning.oreilly.com/library/view/art-of-scalability/9780134031408/

[5]　https://www.businessinsider.com/jeff-bezos-on-type-1-and-type-2-decisions-2016-4

されがちで、タイプ1のプロセスをタイプ2の意思決定に適用することがあります。その結果、遅延、無謀なリスク回避、十分な実験の欠如、そして発明の減少が生じます。このような傾向にどう対抗するかを考えなければなりません。ただし、ほとんどのケース、特に大規模な企業のコンテキストでは、APIゲートウェイやサービスメッシュなどのAPIを可能にする技術の選択は、タイプ1の意思決定となります。そのため組織として、確実に対応して進めていく必要があることを忘れないでください。

10.4　将来に向けての準備

本を執筆する間も、新しい経験と知識が増え続けており、常に新しい技術も開発中です。以下に挙げる3つのトピックは、まだ完全な章を用意するほどではありませんが、将来、APIアーキテクチャに与える影響から目を離せないトピックばかりです。

10.4.1　非同期通信（Async Communication）

非同期APIは非常に人気があり、一般的にはクライアントサーバとクライアントブローカの2つのカテゴリに分類されます。一例としては、クライアントサーバの関係はgRPCなどの技術を利用して実現され、クライアントブローカの関係はKafkaなどの中間技術を利用して実現されます。1章で学んだように、OpenAPI SpecificationsはREST APIを一貫して記述し指定する上で重要なものとなっています。

AsyncAPI[*6]は、非同期APIの仕様を提供する、刺激的で発展途上にある標準です。非同期ベースのAPIの課題の1つは、さまざまなプロトコル形式と技術範囲をサポートすることです。イベント駆動型アーキテクチャの人気が高まり、通信を定義する必要性が急速に拡大しているこの分野で注目すべきものです。

10.4.2　HTTP/3

HTTP/3[*7]は、HTTP/1.1およびHTTP/2と並んで、World Wide Webで情報通信するために利用されるハイパーテキスト転送プロトコル（HTTP）の3番目のメジャーバージョンです。HTTPのセマンティクスはバージョン間で一貫しており、通常、同じリクエストメソッド、ステータスコード、およびメッセージフィールドがすべてのバージョンに適用されますが、これらのセマンティクスを基礎となるトランスポートプロトコルにマッピングする方法には違いがあります。HTTP/1.1およびHTTP/2は（TCP/IPのように）TCPを採用していますが、HTTP/3はQUICを採用しており、これはUDPをもとにしたトランスポートレイヤプロトコルです。QUICへの切り替えは、HTTP/2の

＊6　https://www.asyncapi.com/
＊7　https://datatracker.ietf.org/doc/rfc9114/

主要な問題である「ヘッドオブラインブロッキング」を解消することを目的としており、特に複数のリソースを読み込む必要があるWebサイトに影響を及ぼします。

HTTP/3は潜在的に大幅な速度向上を約束していますが、基礎となるトランスポートプロトコルが変更されたため、インバウンド通信を行うプロキシやその他のネットワーキングコンポーネントのアップグレードが必要になります。良いニュースは、本書執筆時点で、HTTP/3がすでに70%以上のWebブラウザでサポートされていることです。

10.4.3　プラットフォームベースのメッシュ

4章で示唆したように、サービスメッシュが現代のプラットフォームと統合されることを示す多くの兆候が見られます。このトレンドが続く場合、選択したベンダの技術スタックに統合されたメッシュを採用することが賢明かもしれません。クラウドベンダが提供するKubernetesスタックを採用した多くの組織が、コンテナ（OCI）やネットワーキング（CNI）の実装を置き換えないようにしているように、将来はサービス間通信も同様の扱いになる可能性があります。この進化の一環として、関連する標準、例えばService Mesh Interface（SMI）[8]などを注視し続けることをお勧めします。堅牢なインターフェースの出現と採用は、通信スタックの当該レイヤが均質化されつつあることを示しています。

10.5　次のアクション：APIアーキテクチャについて学び続ける方法

この本の冒頭で、私たち3人がこの本の制作に至る旅を始めたのは2020年2月のO'Reilly Software Architecture Conference（SACON）であったと述べました。私たちは皆、学ぶことが好きで、イベントへの参加は新しいスキルと知識を得るための私たちの継続的学習において大きな比重を占めています。よく尋ねられる一般的な質問の一つに、新しい技術を学び、実験する方法があります。このセクションでは、私たちの実践、洞察、そして習慣を共有します。

10.5.1　基本を絶え間なく磨く

私たちは皆、習得したいスキルの基本を常に見直すことが極めて重要だと信じています。特にソフトウェア開発や運用のような一過性の流行がある産業では、これが特に重要です。ここではこの種の知識を学ぶ場所の一部を紹介しますが、Webサイトを閲覧したり、書籍を読んだり、会議に参加したりする際には、最新の情報に加え、既存情報を積極的に求める重要性を強調したいと思います。例えば、多くのアーキテクチャのカンファレンスでは、結合度と凝縮性といったトピックを取り上げた講演があり、私たちはこれらの概念を学び直したり思い出したりして、翌日にはオフィス

＊8　https://smi-spec.io/

270 | 10章　総括

に持ち帰って適用することがあります。クラウドプラットフォームに関する最新の本を読むだけでなく、伝統的なトピックに新しい視点を持ち込むため、Gregor Hohpe氏が執筆した「The Architect Elevator: The Transformation Architect」といったトピックも読んでいます。

「古いものが新しい」という表現は、私たちの業界の決まり文句ですが、少しずつ形を変えながら繰り返される技術の循環には、基本を常に思い出すアーキテクチャデザイナーこそが効果的に順応できるでしょう。

10.5.2　最新の業界ニュースをチェックする

アーキテクチャおよびAPI分野の最新ニュースを提供するWebサイトやソーシャルメディアサイトのリストを作成し、定期的に確認することをお勧めします。これらを週に一度読むことで、新しいトレンドや調査したい技術に対する感覚を調整するのに役立ちます。例えば、以下が挙げられます。

- InfoQ
- DZone
- The New Stack
- Software Architecture Reddit[9]

これらの一般的なニュースサイトやキュレーションサイトに加えて、特定の組織や個人が新しいトピックに関する有益なブログを執筆していることがあります。FeedlyなどのRSSリーダーを利用すれば、これらのソースを集約して週次または月次で確認できます。X（旧Twitter）は、新しい技術に関する洞察やコメントを得るための強力なツールとなることがあります。同じ興味を持ち、オープンソースプロジェクトに貢献している個人をフォローすることは、新機能について早期に知る良い方法です。

10.5.3　技術トレンドレポート

常に自ら検証を行うべきですが、各種技術分析サイトを通じて特定の技術トレンドについて最新の情報を取得することもお勧めします。この種のコンテンツは、多くのベンダが提供している特定の技術詳細が必要な場合に有用です。API関連技術について最新情報を得るための情報源として、以下のものをお勧めします。

- ThoughtWorks Technology Radar[10]
- Gartner Magic Quadrant for Full Life Cycle API Management[11]

---

[9]　https://www.reddit.com/r/softwarearchitecture/
[10]　https://www.thoughtworks.com/radar
[11]　https://www.gartner.com/en/documents/3970166

- Cloud Native Computing Foundation (CNCF) Tech Radar[*12]
- InfoQ Trends Reports[*13]

また、さまざまな組織や個人が、定期的に技術比較表を公開しています。これらは、製品を検証するショートリストに絞り込む「机上評価」に役立ちます。ただし、これらの比較にはバイアスが含まれている可能性があること（ベンダがこのような比較分析のスポンサーになることがよくあります）や、公表日が比較的最近であることを確認して活用する必要があります。

10.5.4　ベストプラクティスとユースケースについて学ぶ

私たちは、自分のタスクに関連するベストプラクティスやユースケースを常に見ておくこともお勧めします。多くの組織は、自分たちが何をしているか、その理由、具体的な戦略や取り組みを共有することに積極的です。その動機を理解することは重要ですが、利他主義や自慢、マーケティング、求人目的などが混入しています。ユースケースを学ぶ際には注意が必要です。これらの多くは肯定的な内容に偏っており、初期の失敗やうまくいかなかったこと、または現在も続く問題が含まれていないことが多いからです。とはいえ、提供されるコンテキストを通じて、問題と解決策を自分の組織やチームに照らし合わせることができます。これにより、選択した技術スタックやアプローチを確認できる場合もあれば、再考のきっかけになる場合もあります！　ユースケースとベストプラクティスは通常、記事やプレゼンテーションの形式で見つかります。一般的には両方を探すことをお勧めします。また、カンファレンスのプレゼンテーションの利点は、トークの後にプレゼンターと直接話してさらに学べることです！　以下は、私たちが定期的に参加するカンファレンスのリストです。

- QCon Conference[*14]
- CraftConf[*15]
- APIDays（APIに焦点を当てたカンファレンス）[*16]
- KubeCon（プラットフォーム固有）[*17]
- Devoxx / JavaOne（言語固有）[*18]
- O'Reillyオンラインイベント[*19]

[*12] https://radar.cncf.io/
[*13] https://www.infoq.com/infoq-trends-report/
[*14] https://qconferences.com/
[*15] https://craft-conf.com/2024
[*16] https://www.apidays.global/
[*17] https://events.linuxfoundation.org/kubecon-cloudnativecon-europe/
[*18] https://www.devoxx.co.uk/
[*19] https://learning.oreilly.com/live-events/?page=1

10.5.5　実践で学ぶ

　私たちは、アーキテクトは実践的なソフトウェアエンジニアであるべきだと考えています。毎日本番環境にコードをプッシュしていなくても、定期的にスケジュールから時間を割いて、チームのエンジニアとペアプログラミングをしたり、最新技術を調査・検証したりすることをお勧めします。これを定期的に行わないと、アーキテクトとしての開発者への共感が薄れてしまいます。また、このような作業を行うことで、新しい技術の導入によって生じる問題点や手間を理解することができます。例えば、多くのアーキテクトが、当初はコンテナ技術が開発者のツール群に与える影響を誤解していたという逸話があります。コンテナイメージをビルドし、それをリモートレジストリにプッシュする経験がないと、これらのアクションがAPIの構築とメンテナンスのワークフローに与える影響を軽視してしまいがちです。

10.5.6　教えることで学ぶ

　本書から明らかなように、私たちは教える行為を通じて多くを学びます。本を書くのであれ、コースを教えるのであれ、カンファレンスでプレゼンテーションを行うのであれ、コンセプトを伝えるために必要な情報を整理する経験に勝るものはありません。その課程で、ある概念を十分に理解していないことに気づくことはよくあります。また、学生からの質問に答える際、自分たちの理解にギャップがあることに突如として気づくことがあります。

　アーキテクトのもう一つの中核的な役割は、教えることであると私たちは考えています。開発者に基本を伝えるにせよ、新しいベストプラクティスを共有するにせよ、教えるという行為はあなたのスキルセットを継続的に強化し、より大きなチーム内での信頼性を確立してくれるでしょう。

　APIアーキテクチャマスターへの旅の幸運を祈ります。

訳者あとがき

　現在は顧客のニーズが急速に変化する時代となっています。その背景にはWeb APIの普及があり、さまざまなWebサービスがAPIを通じて連携することで、迅速に高付加価値なサービスを提供できるようになったことが挙げられます。例えば、ライドシェアアプリを開発する場合、従来は地図機能や決済機能をそれぞれ個別に実装する必要がありました。しかし、今ではGoogle Maps APIを利用して地図機能を、決済代行サービスAPIを用いて支払い処理を、Twilio APIなどを活用して顧客と運転手のコミュニケーション機能を簡単に導入できるようになりました。これにより、開発者はライドシェアサービスのコア機能に集中し、効率的にサービスを提供できるようになっています。また、新技術の進展も著しく、生成AIの登場に象徴されるように、技術革新のスピードはますます加速しています。これらの新技術を迅速に取り入れることは、サービスの安定稼働と、顧客に魅力的なサービスを提供する観点において非常に重要です。

　このような状況下で、企業が提供するサービスは、一度構築すれば終わりではなく、新しい技術や顧客のニーズに応じて常に進化させていくことが求められています。また、サービスの買収や資本提携が活発化している現在、より良いサービスを提供するために、既存のサービスを見直し、場合によっては切り替えが必要になることも少なくありません。このような急速に変化する外部環境に対応するため、アジャイル開発やDevOpsといった手法が開発プロセスに取り入れられるようになってきています。

　本書は、こうした変化に対応し、システムをどのように進化させるべきかをAPIを軸に解説する実践書です。私もセキュリティアーキテクトという役割柄、開発プロジェクトのレビューや相談に対応することが多いのですが、ほとんどのケースは既存システムの仕様や要件の変更に関するものです（新規開発の場合でも、すべてを一度にリリースするのではなく、市場の仮説に基づいて部分的にリリースするのが一般的で、結果として変更に関する議論が中心になります）。このような状況では、サービス指向アーキテクチャ、マイクロサービス、進化的アーキテクチャといった概念が進

むべき道を示してくれます。

　しかし、これらの理論や概念を実際にどのように適用すべきか、また自分の方向性が正しいかどうかについて、確信が持てないことも少なくないでしょう。本書は、具体的なシステム（カンファレンスシステム）を例に、実際のユースケースとともに明確な指針を提示しています。読者が扱うシステムの要件や内容はこの例とは異なるかもしれませんが、本書で紹介されているアーキテクトとしての思考プロセスやマインドセットは、どのようなシステムにも応用できるものです。そのため、アーキテクトとして活躍する読者には最適な1冊になると考えています。

　さらに、API開発やマイクロサービスの設計に欠かせない外部トラフィックや内部トラフィックの取り扱い、セキュリティ、デプロイメント、リリースに関する概念も網羅しています。そのため、モノリシックアーキテクチャからマイクロサービスや進化的アーキテクチャへの移行を検討している開発者やアーキテクトにとっても、本書は具体的な事例を通じて学べる最適な1冊と言えるでしょう。

　本書が、マイクロサービスや進化的アーキテクチャの普及に寄与することを願っています。

　最後になりましたが、出版に際し、多くのアドバイスをいただいた株式会社オライリー・ジャパンの関口伸子様、稲田敏貴様に、この場を借りて深く感謝申し上げます。

2024年9月

石川 朝久

索 引

A

ADC（アプリケーションデリバリーコントローラ）... 87

ADR（アーキテクチャ決定記録：Architecture Decision Records） 12

ADR：Attendee を分離する 13

ADR501 レガシーカンファレンスシステムから Session サービスの分離 109

ADR ガイドライン 13

ADR ガイドライン：API ゲートウェイの選択........ 103

ADR ガイドライン：API 標準の選択 26

ADR ガイドライン：E2E テスト 66

ADR ガイドライン：OAuth2 の利用を検討すべきか？ 207

ADR ガイドライン：コントラクトテスト 55

ADR ガイドライン：サービスメッシュの選択........ 144

ADR ガイドライン：サービスメッシュまたはライブラ リのガイドライン 108

ADR ガイドライン：サポートする OAuth2 グラントの 選択 213

ADR ガイドライン：通信のモデル化 37

ADR ガイドライン：提供価値を体現したプラット フォーム.. 169

ADR ガイドライン：テスト戦略 48

ADR ガイドライン：統合テスト 61

ADR ガイドライン：プロキシ・ロードバランサ・API ゲートウェイの比較 72

ADR ガイドライン：リリースとデプロイメントを分離 する 155

ADR ガイドライン：レガシーカンファレンスシステム からセッションを分離 109

Ambassador Edge Stack 95

API 3

OAS.. 27

運用 147

システム進化 224

セキュリティ 147

設計（ケーススタディ） 17

テスト 41

テスト（ケーススタディ）.. 62

モデリング 6

ライフサイクル 153

API Layer Cake 239

APIM 83

API 駆動アーキテクチャ 223

API 提供者主導型コントラクト（producer contracts） 52

API 管理機能（クラウド移行） 249

API キー 200

API ゲートウェイ 71, 74

インストール 95

エッジで他の技術と統合 77

落とし穴 100

機能 74

近現代史 86

公開（ケーススタディ） 73

構築 vs. 購入 102

収益化.. 85

選択 102

第一世代 88

第二世代 89

なぜ使うのか 78

配置 75

比較 92

分類法 91	friendly fire DoS 188
並列呼び出しの統合 80	Front Controller パターン 5
ライフサイクル管理 83	
ループバック 100	

APIゲートウェイ（ケーススタディ）........................ 93
APIコントローラ 5
API提供者 48
APIトラフィック管理 69
APIファースト型アプローチ 2
Argo Rollouts 161
Attendee API 17, 73
Attendee サービス 13, 73

B～C

BDD（Behavior Driven Development）..................... 65
C4コンテキスト図 4, 11
C4コンテナ図 4, 11
C4コンポーネント図 5, 11
C4ダイヤグラム 10
camouflage 61
CDC（ケーススタディ）.. 53
CDN（コンテンツデリバリーネットワーク）............... 87
CFP（Call For Papers）システム 6
Cilium 132
CLEAN 224
Consul 138
CRD（Custom Resource Definition）...................... 161
Cross-Origin Request Sharing（CORS）................. 191
CVSS（Common Vulnerability Scoring System）... 194

D～F

Denial of Service（サービス拒否）.................... 180, 187
DFD（データフローダイヤグラム）.......................... 175
DREAD.. 192
DREAD-D 194
E2Eテスト（エンドツーエンドテスト）..................... 64
eBPF.. 132
Encrypted JWT（暗号化された JWT）.................... 205
Envoy Proxy 127
ESB（enterprise service bus）.......................... 101, 141
EU一般データ保護規則（GDPR）........................ 174
Finagle... 126

G～I

GDPR.. 174
Google Traffic Director 130
GraphQL... 22
gRPC.. 21
　　　Open APIとの変換 38
grpc-gateway 38
HTTP/2 36
HTTP/3 .... 36, 268
HTTPベーシック認証 200
HTTPヘッダのホワイトリスト 191
Information disclosure（情報漏洩）................. 180, 185
Intentions（Consul）.. 139
Istio 134

J～N

JSON Web Encryption（JWE）................................. 205
JSON Web Signature（JWS）................................. 205
JSON Web Tokens（JWT）.................................... 203
Kubernetes 95
Layered APIs 239
Linkerd.. 136
Microsoft REST API Guidelines................................ 23
Microsoft Threat Modeling Tool........................ 178
Netflix OSS スタック 126
NetworkPolicies.. 116

O～P

OAS（OpenAPI Specifications）.......................... 27, 28
　　　gRPCとの変換 37
OAuth2 201
　　　スコープ 214
　　　抽象化プロトコル 206
OAuth2グラント 206, 213
OAuth2スコープ（ケーススタディ）........................ 214
OIDC（OpenID Connect）................................. 217
OpenAPI.. 27
OpenAPI Specifications ....→OAS

openapi-diff 32
openapi2proto 38
Open Policy Agent (OPA) 141
OpenTelemetry プロジェクト 165
Operations Zone (OZ) 253
OWASP 172
OWASP API Security Top 10 173
Pact 54
PayPal API 標準 153
PKCE (Proof Key for Code Exchange) 209
Prana 127
Public Access Zone (PAZ) 252
Public Zone (PZ) 252

R〜S

RED メソッド (Rate、Error、Duration) 165
Refactor/Re-architect (リファクタリング／再設計、
　　クラウド移行) 247
Rehost (再ホスティング、クラウド移行) 246
Replatform (再プラットフォーム、クラウド移行) . 247
Repudiation (否認) 180, 185
Repurchase (再購入、クラウド移行) 247
REST (REpresentation State Transfer) 18
　　Microsoft REST API Guidelines 23
　　OAS、gRPC との変換 37
　　コード生成 28
　　変化の検知 30
REST API 23
REST over HTTP 18
Restricted Zone (RZ) 253
Retain or Revisit (保持・再検討、クラウド移行) .. 245
Retire (廃止、クラウド移行) 248
RPC (Remote Procedure Calls) 21
SAML 2.0 218
Session サービス 109
Single Page Application (SPA) 74
SOAP API 81
SPA (Single Page Application) 74
Spoofing (なりすまし) 179, 182
Spring Cloud Contracts 54
STRIDE 178
Synapse & Nerve 127

T〜W

Tampering (改ざん) 179, 182
Testcontainers 61
Testcontainers (ケーススタディ) 62
Thoughtworks Technology Radar 150
TLS 終端 (TLS termination) 191
UI テスト 47
UML (Unified Modeling Language) 10
WAF 87
Wiremock 61

あ行

アーキテクチャパターン 236
アダプタ (Adapter) 79, 238
アップグレード問題 240
アプリケーションデリバリーコントローラ (ADC) ... 87
アラート 166
意思決定のタイプ 267
イリティーズ (-ilities) 230
イングレスコントローラ 90
インジェクション攻撃 (Payload injection) 183
インプリシットグラント 213
ヴィンテージコンポーネント 37
運用コスト (サービスメッシュ) 143
エッジ 75
エッジスタック 77
エッジプロキシ 90
エラー処理 26
エンドユーザ認証 199
オブザーバビリティ 82, 98
オブザーバビリティ (Linkerd) 136
オブザーバビリティ (サービスメッシュ) 121
オブザーバビリティの三本柱 164
オブジェクトレベルの認可不備 (BOLA) 215

か行

外部トラフィック 8, 71
　　通信手法のモデリング 35
　　内部トラフィックとの分離 122
外部トラフィックと内部トラフィックの特性の違い
　　.. 123

過剰なデータ露出 (Excessive Data Exposure) 186
カスタムリソース定義 (CRD) 161
カナリアリリース 156, 161
関数型アーキテクチャ 230
カンファレンスシステム (ケーススタディ) 3
キー (認証) 200
機会費用 (API ゲートウェイ) 103
機会費用 (サービスメッシュ) 143
技術トレンドレポート 270
機能横断的なコミュニケーション 122
機能横断的な目標 230
機能レベルの認可不備 (BFLA) 216
機密クライアント (Confidential Client) 208
脅威の検知と緩和 (API ゲートウェイ) 81
脅威のリスク評価 192
脅威モデリング 171
    STRIDE 178
    検証 194
    攻撃者のように考える 176
    方法 177
脅威モデリング (ケーススタディ) 172
業界ニュース 270
境界防御型アーキテクチャ 251
凝集 (cohesion) 79
凝縮性 224
クライアント 202
クライアント認証情報グラント (Client Credentials
    Grant) 212
クラウド移行 243
クラウド移行 (ケーススタディ) 244, 248
クラウド移行戦略 245
クラウド環境 243
グレースフル・デグラデーション (Graceful
    Degradation) 119
ケーススタディ 3
    振り返り 259
結合 (coupling) 79
権限昇格 (Elevation of Privilege) 180, 190
高トラフィックサービス 35
コレクション 24
コンウェイの法則 267
コンテナ 11
コンテナ化 61
コンテンツデリバリーネットワーク (CDN) 87

コントラクト 48, 50
    API 提供者主導型 52
    公開 54
    保存 54
コントラクトテスト 48
    フレームワーク 54
コントロールプレーン 74, 111
コンポーネントごとの STRIDE 182
コンポーネントテスト 56
コンポーネントテスト (ケーススタディ) 57

さ行

サーキットブレーカー (Circuit breakers) 119
サービス間トラフィック 107
サービス拒否 (Denial of Service) 180, 187
サービス指向アーキテクチャ (SOA) 228
サービステスト 47
サービスへの抽出 (ケーススタディ) 109
サービス名の正規化 117
サービスメッシュ 107, 110
    オブザーバビリティ 121
    外部トラフィックと内部トラフィック管理の分離
    122
    機能 113
    構築 vs. 購入 143
    実装パターン 126
    障害 141
    進化 124
    信頼性 118
    セキュリティ 121
    選択 142
    通信シェーピング 120
    通信ポリシング 120
    展開 114
    分類 133
    ルーティング 117
サービスメッシュ (ケーススタディ) 134
サービスメッシュ (ゼロトラストアーキテクチャ) . 254
サービスメッシュゲートウェイ 92
再試行 (Retry) 119
最終アーキテクチャ 227
サイドカー 112, 127
サイドカーレス 132

シーム (Seams) 235	単体テスト 44, 46
システム間認証 200	抽象化 224
システム進化 224	通信シェーピング (Traffic Shaping) 120
失敗の特定 164	通信手法のモデリング 35
シグナルの読み取り 166	通信パターン 7
シナリオテスト 51, 65	通信ポリシング 120
ジャーナル (journal) 168	提供価値を体現したプラットフォーム
収益化 (API) 85	(opinionatedplatform) 169
従来の商用APIゲートウェイ 91	データプレーン 74, 111
循環依存 188	データ露出 186
情報隠蔽 (information hiding) 79, 227	適応度関数 (Fitness Function) 231
将来に向けての準備 268	テストコンポーネントのコンテナ化 61
進化 (ケーススタディ) 93	テスト戦略 43
進化的アーキテクチャ (Evolutionary Architecture) 2	テストの4象限 43
進化的アーキテクチャ (ケーススタディ) 7	テストピラミッド 45
診断ログ (diagnostics) 168	デバイス認証グラント 213
信頼性 (サービスメッシュ) 118	デプロイメント 150
スキーマ 17	デプロイメントとリリースの分離 150
スコープ (OAuth2) 214	トークン認証 199
スタブサーバ 59	統合テスト 59
ストラングラーフィグ 236	ドメイン駆動設計 (DDD：Domain Driven Design)
スプラウト法 (Sprout) 241	 228
セキュリティ 171	トラフィック管理 71, 107, 152
セキュリティ上の設定不備 190	トラフィック管理 (クラウド移行) 250
セキュリティ侵害のリスク 173	トラフィックミラーリング 158
セキュリティディレクティブの強化 191	取り消しのできない決定 232
セマンティックバージョン管理 31	トレース 165
ゼロトラストアーキテクチャ 253	
総所有コスト (TCO、APIゲートウェイ) 102	**な行**
総所有コスト (TCO、サービスメッシュ) 143	
疎結合 226	内部トラフィック 9
疎結合 (APIゲートウェイ) 79	gRPC 33
組織設計 267	外部トラフィックとの分離 122
ソフトウェアロードバランサ 87	通信手法のモデリング 35
	入力値検証 (APIゲートウェイ) 183
た行	認可 197
	認可コードグラント (Authorization Code Grant) .. 207
ダークローンチ 150	認可コードグラント (ケーススタディ) 210
タイプ1の意思決定 267	認可サーバ 201
タイプ2の意思決定 267	認可の強制 215
タイムアウト (Timeouts) 119	認証 197
大容量ペイロード 35	ネットワークセグメンテーション 138
多要素認証 (Multi-Factor Authentication、MFA) 197	ネットワークポリシー (ゼロトラストアーキテクチャ)
単一障害点 (Single Point of Failure) 97, 141	 255

は行

バージョン管理（API） 30
ハードウェアロードバランサ 86
廃止の伝え方 246
バックエンドサービスの集約 80
バックエンドサービスの変換 80
パッチバージョン 31
パフォーマンステスト 66
パフォーマンス問題 240
バルクヘッド（Bulkheads） 119
非同期通信（Async Communication） 268
ファサード（Façade） 79, 238
フィーチャーフラグ 151
フェイルオープン（Fail Open） 97
フォールバック（Fallbacks） 119
フォワードプロキシ 75
負荷軽減（load shedding） 188
負荷分散 90
不適切なインベントリ管理（Improper Inventory
　management） 187
プラグイン（APIゲートウェイ） 101
プラットフォームベースのメッシュ 269
ブルーグリーン戦略 159
フルプロキシ 113
プロキシ 75
プロキシレスgRPCライブラリ 130
プロセス外（out-of-process） 3
プロセス内（in-process） 3
プロトコル変換 81
分散コンピューティングの8つの誤謬 125
ページネーション 24
ヘキサゴナルアーキテクチャ（Hexagonal
　Architecture） 228
ベストプラクティス 271
ヘッダ伝播 168
変化の検知（OASによる） 30
変更のレバレッジポイント 236
ホストベースルーティング 96

ま行

マーシャリング（marshaling） 5
マイクロサービス 91, 229

マイナーバージョン 31
マスアサインメント攻撃（Mass assignment） 184
マッピング 95
マッピング構成 95
学び続ける方法 269
マルチフォーマットAPI 37
密結合 241
命名則（API） 24
メジャーバージョン 31
メッシュネットワーキング 111
メトリクス 164
メンテナンス問題 240
モジュール 232
モジュール設計 232
モジュール設計（ケーススタディ） 233
モック 29
モノリシックアーキテクチャ 227
モノリス 227
問題の検知と認知（APIゲートウェイ） 98

や・ら行

有効期限（トークン） 199
有効期限の長いトークン（long-lived tokens） 206
有効期限の短いトークン（short-lived tokens） 206
ユースケース 271
ライフサイクル管理 83
ライブラリ（サービスメッシュ） 126
リスク低減（APIゲートウェイ） 99
リスク評価 192
リソースオーナー 201
リソースオーナーパスワード認証情報グラント
　（Resource Owner Password Credentials Grant）
　... 213
リソースサーバ 202
リチャードソン成熟度モデル 19
リバースプロキシ 75
リフレッシュトークン 211
利用者 48
利用者主導型コントラクト（CDC） 52
リリース 150
　　デプロイメントとの分離 150
　　分散アーキテクチャにおける 167
リリース戦略 156

リリースのモデリング（ケーススタディ）................ 153
ルーティング（サービスメッシュ）........................... 117
ループバック（APIゲートウェイ）........................... 100
レート制限（Rate limiting）...................................... 188
歴史（APIゲートウェイ）... 86
歴史（サービスメッシュ）.. 124
レコーダ 60
レスポンスキャッシュ.. 167
ロードマップ（カンファレンスシステム）.................... 9
ロードマップ（ケーススタディ）................................... 9
ロールベースのアクセス制御（RBAC）.................... 216
ログ 165

●著者紹介

James Gough (ジェームズ・ゴフ)

James Goughは、Morgan StanleyのDistinguished Engineerで、APIアーキテクチャとAPIプログラムに従事している。Javaチャンピオンであり、London Java Communityを代表してJava Community Process Executive Committeeの委員を務め、OpenJDKにも貢献している。また、『Optimizing Java』の共著者でもあり、アーキテクチャや低レイヤーのJavaについての講演を行っている。

Daniel Bryant (ダニエル・ブライアント)

Daniel Bryantは、Ambassador Labsのデベロッパーリレーションズ部門の責任者である。仕事の役割に関しては、「全部ゲットだぜ！[*1]」というポケモンのキャッチコピーを信奉しており、前職では研究者、開発者、アーキテクト、プラットフォームエンジニア、コンサルタント、CTOとして働いていた。彼の技術的専門領域は、DevOpsツール、クラウド／コンテナ・プラットフォーム、マイクロサービスの実装に重点を置いている。Javaチャンピオンであり、複数のオープンソースプロジェクトに貢献している。また、InfoQ、O'Reilly、The New Stackに寄稿し、KubeCon、QCon、Devoxxなどの国際会議で定期的に発表している。余暇はランニング、読書、旅行を楽しんでいる。

Matthew Auburn (マシュー・オーバーン)

Matthew Auburnは、Morgan Stanleyでさまざまな金融システムに携わってきた。Morgan Stanleyで勤務する前は、さまざまなモバイルアプリケーションやWebアプリケーションを構築していた。修士号は主にセキュリティに重点を置いており、そのことがAPI構築のセキュリティ分野での仕事に生かされている。

●訳者紹介

石川 朝久 (いしかわ ともひさ)

2009年、国際基督教大学卒業。2017年、九州大学大学院社会人博士課程修了。博士（工学）。2009年より、セキュリティ専門企業にて、侵入テスト、セキュリティ監査、インシデント対応などに従事。現在は、グローバル金融機関に所属し、セキュリティ戦略の企画立案、脅威インテリジェンス分析、インシデント対応、グループ会社支援などに従事している。SANSFIRE、DEF CON SE Village、LASCON、FIRSTCON23、セキュリティ・キャンプ全国大会（2023、2024）、Global Cybersecurity Camp 2024、SINCON2024などで登壇経験があり、情報処理技術者試験委員・情報処理安全確保支援士試験委員、総務省サイバーセキュリティエキスパートなども務めている。著書・翻訳書・監訳書に、『インテリジェンス駆動型インシデントレスポンス ―攻撃者を出し抜くサイバー脅威インテリジェンスの実践的活用法』、『初めてのマルウェア解析 ―Windowsマルウェアを解析するための概念、ツール、テクニックを探る』、『詳解 インシデントレスポンス ―現代のサイバー攻撃に対処するデジタルフォレンジックの基礎から実践まで』、『マスタリングGhidra ―基礎から学ぶリバースエンジニアリング完全マニュアル』、『ハッキングAPI ―Web APIを攻撃から守るためのテスト技法』、『実践 メモリフォレンジック ―揮発性メモリの効果的なフォレンジック分析』（ともにオライリー・ジャパン）、『脅威インテリジェンスの教科書』（技術評論社）がある。

保有資格として、CISSP、CISSP-ISSMP、CSSLP、CCSP、CISA、CISM、CDPSE、PMP、情報処理安全確保支援士などがある。

[*1]　訳注：原文は「gotta catch 'em all」。ポケモン英語版アニメのテーマソングの曲名。

●カバー説明

マスタリングAPIアーキテクチャの表紙を飾っているのはアルマジロトカゲ（Armadillo girdled lizard・*Ouroborus cataphractus*）で、以前はヨロイトカゲ属（*Cordylus*）に属していた。

アルマジロトカゲは、南アフリカ西海岸の砂漠に生息している。外見はミニチュアのドラゴンにたとえられることが多く、淡褐色または暗褐色の鱗と黄色い下腹部に黒い模様がある。（尾を含まない）大きさは、およそ7.5 〜 9センチメートルである。

群れで生活し、日中活動するが、活動時間のほとんどは日光浴に費やされる。食性は主に小さな昆虫（主にシロアリ）で、冬は冬眠する。卵を産む一般的なトカゲとは異なり、アルマジロトカゲは1年に一度、1 〜 2匹ずつ生きた子供を産む。メスは子供に餌を与えることもあるが、これもトカゲには珍しい行動である。

捕食者から身を守るために、体を丸めて尾を口にくわえる。これは（全体性や無限性の象徴である）神話に登場するウロボロスのように見える。哺乳類のアルマジロも丸くなることから、このユニークな行動がアルマジロトカゲの名前の由来となっている。

アルマジロトカゲの保護状態は「準絶滅危惧」である。オライリーの表紙を飾る動物の多くは絶滅の危機に瀕しているが、そのどれもが世界にとって重要な存在である。

表紙のイラストはKaren Montgomeryによるもので、自然史博物館のモノクロのエングレーヴィングがもとになっている。

マスタリング API アーキテクチャ
── モノリシックからマイクロサービスへとアーキテクチャを進化させるための
実践的手法

2024年10月17日　初版第1刷発行

著　　　者	James Gough（ジェームズ・ゴフ）、Daniel Bryant（ダニエル・ブライアント）、Matthew Auburn（マシュー・オーバーン）
訳　　　者	石川 朝久（いしかわ ともひさ）
発 行 人	ティム・オライリー
Ｄ　Ｔ　Ｐ	朝日メディアインターナショナル株式会社
編 集 協 力	稲田 敏貴
印刷・製本	日経印刷株式会社
発 行 所	株式会社オライリー・ジャパン
	〒160-0002　東京都新宿区四谷坂町12番22号
	Tel　　（03）3356-5227
	Fax　　（03）3356-5263
	電子メール　japan@oreilly.co.jp
発 売 元	株式会社オーム社
	〒101-8460　東京都千代田区神田錦町3-1
	Tel　　（03）3233-0641（代表）
	Fax　　（03）3233-3440

Printed in Japan (ISBN978-4-8144-0089-8)
乱本、落丁の際はお取り替えいたします。

本書は著作権上の保護を受けています。本書の一部あるいは全部について、株式会社オライリー・ジャパン
から文書による許諾を得ずに、いかなる方法においても無断で複写、複製することは禁じられています。